U0312547

建筑设备 BIM 与施工调试

李志生　编著

机 械 工 业 出 版 社

本书以大型公共建筑和公共设施的建筑设备安装工程实践为主线，系统、详细地介绍了建筑设备（以中央空调为主）BIM 与施工调试。本书分为 3 篇，共 15 章。第 1 篇为建筑设备 BIM 技术介绍，主要内容有 BIM 概述与相关软件简介，BIM 技术在建筑设备施工中的应用，BIM 技术在建筑设备施工中的建模与输出；第 2 篇为建筑设备施工与调试，主要内容有建筑设备施工组织与协调，建筑设备施工质量、进度与安全管理，建筑设备施工的常用工具，中央空调各系统施工方法与技术措施，给排水及消防系统施工与调试，低压配电与照明系统施工；第 3 篇为 BIM 技术在建筑设备施工与调试中的具体应用，主要介绍了 BIM 技术在某地铁线路设备施工中的应用案例分析。

本书可供建筑设备行业从事设计、施工、管理、咨询、维护等工作的人员使用，也可作为本科和高职院校建筑专业和相关专业教材，还可供相关政府主管部门和行业主管部门参考。

图书在版编目（CIP）数据

建筑设备 BIM 与施工调试/李志生编著 . —北京：机械工业出版社，2016. 5
ISBN 978-7-111-53803-5

Ⅰ. ①建… Ⅱ. ①李… Ⅲ. ①建筑安装工程-施工组织 Ⅳ. ①TU758

中国版本图书馆 CIP 数据核字（2016）第 108949 号

机械工业出版社（北京市百万庄大街 22 号 邮政编码 100037）
策划编辑：陈玉芝 责任编辑：陈玉芝 王华庆
版式设计：霍永明 责任校对：肖 琳
封面设计：路恩中 责任印制：李 洋
北京瑞德印刷有限公司印刷（三河市胜利装订厂装订）
2016 年 7 月第 1 版第 1 次印刷
184mm×260mm · 17.25 印张 · 458 千字
0001—3000 册
标准书号：ISBN 978-7-111-53803-5
定价：39.80 元

凡购本书，如有缺页、倒页、脱页，由本社发行部调换

电话服务　　　　　　　　　　网络服务
服务咨询热线：010-88361066　机工官网：www.cmpbook.com
读者购书热线：010-68326294　机工官博：weibo. com/cmp1952
　　　　　　　010-88379203　金书网：www.golden-book.com
封面无防伪标均为盗版　　　　教育服务网：www.cmpedu.com

前　言

近几年来，建筑信息模型（BIM）技术在我国得到了较快的发展和应用，大型建筑设备工程在设计、施工、调试过程中对 BIM 技术的使用越来越普遍。为跟踪反映和指导建筑设备施工与调试过程中对 BIM 技术的使用，我们结合长期教学、科研与工程实践经验，在充分吸收国内外最新的教学、科研成果和社会信息的基础上编写了本书。

本书结合我国建筑设备施工与调试的新规范和节能减排政策，在系统介绍建筑设备施工与调试的基本理论、基本过程、基本方法的基础上，重点介绍了 BIM 技术在建筑设备施工与调试中的应用，并以某城市大型地铁车站的设备安装为例，对 BIM 技术在建筑设备施工与调试中的具体应用进行了介绍。同时，本书结合相关规范，总结和介绍了中央空调工程施工与调试的技术要点、注意事项和常见错误。本书最大的特色就是面向应用、面向工程、面向实践。

本书由广东工业大学土木与交通工程学院李志生编著。广东工业大学土木与交通工程学院的部分研究生参与了文字校对和电子课件的制作。中国华西企业股份有限公司、广州市水电设备安装公司和中铁一局集团有限公司提供了部分案例，在此一并表示衷心的感谢！

在本书的编写过程中，我们参阅了相关文献资料，在此向这些文献资料的作者表示衷心的感谢！

由于编者水平、精力、时间所限，本书在内容取舍、章节安排和文字表达等方面一定还有许多不尽如人意之处，恳请读者批评指正，并提出宝贵建议。相关意见和建议请发至邮箱：Chinaheat@163.com（李志生）。对您的意见和建议，我们深表感谢。

编　者

目　　录

前言

第1篇　建筑设备 BIM 技术介绍

第1章　BIM 概述与相关软件简介……… 1
1.1　BIM 的功能、发展和应用 ……… 1
1.1.1　BIM 的概念和定义 ………… 1
1.1.2　BIM 的特点 ………………… 1
1.1.3　BIM 的功能 ………………… 3
1.1.4　BIM 的发展和应用 ………… 4
1.2　常见 BIM 软件与安装简介 ……… 7
1.2.1　BIM 软件概述 ……………… 7
1.2.2　BIM 软件的分类 …………… 7
1.2.3　BIM 软件的组成 …………… 8
1.2.4　Revit 2013 的安装 ………… 9
第2章　BIM 技术在建筑设备施工中的
　　　　应用 ……………………… 10
2.1　BIM 在建筑设备施工管理中的
　　　价值 ………………………… 10
2.2　BIM 的协同管理平台 ………… 11
2.3　BIM 在建筑设备施工中的应用
　　　举例 ………………………… 14
2.3.1　组建 BIM 团队 …………… 14
2.3.2　掌握业主需求，熟悉 BIM

平台软件 …………………… 14
2.3.3　BIM 在建筑设备安装项目
管理中的具体应用 ……… 16
第3章　BIM 技术在建筑设备施工中的
　　　　建模与输出 ………………… 20
3.1　建筑设备施工中 BIM 模型的
　　　建造流程 …………………… 20
3.1.1　BIM 模型建造的前期
准备 ……………………… 20
3.1.2　建筑设备施工中 BIM 模型的
建造 ……………………… 20
3.1.3　建模过程中遇到困难时的
解决方法 ………………… 20
3.1.4　管线综合图绘制要点与优化
流程 ……………………… 21
3.1.5　BIM 模型管线碰撞问题与解决
措施 ……………………… 25
3.2　BIM 管线图的输出 …………… 27
3.2.1　管线图的漫游及输出 ……… 27
3.2.2　BIM 软件的输出问题 ……… 27

第2篇　建筑设备施工与调试

第4章　建筑设备施工组织与协调 …… 29
4.1　建筑设备施工的范围及特点 …… 29
4.1.1　建筑设备施工的范围 ……… 29
4.1.2　建筑设备施工的工程
特点 ……………………… 29
4.2　建筑设备施工管理的组织与
　　　原则 ………………………… 30
4.2.1　确保总工期目标实现的
原则 ……………………… 30
4.2.2　坚持文明施工与保护环境的

原则 ……………………… 30
4.2.3　坚持"百年大计，质量第一"
的原则 …………………… 30
4.2.4　坚持科学均衡组织施工的
原则 ……………………… 30
4.2.5　坚持采用新技术、新工艺、
新材料、新设备的原则 …… 31
4.2.6　加强与其他专业施工单位
协调配合的原则 ………… 31
4.3　建筑设备施工的重点及难点 …… 31

4.3.1　建筑设备施工的重点 …… 31

4.3.2　建筑设备施工难点及协调解决方案 …… 32

4.3.3　建筑设备安装工程施工各专业难点、重点与对策 …… 39

第5章　建筑设备施工质量、进度与安全管理 …… 41

5.1　建筑设备施工的质量管理 …… 41

5.1.1　建筑设备施工的质量目标和质量保证体系 …… 41

5.1.2　建筑设备施工的质量保证技术措施 …… 44

5.2　建筑设备施工的工期与进度管理 …… 48

5.2.1　建筑设备施工进度控制流程和计划 …… 48

5.2.2　使用BIM进行工程进度的控制管理 …… 49

5.2.3　保证施工进度的各项措施 …… 50

5.2.4　建筑设备施工进度的调整与控制 …… 51

5.3　建筑设备施工的安全文明保证措施 …… 52

5.3.1　施工安全保证体系 …… 52

5.3.2　安全事故隐患的控制 …… 54

5.3.3　各种施工作业安全防护措施 …… 56

第6章　建筑设备施工的常用工具 …… 60

6.1　起吊、举重工具 …… 60

6.1.1　起重索具 …… 60

6.1.2　起重机具 …… 61

6.1.3　吊装工具 …… 66

6.2　切断工具 …… 67

6.2.1　钢板切断工具 …… 67

6.2.2　钢管切断工具 …… 72

6.3　连接工具 …… 76

6.3.1　钢板连接工具 …… 76

6.3.2　钢管连接工具 …… 83

第7章　供暖与空调水管施工方法与技术措施 …… 87

7.1　管材及管件 …… 87

7.1.1　管材及其附件的通用标准 …… 87

7.1.2　管材 …… 89

7.1.3　管件 …… 94

7.1.4　常用紧固件 …… 96

7.1.5　水管阀门 …… 98

7.2　水管施工与安装方法 …… 105

7.2.1　管道的加工 …… 105

7.2.2　管件的加工 …… 107

7.2.3　管道的连接 …… 108

7.2.4　空调管道的安装 …… 109

7.2.5　新型供暖与空调系统管道的安装技术 …… 111

7.3　供暖与空调工程水管节能的技术措施 …… 114

7.3.1　保温材料 …… 114

7.3.2　保温结构的组成及作用 …… 116

7.3.3　保温结构施工 …… 116

第8章　中央空调风管施工方法与技术措施 …… 121

8.1　空调工程中常用的管材及附件 …… 121

8.1.1　风管常用材料 …… 121

8.1.2　风管类型和规格 …… 129

8.1.3　风管系统附件 …… 134

8.2　风管施工与安装方法 …… 137

8.2.1　风管及配件的加工 …… 137

8.2.2　空调风管的安装 …… 142

8.2.3　空调系统部件的安装 …… 148

8.3　风管节能技术措施 …… 151

8.3.1　常用绝热材料 …… 151

8.3.2　风管保温结构与施工 …… 157

第9章　中央空调制冷机组及机房施工方法与技术措施 …… 161

9.1　制冷机房施工概述 …… 161

9.1.1　制冷机房设计的一般要求 …… 161

9.1.2　机房内设备布置的规定 … 161

9.2　制冷机组的施工与安装方法 … 161

9.2.1　制冷机组布置的一般
要求 …………………… 161

9.2.2　制冷机组的安装 ……… 162

9.2.3　活塞式制冷机组的安装 … 162

9.2.4　溴化锂吸收式制冷机组的
安装 …………………… 166

9.2.5　螺杆式制冷机组的安装 … 167

9.2.6　离心式制冷机组的安装 … 168

9.3　水泵的安装与施工方法 …… 168

9.3.1　水泵的拆装检查 ……… 168

9.3.2　水泵基础的安装 ……… 168

9.3.3　水泵地脚螺栓和垫铁的安装
要点 …………………… 168

9.3.4　水泵的安装和试运转 … 169

9.3.5　水泵的清洗和装配 …… 170

9.3.6　水泵的调试 …………… 170

9.3.7　水泵安装的注意事项 … 171

9.3.8　水泵的安装要点及常见
故障 …………………… 172

9.4　制冷机房附属设备的安装 … 173

9.4.1　Y 形过滤器的安装与
维护 …………………… 173

9.4.2　压力表的安装 ………… 174

9.4.3　阀门的安装 …………… 174

9.4.4　机房管路的安装 ……… 175

第 10 章　中央空调冷却塔施工方法与技术
措施 …………………… 176

10.1　冷却塔的类型 …………… 176

10.1.1　按通风方式分类 …… 176

10.1.2　按接触方式分类 …… 176

10.1.3　按流动方式分类 …… 176

10.1.4　其他分类形式 ……… 177

10.2　冷却塔的选型 …………… 178

10.2.1　冷却塔的选型原则 … 178

10.2.2　冷却塔选型的注意
事项 ………………… 178

10.3　冷却塔的施工组织设计 …… 178

10.3.1　冷却塔施工组织设计编制的

依据 ………………… 179

10.3.2　冷却塔施工组织设计的
内容 ………………… 179

10.3.3　冷却塔施工组织设计编制的
原则 ………………… 180

10.3.4　冷却塔施工组织设计编制的
程序 ………………… 180

10.4　冷却塔的安装 …………… 181

10.4.1　冷却塔安装时应具备的
条件 ………………… 181

10.4.2　冷却塔的安装和施工
方法 ………………… 181

10.4.3　安装冷却塔时应注意的
问题 ………………… 182

10.5　冷却塔的调试和试运转 …… 183

10.5.1　冷却塔起动前的检查与准备
工作 ………………… 183

10.5.2　冷却塔的试运转 …… 184

10.5.3　冷却塔的维护管理 … 184

10.5.4　冷却塔在安装与运行过程中
常见问题分析 ……… 186

第 11 章　中央空调防排烟措施与施工
技术 ………………… 187

11.1　防排烟的意义 …………… 187

11.2　烟气在建筑物内蔓延的
规律 ………………… 187

11.3　防排烟的途径 …………… 188

11.4　机械排烟的施工方法与技术
措施 ………………… 188

11.4.1　机械排烟方式 ……… 188

11.4.2　排烟风量 …………… 189

11.4.3　排烟口 ……………… 189

11.4.4　排烟风道 …………… 191

11.4.5　排烟风机 …………… 193

11.5　机械防排烟的施工方法与技术
措施 ………………… 195

11.5.1　加压送风防排烟的技术
措施 ………………… 195

11.5.2　加压送风防排烟系统的施工
要点 ………………… 196

11.6　常见防排烟施工错误和案例
　　　分析 ……………… 197
　11.6.1　机械防烟 ……… 197
　11.6.2　机械排烟 ……… 197
　11.6.3　防排烟设备的管理与
　　　　　维护 …………… 197
第12章　中央空调消声与隔振施工
　　　　措施 ……………… 199
12.1　中央空调系统的消声与隔振施工
　　　技术 ………………… 199
　12.1.1　气流噪声消声的方法与技术
　　　　　措施 …………… 199
　12.1.2　设备隔声的方法与技术
　　　　　措施 …………… 201
　12.1.3　设备隔振施工技术 …… 201
　12.1.4　风管隔振施工技术 …… 202
12.2　水系统消声与隔振施工
　　　技术 ………………… 204
　12.2.1　设备基础隔振施工
　　　　　技术 …………… 204
　12.2.2　管道隔振施工技术 …… 209
第13章　给排水及消防系统施工与
　　　　调试 ……………… 212
13.1　给排水主要设备施工工艺及
　　　方法 ………………… 212
　13.1.1　给排水及消防系统施工
　　　　　流程 …………… 212
　13.1.2　给排水及消防设备的

安装 …………………… 212
　13.1.3　预留孔洞及套管施工 …… 215
13.2　室内给排水管道的安装 …… 221
　13.2.1　室内给水管道的安装 …… 221
　13.2.2　室内排水管道的安装 …… 224
13.3　消防设施及室外给排水管道的
　　　安装 ………………… 225
　13.3.1　水消防设施的安装 …… 225
　13.3.2　室外给排水管道施工 …… 226
第14章　低压配电与照明系统
　　　　施工 ……………… 235
14.1　低压配电系统施工技术及
　　　措施 ………………… 235
　14.1.1　低压配电与照明系统负荷划分
　　　　　及供电技术要求 …… 235
　14.1.2　建筑低压配电系统的施工
　　　　　流程 …………… 235
　14.1.3　建筑低压配电系统的主要
　　　　　施工工艺及方法 …… 235
14.2　照明灯具的安装 ……… 246
　14.2.1　灯具安装的一般规定 …… 246
　14.2.2　灯具安装的施工准备和质量
　　　　　控制 …………… 247
　14.2.3　灯具安装的施工流程和
　　　　　工艺 …………… 247
　14.2.4　开关与插座的安装 …… 248

第3篇　BIM 技术在建筑设备施工与调试中的具体应用

第15章　BIM 技术在某地铁线路设备施工
　　　　中的应用案例分析 …… 251
15.1　案例背景和工程概况 …… 251
　15.1.1　案例背景 ………… 251
　15.1.2　工程范围 ………… 252
　15.1.3　工程的重点及难点 …… 253
15.2　施工计划与组织 ……… 254
　15.2.1　施工计划的编制原则 …… 254
　15.2.2　施工准备及施工资源

计划 …………………… 254
15.3　BIM 技术在工程中的控制与
　　　管理 ………………… 257
　15.3.1　BIM 实现施工的过程
　　　　　管理 …………… 257
　15.3.2　BIM 建模结果的输出 …… 260
　15.3.3　BIM 技术在工程安全、质量、
　　　　　进度等方面的应用 …… 262
参考文献 ……………………………… 266

11.5 常用的钢结构防腐涂料和涂装 …………

11.6 ………………………………… 197

11.6.1 焊接节点疲劳计算 ………… 197

11.6.2 工艺评定 ……………… 197

11.6.3 射线探伤和超声波探伤 …………… 197

第 12 章 钢结构构件制作与安装施工 …………… 199

技术 ……………………………… 199

12.1 大跨度空间钢结构施工

技术 ……………………………… 199

12.2 高层钢结构安装技术

技术 ……………………………… 199

12.3 吊装前准备及基本要求 …………… 201

12.4 大跨度钢屋盖之屋面工艺 ………… 202

12.5 大跨度安装技术 ……………… 202

技术 …………………………… 203

12.5.1 大型杆件的整体吊装 ……………

技术 …………………………… 204

12.2.7 大型结构整体吊装 …………… 209

第 13 章 给排水及供暖系统安装工艺 …………………

调试 ……………………………… 212

13.1 常用给水排水管道工艺方法 …………… 212

13.1.1 给水排水系统安装 …………………

方法 ……………………………… 212

13.1.2 给排水系统安装施工 …………………

…………………………… 212

13.1.3 常用给水管道施工 ………… 215

13.2 室外给水及管道的施工 …………… 221

13.2.1 室外给水管道施工安装 …………… 221

13.3 室内消防及给排水系统安装的

方法 …………………………… 224

……………………………… 225

13.3.1 室内防火系统安装 …………… 225

13.3.2 室内给水排水系统施工 …………… 226

第 14 章 装饰装修与门窗工程

施工 …………………………… 235

14.1 抹灰工程施工及技术 …………… 235

要点 …………………………… 235

14.1.1 抹灰工程施工要点与技术要点 ………… 235

14.1.2 室内抹灰施工技术工艺 ………… 235

要点 …………………………… 235

14.1.3 室外抹灰施工技术的主要

施工工艺及要点 …………… 235

14.2 门窗工程施工 ………… 246

14.2.1 铝合金门窗施工 …………… 246

14.2.2 门窗安装的施工技术要点 ………

要点 …………………………… 247

14.2.3 门窗安装施工技术和

方法 …………………………… 247

14.2.4 塑料门窗安装技术 ………… 248

第 5 篇　BIM 技术在建筑施工与管理中的具体应用

第 15 章　BIM 技术在某地产销售中心施工

中的应用案例分析 ………… 251

15.1 案例情况及项目概况 ………… 251

15.1.1 工程概况 ………… 251

15.1.2 工程难点 ………… 252

15.1.3 工程重点及难点 ………… 253

15.2 项目中的应用 ………… 254

15.2.1 基于 BIM 的协同管理 ………… 254

15.2.2 基础工程应用 ………… 254

……………………………… 254

15.3 BIM 技术在施工中的应用 …………

案例 …………………………… 257

15.3.1 BIM 技术模型建立 …………… 257

……………………………… 257

15.3.2 BIM 管线优化及碰撞检查 ……… 260

15.3.3 BIM 技术施工进度管理

及其他方面的应用 ………… 262

……………………………… 266

参考文献 …………………………… 266

第1篇　建筑设备 BIM 技术介绍

第1章　BIM 概述与相关软件简介

1.1　BIM 的功能、发展和应用

1.1.1　BIM 的概念和定义

BIM（Building Information Modeling）即建筑信息模型，指的是以建筑工程项目的各项相关信息数据为模型的基础，通过数字信息仿真模拟建筑物所具有的真实信息而建立建筑模型。建筑信息模型是以 3D 数字技术为基础，集成建筑工程项目各种相关信息的工程数据模型，是对该工程项目相关信息的详尽表达。

由于我国建筑信息模型应用统一标准还在编制阶段，这里暂时引用美国国家 BIM 标准（NBIMS）对 BIM 的定义。该定义由三部分组成：

1）BIM 是一个设施（建设项目）物理和功能特性的数字表达。

2）BIM 是一个共享的知识资源，是一个分享与这个设施有关的信息，为该设施从建设到拆除的全生命周期中的所有决策提供可靠依据的过程。

3）在项目的不同阶段，不同利益相关方通过在 BIM 中插入、提取、更新和修改信息，来支持和反映其各自职责的协同作业。

1.1.2　BIM 的特点

BIM 具有可视化、协调性、模拟性、优化性和可出图性五大特点。

1. 可视化

可视化即"所见即所得"的形式。对于建筑行业来说，可视化的作用是非常大的。例如施工图的图样，虽然建筑的各种信息在图样上已经完全表达出来了，但是其相互关系和立体图形需要建筑工程师和施工人员展开想象。对于一般简单的建筑来说，这种想象也未尝不可，不会很复杂。但是，随着大型、超大型和超高层建筑的推广，各种造型奇特和具有复杂功能的建筑不断涌现，建筑形式各异、复杂造型的建筑越来越多，光靠人脑去想象建筑空间和建筑构件越来越困难，甚至有点不太可能。所以，BIM 提供了可视化的思路，即将以往的线条式的构件形成一种三维的、立体的、真实模拟实物的图形，并展示在人们的面前。建筑业也有设计工程师出效果图的情况，但是这种效果图一般只是外立面或某个部分的一些非立体式的效果图，并不是通过构件的信息自动生成的，缺少与构件之间的互动性和反馈性，与通过 BIM 技术生成的可视化图形完全不同。BIM 是一种能够与构件之间形成互动性和反馈性的可视。在 BIM 中，由于整个过程都是可视化的，所以可视化的结果不仅可以用于效果图的展示及报表的生成，更重要的是项目设计、建造、运营过程中的沟通、讨论、决策都在可视化的状态下进行。

2. 协调性

协调性是建筑业中的重点内容。不管是建筑业主、设计单位还是施工单位，都需要良好的配合，也都时刻在做着协调及相互配合的工作。一旦在项目的实施过程中遇到了问题，就要将各有关人员组织起来开协调会，寻找问题发生的原因及解决办法，然后再进行变更设计，采取相应的补救措施来解决这些问题。其实，可以在设计或施工之前就可以把问题展示出来，从而减少协调的难度和数量。BIM 就能预计、模拟并减少问题的发生，从而具有更大、更好的协调性。在进行建筑设计时，往往由于各专业设计师之间的沟通不足而出现各种专业之间的碰撞问题。例如，暖通空调等专业中在布置管道时，由于施工图样是绘制在各自的施工图样上的，因此在施工过程中，就有可能在布置管道时正好在此处有结构设计的梁等构件，并妨碍管道的布置，这是施工中常遇到的管道碰撞问题。像这样的碰撞问题，完全可以通过 BIM 技术来进行协调解决。BIM 的协调性服务可以帮助处理这种问题，也就是说，BIM 可在建筑物建造前期对各专业的碰撞问题进行协调，并生成协调数据进行展示。当然，BIM 的协调作用也并不是只能解决各专业间的碰撞问题。它还可以解决其他问题，例如电梯井布置与其他设计的布置及净空要求的协调，防火分区与其他设计布置的协调，地下排水布置与其他设计布置的协调等。

3. 模拟性

模拟性并不是指只能模拟设计出的建筑物模型，还可以模拟不能够在真实世界中进行操作的事物。在设计阶段，BIM 可以对设计上需要进行模拟的某些信息进行模拟实验，如节能模拟、紧急疏散模拟、日照模拟、热能传导模拟等。在招投标和施工阶段，BIM 还可以进行 4D 模拟（三维模型加上项目的发展时间），也就是说，能根据施工的组织设计模拟实际的施工，从而确定合理的施工方案并用于指导施工。不仅如此，BIM 甚至还可以进行所谓的 5D 模拟（4D 模型加上造价控制模拟）来实现成本控制。在建筑的后期运营阶段，BIM 还可以模拟日常紧急情况的处理方式，例如，模拟地震发生时建筑物内人员逃生过程及消防人员救援等。

4. 优化性

事实上，建筑工程设计、施工、运营的过程就是一个不断优化的过程。当然，优化和 BIM 也不存在实质性的必然联系，但在 BIM 的基础上，建筑工程就可以做更好的优化。建筑工程的优化受信息、复杂程度和时间影响。没有准确的建筑信息，就做不出合理的优化结果。BIM 模型提供了建筑物之间和建筑物内部实际存在的信息（如几何信息、物理信息、规则信息），还提供了建筑物建成以后运营的信息。某些建筑物（如北京奥运会主场馆）本来就已经足够复杂，使得建筑设计、施工、管理人员无法依靠自身的能力掌握所有的信息，必须借助一定的科学技术和设备。现代建筑物的复杂程度大多超过参与人员本身的能力极限，而 BIM 及与其配套的各种优化工具提供了对复杂项目进行优化的可能。基于 BIM 的优化可以做以下工作：

（1）项目方案优化　把项目设计和投资回报分析结合起来，将设计变化对投资回报的影响实时地计算出来。这样，业主对设计方案的选择就不会仅仅停留在对建筑外观和造型的评价上，而会将更多的注意力转移到项目设计方案与自身需求的契合度上。

（2）特殊项目的设计优化　例如，裙楼、幕墙、屋顶、大空间到处可以看到异型设计，这些内容看起来占整个建筑的比例不大，但是在投资和工作量的比例方面往往要大得多。另外，这些部位通常也是施工难度比较大、施工问题比较多的地方。对这些部位的设计施工方案进行优化，可以显著缩短工期和降低造价。

5. 可出图性

BIM 具有可出图性。这种图并不是我们常见的建筑设计图样或一些构件加工图样，而是通过对建筑物进行可视化展示、协调、模拟、优化以后，帮助业主出的某些特殊图样，如：

1）综合管线图（经过碰撞检查和设计修改，消除了相应错误以后的图样）。

2）综合结构留洞图（预埋套管图）。

3）碰撞检查侦错报告和建议改进方案图。

总之，BIM 在世界很多国家尤其是发达国家已经有比较成熟的标准或者实施制度。BIM 在我国建筑市场要顺利发展，必须将 BIM 和建筑市场特色相结合，才能够满足我国建筑市场的特色需求。同时，可以预见的是，BIM 将在我国得到快速发展，并会给我国建筑业带来巨大的变革。

1.1.3　BIM 的功能

BIM 不是简单地将数字信息进行集成，而是一种数字信息的应用，并可以用于设计、建造、管理的数字化方法。BIM 是数字技术在建筑工程中的直接应用，以解决建筑工程在软件中的描述问题，使设计人员和工程技术人员能够对各种建筑信息做出正确的应对，并为协同工作提供坚实的基础。

建立以 BIM 应用为载体的项目管理信息化，将在提升项目生产效率、提高建筑质量、缩短工期、降低建造成本等方面发挥巨大的作用。其具体功能体现在以下几个方面：

1. 三维渲染，宣传展示

由于 BIM 需要支持建筑工程全生命周期的集成管理环境，因此 BIM 的结构是一个包含数据模型和行为模型的复合结构。它除了包含与几何图形及数据有关的数据模型外，还包含与管理有关的行为模型，两者相结合关联为数据并赋予意义，因而可用于模拟真实世界的行为，如模拟建筑的结构应力状况、围护结构的传热状况等。当然，行为的模拟与信息的质量是密切相关的。三维渲染动画给人以真实感和直接的视觉冲击。对建筑投标人来说，建好的 BIM 模型可以用作二次渲染开发的模型基础，大大提高三维渲染效果的精度与效率，给建筑业主提供更为直观的宣传介绍，从而提升中标概率。

2. 快速计算，精度提升

BIM 通过建立所谓 5D［3D 加上时间，外加 WBS（Work Breakdown Structure，即工作分解结构）］技术来关联数据库，可以准确而快速地计算工程量，提升施工预算的精度与效率。由于 BIM 数据库的数据能细化到构件级，因而可以快速提供支撑项目各专业管理所需的数据信息，并因此而有效提升施工管理效率。BIM 技术是一种应用于工程设计、建造管理的数据化工具，通过参数模型整合项目的各种相关信息，在项目策划、运行和维护的全生命周期过程中进行共享和传递，使工程技术人员能对各种建筑信息做出正确理解和高效应对，从而为设计团队以及包括建筑运营单位在内的各方建设主体提供协同工作的基础，在提高生产效率、节约成本和缩短工期方面发挥重要作用。BIM 技术能自动计算工程实物量，这样的应用案例在我国非常多。

3. 精确计划，减少浪费

BIM 又是一种应用于设计、建造、管理的数字化方法，这种方法支持建筑工程的集成管理环境，可以使建筑工程在其整个进程中显著提高效率，大量减少风险。施工企业精细化管理很难实现的根本原因在于无法快速、准确地获取海量的工程数据以支持资源计划，致使经验主义盛行。而 BIM 的出现可以让相关专业领域的管理快速、准确地获得工程基础数据，为施工企业制订精确的人、财、物管理计划提供有效支撑。应用 BIM，能使建筑工程进度更快、用物更省、管控更精确，各专业、工种、工序配合得更好，还能减少图样的出错风险，甚至将来还能指导建筑物的运营、维护和设施管理，并持续地节省运营费用。

4. 计算对比，有效管控

管理的支撑是数据，项目管理的基础就是工程基础数据的管理，及时、准确地获取相关工程数据就是项目管理的核心竞争力。BIM 数据库可以实现任一时点上工程基础信息的快速获取，通过合同、计划与实际施工的消耗量、分项单价、分项合价等数据的计算对比，可以有效了解项目运营的盈亏状态和消耗量有无超标、进货分包单价有无失控等问题，从而实现对项目成本风险的有效管控。通过应用 BIM 技术，可以使项目的各种信息得到连续应用和实时应用。这些信息质量高、可靠性强、集成程度高而且比较协调，可大大提高设计乃至整个工程的质量和效率，显著降低成本。

5. 模拟施工，有效协同

三维可视化功能再加上时间维度，可以进行虚拟施工，并随时随地直观、快速地将施工计划与实际进展进行对比，同时进行有效协同，施工方、监理方甚至非工程行业出身的业主领导都能对工程项目的各种问题和情况了如指掌。这样通过 BIM 技术结合施工方案、施工模拟和现场视频监测，可大大减少建筑质量问题、安全问题，减少返工和整改机会。

6. 碰撞检查，减少返工

BIM 最直观的特点在于三维可视化。利用 BIM 的三维技术在前期可以进行碰撞检查，优化工程设计，减少在建筑施工阶段可能存在的错误损失和返工的可能性，并且优化净空问题、优化管线排布方案。施工人员还可以利用碰撞优化后的三维管线方案进行施工交底、施工模拟，从而提高施工质量，同时也可提高与业主沟通的能力。

7. 冲突调用，优化决策

BIM 数据库中的数据具有可计量（Computable）的特点，大量工程相关的信息可以为工程提供数据后台的巨大支撑。BIM 中的项目基础数据可以在各管理部门进行协同和共享，工程量信息可以根据时空维度、构件类型等进行汇总、拆分、对比分析等，保证及时、准确地提供工程基础数据，为决策者制订工程造价项目群管理、进度款管理等方面的决策提供依据。

1.1.4 BIM 的发展和应用

1. BIM 在国际上的发展和应用

（1）产生与发展　1975 年，BIM 之父——美国佐治亚理工大学的 Chunk Eastman 教授提出了 BIM 理念。BIM 理念的启蒙，受到了 1973 年全球石油危机的影响，美国全行业需要考虑提高行业效益的问题。1975 年，Eastman 教授在其研究的课题 "Building Description System" 中提出了基于计算机描述的建筑概念，以便实现建筑工程的可视化和量化分析，提高工程建设效率。可见，BIM 是建筑业与信息技术发展和结合的必然产物。因此，也可以这么说，BIM 是建筑业信息革命的必然结果。建筑业的信息革命过程如图 1-1 所示。

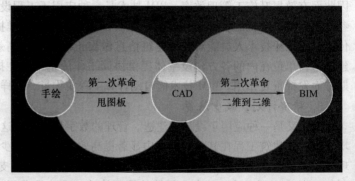

图 1-1　建筑业的信息革命过程

BIM 技术从产生至今，其发展经历了三大阶段：萌芽阶段、产生阶段和发展阶段。事实上，多年来国际学术界一直在对如何在计算机辅助建筑设计中进行信息建模进行着深入的讨论和积极的探索。可喜的是，目前建筑信息模型的概念已经在学术界和软件开发商中获得共识，Graphisoft 公司的 ArchiCAD、Bentley 公司的 TriForma、Autodesk 公司的 Revit 以及斯维尔公司的建筑设计（Arch）等这些引领潮流的国内和国际建筑设计软件系统，都是应用了建筑信息模型技术而开发出来的，可以支持建筑工程全生命周期的集成管理。美国和欧洲的经验证明，虽然 BIM 这个被行业广泛接受的专业名词的出现以及 BIM 在实际工程中的大量应用时间很短，但是美欧对这种技术的理论研究和小范围工程实践从 20 世纪 70 年代就开始了，而且一直没有中断过，佐治亚理工学院、斯坦福大学和宾夕法尼亚大学等在这方面做了大量的基础理论研究。

与传统模式相比，3D – BIM 的优势明显，因为建筑模型的数据在建筑信息模型中的存在以多种数字技术为依托，从而以这个数字信息模型作为各个建筑项目的基础，可以进行各个相关工作。建筑工程与之相关的工作都可以从这个建筑信息模型中拿出各自需要的信息，既可指导相应工作，又能将相应工作信息反馈到模型中。

同时，BIM 可以四维模拟实际施工，以便于在早期设计阶段就发现后期真正施工阶段所会出现的各种问题，进行提前处理，为后期活动打下坚固的基础。在后期施工时，其能作为施工的实际指导，也能作为可行性指导，以提供合理的施工方案，以及人员、材料使用的合理配置，从而在最大范围内实现资源合理运用。

（2）应用　美国是首批应用 BIM 的国家之一。自 2002 年起，BIM 技术发展迅速。美国政府有很多部门也开始应用 BIM 来协助工作。美国总务管理局（GSA）是一个以服务美国市民为本的机构。GSA 推行了全国通行的 3D – 4D – BIM 计划，协助和支持了在超过 35 个项目中应用 3D、4D 和 BIM 技术。目前，GSA 正探讨在整个项目的生命周期中应用 BIM 技术，如空间规划验证、4D 模拟、人流模拟、安全模拟、激光扫描、能耗模拟和可持续发展模拟等。自 2007 年起，所有重要项目必须将 BIM 应用于空间规划验证，同时也鼓励项目应用 BIM 技术来解决其他项目的挑战。美国国家建筑科学研究院也在 2007 年 12 月发布了美国国家 BIM 标准的第一部分。该标准由 30 位专家编写，目的是为未来的 BIM 标准提供发展方向。

英国将改革政府建筑项目的过程，希望借着 BIM 实现更高的效率和更低的成本。根据其政府内阁办公室在 2011 年 5 月公布的建筑策略，他们将与业界各专业团体合作订立标准，用以让整个建筑业供应链能利用 BIM 技术做出更佳的协作。

韩国在运用 BIM 技术上比较领先。多个政府部门都致力于制订 BIM 的标准。韩国国土海洋部在 2010 年 1 月分别在建筑和土木两个领域制订了 BIM 应用指南。该指南为开发商、建筑师和工程师采用 BIM 技术时必须注意的方法及要素做了详细的说明。韩国 BIM 实施和具体路线图要求 2016 年前实现全部公共工程应用 BIM 技术。

新加坡建筑与工程局（BCA）为新加坡注册公司（需要是现行的或即将建设项目的注册公司之一）成立了 BIM 基金，鼓励企业在建筑项目上把 BIM 技术纳入其工作流程，把 BIM 技术运用在实际的项目当中。他们鼓励 BIM 技术的运用，用以支持企业建立 BIM 项目协作、BIM 模型建立，进行高增值模拟、分析，提高项目文件管理能力。每个企业可申请总经费以 105000 新加坡元为上限，用于培训、咨询、BIM 硬件和软件的支出等，以及用以支持项目改善重要业务流程，如在招标或者施工前使用 BIM 做冲突检测，达到减少工程返工量最少 10% 的效果及提高 10% 的生产效率。

澳大利亚在 2009 年公布了国家的数码模型指引。该指引指出，由于将 BIM 技术真正地应用于建筑业需要做出不少修改和适应，所以这将是一项重大的挑战。澳大利亚政府通过制订数码模型指引，致力于推广 BIM 在建筑各阶段的运用，从项目规划到设施管理，都运用 BIM 的模拟技术，达致改善建筑项目的实施与协作的目的，从而发挥最大的生产力。

2. BIM 在我国的发展和应用

BIM 技术在我国的发展状况：一是相对于 BIM 技术的整个发展历程来讲，当前还处于初级阶段。虽然我国的鲁班软件已经专注 BIM 技术发展十几年了，但相对于 BIM 整合发展和成熟期，仍然只是初级阶段。目前，我国的 BIM 解决方案在建造阶段各大专业累计已有 100 多项应用，但还有更多的应用未被开发出来，已有的应用还有很大的提升空间。

二是已有的 BIM 技术已能为企业创造巨大的价值，已能实现高达数倍的投资回报。到目前为止，BIM 技术还有很多不能做的事，但能做的事也已经不少，创造的价值也已足够大。对于施工企业来说，要等到 BIM 技术十全十美再来应用是没有必要的，也是等不到的。从目前已经实施 BIM 的项目来看，价值已经相当巨大，实现 5～10 倍的投资回报是完全没有问题的。BIM 技术的发展和完善将是一个长期的过程，这并不妨碍企业现在就能利用 BIM 技术创造巨大的价值。

三是 BIM 技术最终将成为建筑业生产力革命性的技术。这意味着未能及时掌握 BIM 技术，以及未能普及、深入应用 BIM 技术的施工企业将失去生存和竞争能力。2D 建造技术已持续了数千年，数千年来项目管理模式未能真正革命性地被突破过，近年来虽有 OA、ERP 等信息技术助阵，但依然未从根本上改变困局。BIM 将建造技术从 2D 升级到 3D，这 1D 的升级变化，却是一场大革命。由此来看，BIM 技术在我国的发展取得了可喜的进步，但是还有很长的路要走。相信我国的 BIM 标准一旦推出，我国的 BIM 发展会迎来一个飞跃阶段。

根据我国的"十二五"规划，国家建议建筑企业致力于加快将 BIM 技术应用于工程项目中，希望借此培育一批建筑业的领导企业。国家鼓励企业运用 BIM 的主要范畴为：在冲突分析方面，鼓励运用 BIM 技术，更有效地发现工程潜在的差异和冲突，以提高监测分析水准，在信息管理应用方面，加快推广 BIM，如把其用于虚拟实境和 4D 项目管理，希望借此提升企业的生产效率和管理水准于设计阶段，运用 BIM 的 3D 技术来实现设计整体可视化；在施工阶段，应用 BIM 技术可以降低信息传送过程中可能出现的错误。

BIM 在我国的应用与推广是近几年的事情。目前，无论是建筑业主还是各类设计院，都对 BIM 产生了浓厚的兴趣，各建设行政主管部门也在大力推行 BIM 技术。可以说，我国的 BIM 应用正方兴未艾，还有很大的应用空间。

BIM 最初只是应用于一些大规模标志性的项目当中，除了堪称 BIM 经典之作的上海中心大厦项目外，上海世博会的一些场馆也应用了 BIM 技术。仅仅经过两三年，BIM 已经应用到一些中小规模的项目当中。以福建省建筑设计研究院为例，全院 70%～80% 的项目都是使用 BIM 完成的。BIM 在珠海歌剧院中的应用如图 1-2 所示。

图 1-2　BIM 在珠海歌剧院中的应用

目前，住房和城乡建设部正大力推进 BIM 技术的推广应用。住房和城乡建设部编制的建筑业"十二五"规划明确提出要推进 BIM 协同工作等技术应用，普及可视化、参数化、三维模型设计，以提高设计水平，降低工程投资，实现从设计、采购、建造、投产到运行的全过程集成运用。

另外，我国各地方政府也在大力推进 BIM 技术的使用，如北京市已经发布了 BIM 地方性标准《民用建筑信息模型设计标准》。2014 年，广东省住房和城乡建设厅以粤建科函［2014］1652 号的形式，发布了关于开展建筑信息模型 BIM 技术推广应用的通知，要求到 2020 年年底，全省建筑面积 20000m² 及以上的建筑工程项目普遍应用 BIM 技术。

目前，有关 BIM 的微信群、QQ 群，以及网上论坛、专栏、专题非常多，如中国 BIM 论坛

（www. bim123. com）、中国建设教育协会的 BIM 大赛等。

1.2　常见 BIM 软件与安装简介

1.2.1　BIM 软件概述

我国建筑业软件市场规模不足建筑业本身这个市场规模的 0.1%，而美欧的经验普遍认为，BIM 应该能够为建筑业带来 10% 的成本节约。如果从具有市场影响力的 BIM 核心建模软件来看，ArchiCAD 是 20 世纪 80 年代的产品，TriForma、Revit 和 Digital Project 则起始于 20 世纪 90 年代。美欧形成了一个 BIM 软件研发和推广的良性产业链：大学和科研机构主导 BIM 基础理论研究，经费来源于政府支持和商业机构赞助，大型商业软件公司主导通用产品研发和销售，小型公司主导专用产品研发和销售，大型客户主导客户化定制开发。

1.2.2　BIM 软件的分类

BIM 所涉及的软件可以分成很多类，从规划开始直到建筑物生命结束，可以分成很多的阶段，每个阶段都会有至少一种专业软件，如 BIM 建模软件、BIM 机电分析软件、BIM 综合碰撞检查软件、BIM 造价分析软件、日照分析软件、结构分析软件。BIM 是一种技术，而满足 BIM 技术的软件很多，特色不一，但是由于概念上的误区，导致很多人不清楚。按照功能，在此把 BIM 软件分为以下三类：

第一类是基于绘图（Drawing-based）的 BIM 软件。这类软件以 Autodesk 公司出品的 Revit 等软件为代表，也最为著名，应用最广泛。Autodesk 公司也有几款适合于建筑设计、结构设计、暖通设计的专业软件，这些软件大多基于 Revit 绘图平台。在专业 BIM 里面，如果没有自己的绘图平台（图形引擎），还可以采用第三方平台，其中 Autodesk 公司的 CAD 和 Revit 最为普遍。

第二类是基于专业（Speciality-based）的 BIM 软件。这方面的软件非常多，但是各专业有所不同。建筑有 ArchiCAD（这才是第一款 BIM 软件，20 世纪 80 年代推出的），我国生产的天正、鸿业等软件，也可以算作广义的 BIM 软件。这方面的软件，在结构设计方面有中国建筑科学研究院的 PKPM。另外，在预算造价软件方面，PKPM 也比较有名。我国生产的 BIM 造价软件比较有名的还有广联达、鲁班软件等。在服务商方面，我国专业制作效果图的水晶石公司也使用 3D 建模工具为客户建模（大都是 3DMax 之类适合于效果图的建模工具）。此外，声学、光学、能耗、暖通水电、弱电监控等也都有各自的专业软件。

第三类是基于管理（Management-based）的 BIM 软件。可以用于建筑全生命周期管理的 BIM 软件，属于设施管理领域，目前在我国应用极少。这方面的软件我国尚无，国外有很多，如美国的 Archibus 是行业翘楚。设施管理方面发展缓慢，导致了全行业对 BIM 的理解误区很多。在 CAD 时代，设计院的图样文档管理都没有做好，施工单位的项目管理也很乱，甲方做建成之后的运营维护管理只是招募一家物业公司（物业管理是设施管理的一小部分）而已，再次改造装修时由装饰公司重新画 CAD 图。

此外，我国所谓的建筑项目管理门户系统也有很多类似软件，国外软件以 Buzzsaw（也是 Autodesk 公司的产品）为典型代表。这可以看成是广义的 BIM 管理软件。

从应用上讲，BIM 软件还可以分为以下四个大类：

1）Autodesk 公司的 Revit 建筑、结构和机电系列，在民用建筑市场借助 AutoCAD 的天然优势，有相当不错的市场表现。

2）Bentley 公司的建筑、结构和设备系列。Bentley 公司的产品在工厂设计（石油、化工、电力、医药等）和基础设施（道路、桥梁、市政、水利等）领域有无可争辩的优势。

3）2007 年 Nemetschek 公司收购 Graphisoft 公司以后，ArchiCAD、Allplan、VectorWorks 三个产品就被归到同一个公司了。其中，我国建筑业最熟悉的是 ArchiCAD，属于一个面向全球市场的产品，应该可以说是最早的一个具有市场影响力的 BIM 核心建模软件，但是在我国由于其专业配套的功能（仅限于建筑专业）与多专业一体的设计院体制不匹配，很难实现业务突破。Nemetschek 公司的另外两个产品，Allplan 的主要市场在德语区，VectorWorks 则是其在美国市场使用的产品名称。

4）Dassault 公司的 CATIA 是全球最高端的机械设计制造软件，在航空、航天、汽车等领域具有接近垄断的市场地位，应用到工程建设行业无论是对复杂形体还是对超大规模建筑，其建模能力、表现能力和信息管理能力都比传统的建筑类软件有明显的优势，而与工程建设行业的项目特点和人员特点的对接问题则是其不足之处。Digital Project 是 Gery Technology 公司在 CATIA 基础上开发的一个面向工程建设行业的应用软件（二次开发软件），其本质还是 CATIA。

BIM 技术无疑已成为未来的发展趋势，在这种背景下，我国的 CAD 产业也面临着新一轮的挑战。以浩辰、中望、CAXA 等为代表的一批国产 CAD 软件已实现了 2D 绘图平台的功能（其中 CAXA 甚至在三维设计领域也已独树一帜），并整合了一批专业软件，形成了"CAD 联盟""CAD 联合体"等组织，为我国设计行业提供了实用解决方案。这些解决方案来源于我国的实践，很适合我国国情，已经取得了很好的实际效果。

1.2.3　BIM 软件的组成

BIM 作为一种技术，需要软件才能实现。用户需要根据自己的应用需求来决定合适的 BIM 软件。BIM 软件包括了建模（Modeling），这是一个动态过程，也就是说，BIM 首先是基于建筑生命周期的，这个过程分成若干阶段，每个阶段都要建立一个以上的模型，用于描述和指导整个建筑物的建设过程；其次，就是模型（Model），即建模过程中的每一个阶段的模型以及最后总的模型，这叫作 BIM 模型；再次，BIM 软件包括了管理（Management），实际上就是对这上面所说的建模过程以及结果（模型）等对象的管理。BIM 核心建模软件的组成如图 1-3 所示。

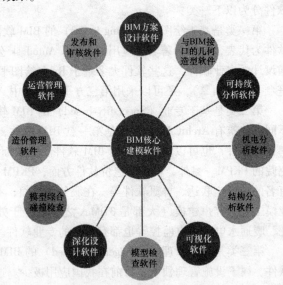

图 1-3　BIM 核心建模软件的组成

BIM 核心建模软件的英文通常为"BIM Authoring Software"，是 BIM 之所以成为 BIM 的基础。换句话说，正是因为有了这些软件才有了 BIM，也是从事 BIM 工作的人第一类要碰到的 BIM 软件。因此，我们称它们为 BIM 核心建模软件，简称 BIM 建模软件。

因此，对于一个项目或企业 BIM 核心建模软件技术路线的确定，可以考虑以下基本原则：

1）民用建筑用 Autodesk 公司的 Revit。

2）工厂设计和基础设施用 Bentley 公司的产品。

3）单专业建筑事务所选择 ArchiCAD、Revit、Bentley 公司的产品都有可能成功。

4）项目完全异形、预算比较充裕的可以选择 Digital Project 或 CATIA。

当然，除了上面介绍的情况以外，业主和其他项目成员的要求也是在确定 BIM 技术路线时需要考虑的重要因素。本书重点介绍目前广泛使用的民用建筑用 Autodesk 公司的 Revit BIM 建模软件。

1.2.4　Revit 2013 的安装

1. 安装注意事项

Revit 目前有多个版本，本节以 2013 版为例来进行说明。Revit 安装时比较复杂，需注意以下事项，否则有可能安装不成功。

1）安装时 Windows7 要以管理员程序运行。

2）安装软件包路径上不能有中文名字。

3）软件安装路径最好默认，不用中文名字。

2. 注册码

Autodesk 系列软件 2013 版本可以使用的序列号：666-69696969，667-98989898，400-45454545，066-66666666 等。Autodesk Revit 2013 产品密钥：829E1。

3. 激活

安装完成后，第一次打开软件会有点慢，出现激活画面，如图 1-4 所示。

图 1-4　Autodesk Revit 2013 的激活界面

单击"激活"按钮，出现用户 ID 错误，这里可以无视这些提示信息，关闭软件（见图 1-5），重新打开软件，单击"激活"按钮，出现序列号及申请号等信息，如图 1-6 所示。

这时打开注册机，把申请号复制到注册机"Request"选项中，单击"Patch"按钮，出现"Successfully Patched"成功提示。

单击"Generate"按钮，在上方"Activation"选项里面就会出现激活码，如图 1-7 所示。返回 Revit 激活界面，在界面中选"我具有 Autodesk 提供的激活码"单选钮，把注册机中生成的注册码通过粘贴的方式输入文本框，单击"下一步"按钮，完成注册。

图 1-5　产品注册与激活界面

图 1-6　产品成功激活选项画面

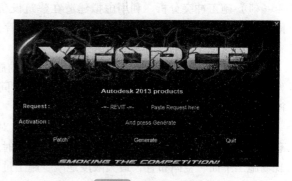

图 1-7　产生激活码

第 2 章　BIM 技术在建筑设备施工中的应用

2.1　BIM 在建筑设备施工管理中的价值

BIM 作为建筑全生命周期管理的有效工具，能为用户提供良好的管理平台。利用 BIM 这一先进的信息创建、管理和共享技术，设计、采购、施工管理等各个团队的表达沟通、讨论、决策会更加便捷。因为项目的所有成员从早期就开始进行持续协作，各方不只是局限于关心自己的本职工作，而是都能因为项目的成功而获得更高的利益，创造更大的利润，从而达到技术和经济指标双赢的效果。

一般说来，在建筑设备施工管理领域，BIM 应用的价值会在项目建设全过程或各阶段中体现出来。

1. 项目全过程

利用 BIM 的可视化，在项目全过程中均可以以 3D 的方式进行直观、方便的沟通协调，避免 2D（平面图）所造成的沟通信息丢失或误解。

通过 BIM 的有效信息传递和高效协同，可更好地使各方明确项目需求、成本目标，减少信息"错、漏、缺、碰"，降低工期延误等，从而使各方整体成本最低化。

2. 立项阶段

建设业主方在工期估算、施工成本等确定的前提下，可以利用 BIM 进行虚拟设计、概念设计、可行性研究等，从而分析、制订比较明确可行的施工方案或备选方案。

3. 设计阶段

结合相关的功能分析软件可以方便地进行能源分析、流体分析、日照分析、风分析评估，可提升建筑环境、建筑设备的性能和可持续性。

参数化的 3D 协同设计，可减少各专业在设计方面的冲突，减少后期的变更。

精确、数字化的 3D 设计模型，可以方便地按需绘制平面、立面、剖面等施工图，并确保 2D 图样设计内容上的协调一致性。

精确地进行建筑设备工程量计算以及对建筑面积、办公面积、使用面积、停车库数量等各类建筑指标进行自动计算、统计等。

4. 施工阶段

（1）施工冲突分析　利用虚拟建造在建筑设备施工前进行施工冲突检查，包括拟建构件之间的冲突、拟建构件和临时设施之间的冲突、工序之间作业时的冲突等，提升施工可行性，减少各类风险因素，避免后期窝工和返工。

（2）4D 进度管理　按照建筑设备工程项目的施工计划模拟现实的建造过程，在虚拟环境下发现施工过程中可能存在的问题和风险，并针对问题对模型和计划进行调整和修改，进而优化施工计划，并在施工过程中进行有效监控。

（3）现场施工管理　施工前模拟现场环境，对总分包商之间、各分包商之间工作界面的合理界定、作业工序之间的合理搭接、进场与退场时序的安排等进行详细分析，并据此制订合理的现场施工平面、空间布置，最大限度地减少施工过程中的矛盾。

（4）投资监控　利用 BIM 软件，可以对施工计划和投资计划集成 5D 模拟，可以实时跟踪所完成的工程量，便于安排资金计划、实物工程量统计以及进度款审核。

（5）采购协同　BIM 软件平台能够提供建筑设备工程精确的工程量统计、材料订购、预制件统计等数据信息，结合工程进度计划，可以科学地安排各类材料的进场时间，既避免材料的堆积损耗，又降低采购成本。

（6）构件预制　建筑设备工程需要的预制件比较少，但也有一些工程需要预制件配合，如人防的通风预制件等。可以将 BIM 模型输入到数字化制造系统，方便地进行建筑构件模块化制造。

5. 运营阶段

（1）数字化移交　建筑设备工程竣工后，施工方将模型数据信息移交给业主进行运营管理，一方面便于物业后期维护管理，另一方面可以检查工程实物的工作性能以及是否达到设计目标。

（2）改进运营管理　将建筑设备几何的、物理的各种数据信息特别是机电系统信息提交给业主或物业的运营管理系统，在建筑物投入运营后，这些信息可以用于检查实际系统的工作状况，同时收集到的实际信息还可用于知识管理和持续改进。

归纳起来，目前建筑设备 BIM 技术可以归结在两个主要的应用点上：一是依靠 BIM 设计软件提高图样质量，从而提高施工单位对项目施工质量的控制；二是依靠施工管理平台提高业主对项目施工过程文件和数据的管理及项目的总体控制。

随着专业的建筑设备工程 BIM 深化设计软件的普及，施工单位对 BIM 应用的认识在逐渐加深，对建筑设备 BIM 的投入也在加大。目前，很多施工单位都能根据设计院提供的电子图样，结合项目实际情况，快速完成建筑设备专业三维深化设计，进行管线综合，生成大量指导实际施工的 3D 图样或动画。

因此，建立一套以业主单位牵头，各参与单位共同采用 BIM 信息化技术的精细化管理平台，可以最大限度地体现 BIM 的作用和价值。通过这种方式可以使项目信息在规划、设计、施工和运营维护全过程中充分共享和无损传递，可以使项目的所有参与方在工程的全生命周期内都能在统一的协同平台上进行 BIM 数据操作和信息处理，并进行协同工作，可以从根本上完全改变传统的以文字和图样进行表达的项目建设和运营维护管理模式。

一些比较重要、复杂的建筑设备工程，如地铁车站的建筑设备施工，投资量大，结构复杂，设备昂贵，涉及的参与单位众多，整个工程建设包含的信息量巨大，在各个阶段都需要大量的数据生产和流转，协同要求高，这时，BIM 协调管理的作用就更大。因此，在项目各阶段必须统筹规划，既要充分考虑各参与方之间的专业分工，又要保证相互之间的顺畅沟通、协同合作，同时还要考虑业主单位对后期运营维护管理的需求，以实现业主应用 BIM 效益最大化为目标。业主单位应该采用 BIM 协同平台来协助完成对轨道项目各个阶段的 BIM 协同管理。总之，建筑设备工程越复杂，工程量越大，就越能体现 BIM 的价值。

2.2　BIM 的协同管理平台

1. 平台举例

BIM 的协同管理平台较多，根据"工程项目 BIM 技术及用户服务需求"的要求，本书介绍和推荐软件产品 ProjectWise。

ProjectWise 为工程项目内容的管理提供了一个集成的协同环境，可以精确有效地管理各种 A/E/C［Architecture（结构）/Engineer（工程师）/Construction（建筑物）］文件内容，并通过良好的安全访问机制，使项目各个参与方在一个统一的平台上协同工作。

ProjectWise 构建的工程项目团队协作系统，用于帮助团队提高质量、减少返工并确保项目按时完成。实践证明，ProjectWise 在各种类型和规模的项目中都能够提高效率并降低成本。与竞争对手的系统不同，它是唯一一款能够为内容管理、内容发布、设计审阅和资产生命周期管理提供集成解决方案的系统。更为重要的是，ProjectWise 针对分布式团队中的实时协作进行了优化，并可在办公地点进行内部部署（OnPremise 部署）或作为托管解决方案进行在线部署（OnLine 部署）。某 BIM 软件解决方案的主要组成如图 2-1 所示。

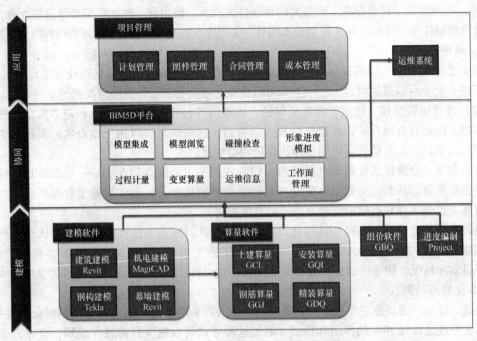

图 2-1　某 BIM 软件解决方案的主要组成

ProjectWise 提供建筑过程可视化过程模拟、施工能力测试、冲突检测、工料估算、成本估算、电子招投标管理、项目分包管理、合同收益管理、物料采购管理、项目进度管理、项目时间控制、项目成本控制、工程变更管理、项目高层管控中心、开票记账及报告等功能。将建模软件建好的 BIM 模型导入到 ProjectWise 系统平台后，就可以在 ProjectWise 平台，可视化虚拟地管理整个项目的全流程，唯一中央数据库管理，覆盖全流程全部功能和涉及的各个部门及人员。ProjectWise 项目管理系统的结构如图 2-2 所示。

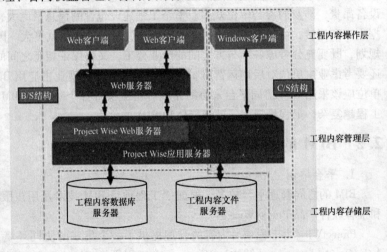

图 2-2　ProjectWise 项目管理系统的结构

2. 平台的功能

（1）协同工作能力

任何建筑设备工程施工项目，都会同时有许多部门和单位在不同的阶段，以不同的参与程度参与到其中，包括业主、设计单位、施工承包单位、监理公司、材料供应商、设备供应商等。目前，在建筑设备施工过程中，各参与方在项目进行过程中往往采用传统的点对点沟通方式，这不仅增大了开销，提高了成本，而且也无法保证沟通信息的及时性和准确性。BIM 的施工管理平台具有协同工作能力，大大加强了信息的流通和沟通。

（2）管理各种动态的 A/E/C 文件　目前，工程领域内使用的软件众多，产生了各种格式的电子文件，这些文件之间还存在复杂的关联关系，这些关系也是动态发生变化的，对这些工程内容的管理已经超越了普通的文档管理系统的范畴。Bentley ProjectWise 结合工程设计领域的特点，不仅改进了标准的文档管理功能，而且能够良好地控制工程设计文件之间的关联关系，并自动维护这些关系的变化，减少了设计人员的工作量。

ProjectWise 主要管理的文件格式（见图 2-3）有：

1）工程图样文件：DGN、DWG、光栅影像等。

2）工程管理文件：设计标准、项目规范、进度信息、各类报表和日志等。

3）工程资源文件：各种模板、专业的单元库、字体库、计算书等。

（3）项目异地分布式存储　大型建设工程项目的参与方众多，并且可能分布于不同的城市或者国家。Bentley ProjectWise 可以将

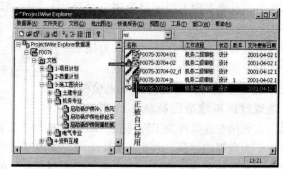

图 2-3　ProjectWise 文档管理界面

各参与方工作的内容进行分布式存储管理，并且提供本地缓存技术，这样既保证了对项目内容的统一控制，也提高了异地协同工作的效率。

（4）C/S 和 B/S 访问的支持　Bentley ProjectWise 是典型的三层体系结构，既提供标准的 C/S（客户端/服务器）访问方式，以高性能的方式（稳定性和速度），满足使用专业软件（CAD/GIS 等）的用户（包括工程师、测绘人员、设计师等）的需求；也提供 B/S（浏览器/服务器）的访问方式，以简便、低成本的方式满足项目管理人员（包括项目经理、总工、业主等）的需求。当用户出差在外时，这两种方式都支持远程访问，用户可以通过公网和企业 VPN 访问系统。两种访问方式基于同一项目数据库，保证了数据的完整性和一致性。B/S 的访问方式也提供了强大的访问功能，包括安全身份认证、文件修改、流程控制、查看历史记录、批注等。

（5）全方位的发布　Bentley ProjectWise 后端采用 Publisher 发布引擎，可以动态地将设计文件（DGN/DWG）、Office 格式的管理文件以及光栅影像文件发布出来，并在设计文件发布后完全保留原始文件中的各种矢量信息、图层以及参考关系，充分保证了信息的完整性。项目管理人员、各级领导，不需要再安装什么设计软件，可以直接通过 IE 浏览器来查看项目中的各种文件，简单快捷，也节省了购买专业软件的成本。

（6）三维检视、碰撞检查和进度模拟　ProjectWise 在 3D 设计、工程模型设计检视、碰撞检查以及施工安装模拟的过程中，为管理者和项目组成员提供了协同工作的平台。他们可以在不修改原始设计模型的情况下，添加自己的注释和标注信息。ProjectWise 可以让用户可视化、交互式地浏览大型的复杂智能 3D 模型。用户可以容易快速地看到设计人员提供的设备布置、维修通道和其他关键的设计数据。除此之外，用户还能检查碰撞，让项目建设人员在建造前做建造模拟，尽早发现施工过程中的不当之处，可以降低施工成本，避免重复劳动和优化施工进度。团队可以通过检测碰撞情况和模拟可提高设计性能的计划及照明条件，在虚拟环境下检查项目设计和施工能力。利用其他服务器端运行权限（RTR）服务，ProjectWise 用户可对施工计划进行模拟

并为其制作动画，还可对三维模型执行深入碰撞检查，如图 2-4 所示。通过直接数据（原始数据格式）或间接数据（XML 等开放数据格式）导入实现与主要项目计划应用程序（如 P3、P6、Project 等）的集成。

3. 建筑设备工程师应具有的开发能力

建筑设备工程师应能按照 BIM 用户需求书的要求，具有进行完全订制开发的能力，且能实现工程项目管理全过程（设计、施工、运营维护）的基于数据库的协同管理。BIM 在施工阶段为施工企业的发展带来几个方面的影响：一是设计效果可视化；二是模型效果检验；三是通过模拟建造提高施工的监控效

图 2-4　ProjectWise 三维碰撞检查界面

果。在利用专业软件为工程建立三维信息模型后，建筑设备工程师会得到项目建成后的效果并以此作为虚拟的建筑。因此，BIM 为用户展现了二维图样所不能给予的视觉效果和认知角度，同时它为有效控制施工安排，减少返工，控制成本，创造绿色环保以及低碳施工等方面提供了有力的支持。

2.3　BIM 在建筑设备施工中的应用举例

本节以某地铁车站建筑设备（机电设备）施工管理为例，来介绍 BIM 技术在建筑设备施工过程中的控制与管理。本节将针对建筑设备施工类项目，从安全、质量、进度、验收、交货等方面进行详细的介绍。

2.3.1　组建 BIM 团队

首先，必须组建一个成熟的 BIM 团队，能熟练使用 BIM 软件，创建完善的 BIM 模型，并能和施工企业结合。这个团队，不能拼凑完成，最好由建筑设备、造价预算、计算机及建筑学等各专业的人员共同组成。他们能深入领会和把握业主的需求，并能掌握项目的核心意思，能根据项目所在地的外部环境和周边局部环境进行有针对性的施工设计，综合考虑项目的特点，并能为建设方提供良好的建议。

2.3.2　掌握业主需求，熟悉 BIM 平台软件

BIM 团队应根据"工程项目 BIM 技术及用户服务需求"的要求，完成所需要完成的 BIM 工作，如建模、修改模型、碰撞检查、将设备信息输入到 BIM 模型、将施工信息输入到 BIM 模型、将施工过程文件输入到 BIM 模型、4D 进度模拟、场地规划、输出二维施工图、孔洞安全管理、施工模拟、工序模拟、大型设备运输模拟、重要施工技术模拟、设备材料仓储管理、设备材料使用管理、管线系统管理、设计变更管理、进度风险管理、实际工程进度管理、进出人员管理、资金管理、功能调试、总体管控、将运营维护信息输入到 BIM 模型、数字化移交、输出二维竣工图和安全演练。

本案例中，建模、修改模型、输出二维施工图、输出二维竣工图可以由 BIM 团队通过建模软件实现，其他功能都需要在管理平台上实现。

本案例中，拟采用 ProjectWise 进行施工控制管理。该软件平台能实现的功能有：碰撞检查、将设备信息输入到 BIM 模型、将施工信息输入到 BIM 模型、4D 进度模拟、场地规划、孔洞安全管理、施工模拟、工序模拟、大型设备运输模拟、重要施工技术模拟、设计变更管理、实际工程进度管理、资金管理、总体管控、将运营维护信息输入到 BIM 模型和数字化移交。表 2-1 和表 2-2 列出了该软件平台的软硬件要求。

表 2-1　案例中采用的 ProjectWise 平台服务器配置

主要配件	最 低 要 求	实 际 参 数
CPU 类型	智能英特尔至强 E3 – 1230	智能英特尔至强 E3 – 1230
内存	16GB（4×4GB）DDR3 2100MHz SDRAM 内存	16GB（4×4GB）DDR3 2100MHz SDRAM 内存
显卡	4GB 独立显存，可支持 3 台显示器同时显示	4GB 独立显存，可支持 3 台显示器同时显示
USB 接口	不少于 6 个 USB3.0	6 个 USB3.0
标准声卡	集成	集成
硬盘	512GB SSD 固态硬盘及 4TB 机械硬盘	512GB SSD 固态硬盘及 4TB 机械硬盘
网卡	10/100/1000Mbit/s 以太网卡	10/100/1000Mbit/s 以太网卡
屏幕大小	27in(1in = 0.0254m)16：9LED 背光显示器×3	27in16：9LED 背光显示器×3
光驱	蓝光光驱（可刻录）	蓝光光驱（可刻录）
键盘	USB 防水键盘	USB 防水键盘
鼠标	USB 光电鼠标	USB 光电鼠标
操作系统及软件	Windows 2008 Server 操作系统 软件（包括不限于）：Microsoft Office、Mindjet Mindmanager、WBS 编辑器、AutoCAD、BIM 相关软件（视车站设备安装及装修承包商选用的 BIM 软件确定）	Windows 2008 Server 操作系统 软件包括：Microsoft Office、Mindjet Mindmanager、WBS 编辑器、AutoCAD、BIM 相关软件（Revit ProjectWise 等）
远程管理工程	能够实现 USB 端口的有效管理；可以及时更新操作系统；安全补丁及业务系统的安装及升级；能够配置网络带宽、流量；能够对软/硬件资产进行统计，监控软/硬件变更，并可报警；能够提供完善的报表和系统日志	能够实现 USB 端口的有效管理；可以及时更新操作系统；安全补丁及业务系统的安装及升级；能够配置网络带宽、流量；能够对软/硬件资产进行统计，监控软/硬件变更，并可报警；能够提供完善的报表和系统日志

表 2-2　案例中采用的 ProjectWise 平台工作站配置

主要配件	最 低 要 求	实 际 参 数
CPU 类型	智能英特尔　酷睿 i7 – 3770 处理器	智能英特尔　酷睿 i7 – 3770 处理器
内存	16GB（4×4GB）DDR3 2100MHz SDRAM 内存	16GB（4×4GB）DDR3 2100MHz SDRAM 内存
显卡	2GB 独立显存，可支持 2 台显示器同时显示	2GB 独立显存，可支持 2 台显示器同时显示
USB 接口	不少于 6 个 USB3.0	6 个 USB3.0
标准声卡	集成	集成
硬盘	256GB SSD 固态硬盘及 1TB 机械硬盘	256GB SSD 固态硬盘及 1TB 机械硬盘
网卡	10/100/1000Mbit/s 以太网卡	10/100/1000Mbit/s 以太网卡
屏幕大小	23in 16：9 LED 背光显示器	23in 16：9 LED 背光显示器
光驱	蓝光光驱（可刻录）	蓝光光驱（可刻录）
网络连接	应具备 Wi – Fi 无线上网和蓝牙功能	具备 Wi – Fi 无线上网和蓝牙功能
键盘	USB 防水键盘	USB 防水键盘
鼠标	USB 光电鼠标	USB 光电鼠标

（续）

主要配件	最低要求	实际参数
操作系统	Windows 8.1 操作系统 软件（包括不限于）：Microsoft Office、Mindjet Mindmanager、WBS 编辑器、AutoCAD、BIM 相关软件（视车站设备安装及装修承包商选用的 BIM 软件确定）	Windows 8.1 操作系统 软件包括：Microsoft Office、Mindjet Mindmanager、WBS 编辑器、AutoCAD、BIM 相关软件（Revit ProjectWise 等）
远程管理工程	能够实现 USB 端口的有效管理；可以及时更新操作系统；安全补丁及业务系统的安装及升级；能够配置网络带宽、流量；能够对软/硬件资产进行统计，监控软/硬件变更，并可报警；能够提供完善的报表和系统日志	能够实现 USB 端口的有效管理；可以及时更新操作系统；安全补丁及业务系统的安装及升级；能够配置网络带宽、流量；能够对软/硬件资产进行统计，监控软/硬件变更，并可报警；能够提供完善的报表和系统日志
服务认证 整机认证	生产厂商整机（含显示器）五年有限保修，五年硬盘不回收，门到桌安装验机（要求 7×24h 全年无休服务，第二自然日上门，提供门到桌的安装验机服务，厂家在当地有维修站，提供厂家大客户专家专人 400 和 800 售后服务热线电话），ISO 20000—12005 管理体系认证，COPC 认证	生产厂商整机（含显示器）五年有限保修，五年硬盘不回收，门到桌安装验机（7×24h 全年无休服务，第二自然日上门，提供门到桌的安装验机服务，厂家在当地有维修站，提供厂家大客户专家专人 400 和 800 售后服务热线电话），ISO 20000—12005 管理体系认证，COPC 认证

在本案例中，ProjectWise 平台进行建筑施工管理与控制，还可以通过个人移动终端（如手机）来实现，也就是说，用户、施工方以及第三方随时可以通过手机访问、监控这个项目的实施进度、质量、安全等情况。本案例中，移动个人终端的配置，见表 2-3。

表 2-3 案例中采用的 ProjectWise 移动个人终端的配置

主要设备/配件	最低要求	实际参数
系统	Windows 8、Android 4.4.3、iOS 7	Android 4.4.3
CPU	四核 CPU，主频大于或等于 2.0GHz	四核 CPU，主频为 2.2GHz
运行内存	2GB	2GB
存储空间	32GB	32GB
屏幕	尺寸：9.7in 屏幕分辨率：2048×1536 屏幕描述：电容式触摸屏，多点式触摸屏 指取设备：触摸屏	尺寸：9.7in 屏幕分辨率：2048×1536 屏幕：电容式触摸屏，多点式触摸屏 指取设备：触摸屏
网络连接	具备 Wi-Fi 无线上网功能和 4G（向下兼容 3G）网络功能，支持 802.11b/g/n 无线协议	具备 Wi-Fi 无线上网功能和 4G（向下兼容 3G）网络功能，支持 802.11b/g/n 无线协议
蓄电池	蓄电池类型：聚合物锂电池 续航时间：默认不小于 8h	蓄电池类型：聚合物锂电池 续航时间：默认不小于 8h

2.3.3 BIM 在建筑设备安装项目管理中的具体应用

1. BIM 技术在进度管理中的应用

对施工进度进行管理和控制是 BIM 技术在建筑设备施工过程中进行控制与管理的重要内容之一。

把 BIM 模型和进度计划数据集成，让建设方及团队能利用三维的直观优势，可以按月、按周、按天看到项目的施工进度并根据现场情况进行实时调整，以便分析不同施工方案的优劣，从而得到最佳的施工方案。本案例中，把 BIM 模型和施工方案利用虚拟环境做数据集成，可以在虚拟环境中做施工仿真，对建筑设备施工的重点或难点部分进行全面的可建性（Constructibility，即可施工性）模拟以及安全、施工空间、对环境影响等的分析，优化施工安装方案。地铁车站施工是一个非常复杂的系统工程，因为地下空间狭小且处于地下深处，周边环境复杂，另外，还同时有很多其他专业的施工任务实施，这增加了建筑设备施工的难度，也反过来更能体现 BIM 技术在施工管理中的优势。

地铁车站机电施工管理中，大型建筑中的通风空调、建筑电气、给排水、消防、智能化等机电专业齐全，管井、吊顶、地下室和机房内管线密集，非常容易因设备、管线交叉矛盾而造成返工。利用 BIM 技术的特点，可在施工前精确模拟显示施工的效果。因此，在机电工程施工前应用 BIM，可有效地解决管线交叉矛盾，提高施工质量和进度。

本案例中，基于 BIM 的施工与管理，一是可实现集成项目交付 IPD（Integrated Project Delivery，即综合项目交付）管理，把项目主要参与方在设计阶段就集合在一起，着眼于项目的全生命期，利用 BIM 技术进行虚拟设计、建造、维护及管理；二是可实现动态、集成和可视化的 4D 施工管理，可将建筑物及其施工现场 3D 模型与施工进度相连接，并与施工资源和场地布置信息集成一体，建立 4D 施工信息模型，实现建设项目施工阶段工程进度、人力、材料、设备、成本和场地布置的动态集成管理以及施工过程的可视化模拟。

BIM 技术在建筑设备施工进度管理中的应用如图 2-5 所示。

2. BIM 技术在质量安全管理中的应用

BIM 技术也能实现在施工管理过程中的安全管理。比如通过 BIM 技术和平台，实现工程现场质量缺陷管理，快速将现场质量、安全等问题直接反映到项目管理层，避免质量、安全隐患。项目现场人员对现场的质量、安全隐患问题拍照，并且根据实际问题的不同选择系统中不同选项、轴线、工程项目等参

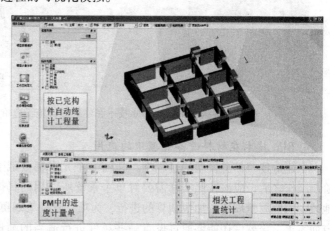

图 2-5　BIM 技术在建筑设备施工进度管理中的应用

数，将照片通过 Wi-Fi 或者 3G 网络传送到系统中。

这样，项目管理人员无论在什么地方，只要打开系统点任何一个"图钉"，就可以了解项目现场的即时问题，从登录到系统查阅，可以快到几秒钟，大大缩短问题反馈时间。在系统中形成可用的现场历史照片数据库，提升了项目协同能力，方便和加快了问题的跟踪解决。

3. BIM 技术在造价控制管理中的应用

BIM 模型创建完成，即可准确、快速地计算工程量。由于 BIM 模型的数据粒度达到构件级，因此可以按部位、区域、进度、专业、施工班组等任意条件快速生成报表，为制订人、材、机资源计划提供重要依据与参考。在实际施工过程中，施工员能从 BIM 软件中调取数据，结合项目实际施工情况制订采购计划，管理人员在 BIM 软件中调取数据，对计划进行审核，确定无误后才交由材料员进行采购。这样，既避免了材料的浪费，又能保证材料到场的及时性，有利于企业对项目资金的调配及安排，减少资金积压和成本浪费。

本案例中，公共走道管线布置高度密集，对管线排布要求极高；原结构建筑功能复杂，梁上含有管线洞口，新的建筑设备系统必须尽量利用既有梁洞，减少新开梁洞对结构安全性和耐久性的不利影响。

利用 BIM 平台软件，可以快速有效地查找碰撞点，并出具详细碰撞检查报告和预留洞口报告。例如，本案例中有碰撞点 146 个，如果任何一个碰撞点如果都不解决，将会带来工期的延误与材料的浪费。通过 BIM 技术，智能判断预留洞的位置，并且提供洞口在钢梁上的具体位置信息，能够极大地减少窝工、怠工等方面的损失，也能减少施工进度方面的违约损失等。图 2-6 列出了本案例中根据项目进度、自动调整请款计划和资金使用情况。

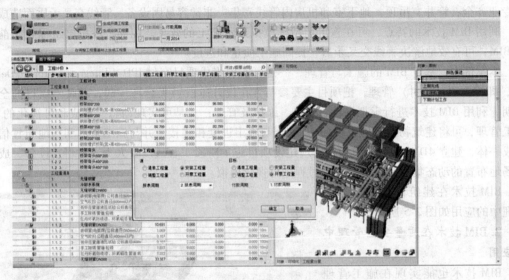

图 2-6　BIM 技术在建筑设备施工造价管理中的应用

4. BIM 技术在材料设备管理中的应用

在建造建筑信息模型的过程中，任何一个元素都被赋予与其相对应的参数。在完成模型的绘制工作之后，应该按照实际需要对单个系统所使用的具体材料以及数量等进行统计，以有效地减少前期算量周期，加快预算的进行，为项目管理策划奠定良好的基础。本案例中，为满足各方面需求，该软件还能够通过设置一些条件进行适当的筛选。材料管理小组根据不同施工阶段的实际需求，通过对模型进行操作即可获得相应数据，不仅能够方便材料招标，而且有利于物资进场计划的制订以及库房设置的开展。过去某些建筑设备的施工完全凭经验，安排劳动力、材料和配件的领用都根据经验进行，没有准确的数量。有了 BIM 数据模型，各种施工信息已十分精确，人力安排、材料计划、劳动定额十分精确，实现了精确的过程控制，对提供施工管理效率和提供成本管理水平起到直接作用。

5. BIM 技术在设计变更管理中的应用

在本项目中，BIM 软件平台还能按照设计变更的要求进行设计变更管理。施工管理工作主要存在以下几个难点：一是机电管线深化设计复杂，二维设计容易存在错、漏、差、碰等问题，造成返工现象严重；二是实现不同专业设计之间的信息共享，各专业可从信息模型中获取所需的设计参数和相关信息，减少数据重复、冗余、歧义和错误；三是实现各专业之间的协同设计。在建筑设备施工过程中，某个专业设计的对象被修改，其他专业设计中的该对象都会随之更新。本案例中，自项目开工，由各专业技术人员开始对各专业图样进行深化设计，同时创建 BIM 三维模型，在建设模型时，给各构件赋予完整的参数，如尺寸、规格、型号和材料等。根据项目进度和各专业要求，综合各专业图样，进行碰撞检查，生成碰撞报告，根据报告对设计进行优化，再生成二维管线综合图、各专业二维施工图。BIM 在施工变更管理中的应用如图 2-7 所示。

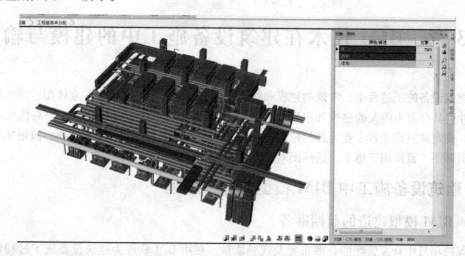

图 2-7　BIM 在施工变更管理中的应用

6. BIM 技术在运营维护管理中的应用

BIM 技术还能实现建筑设备运营维护管理。通过记录项目投入运行以后的状况，对工程项目整体管理工作的数据进行汇总，为业主、物业、承包商、分包商、监理机构和施工方等提供参考和分析。

本案例中，基于 BIM 的建筑运营维护管理，一是综合应用 GIS（Geographic Information Syesystem, 地理信息系统）技术，将 BIM 与维护管理计划相连接，实现建筑物业管理与楼宇设备的实时监控相集成的智能化和可视化管理；二是基于 BIM 进行运营阶段的能耗分析和节能控制；三是结合运营阶段的环境影响和灾害破坏，针对结构损伤、材料劣化以及灾害破坏，进行建筑结构安全性、耐久性分析与预测。本案例中，地铁建筑设备施工结束后，能将所有需要的信息输入到 BIM 模型里，再移交给运营维护管理部门或业主部门。BIM 管理平台数字化移交的管理界面如图 2-8 所示。

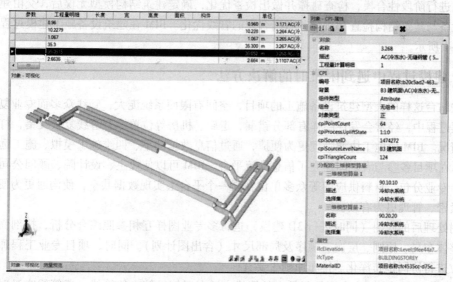

图 2-8　BIM 管理平台数字化移交的管理界面

第3章　BIM 技术在建筑设备施工中的建模与输出

在建筑设备施工过程中，常规的建模和绘图软件一般只能绘制平面图、立体图、剖面图，而 BIM 软件则具有更为强大的建模和出图功能。可利用 BIM 软件经过碰撞检查、净高优化、漫游工序后，确定建筑设备各专业合理的位置、标高，从三维模型直接导出带有准确、清晰标注的平面图、剖面图，直接用于施工。这些图对施工过程的指导具有显著的意义。

3.1　建筑设备施工中 BIM 模型的建造流程

3.1.1　BIM 模型建造的前期准备

为保障项目中众多管线的合理布置及观感质量，在用 BIM 软件为建筑设备施工过程建模之前，要为项目施工建模过程中所使用的 3D 模拟管线布置做好前期工作。按照本书第 2 章建立 BIM 设计团队，先从各个相关单位收集相关图样资料入手，做好前期准备工作。具体内容如下：

1）收集并熟悉主体建筑、结构、装修施工图。

2）了解综合管线施工图、剖面图。

3）掌握机电各专业施工平面图、剖面图。

4）收集其他承包商专业（通信等）施工平面图、剖面图。

5）收集设备技术资料、出厂资料。

6）收集其他厂家所提供的甲（乙）供设备数据资料。

3.1.2　建筑设备施工中 BIM 模型的建造

建筑设备各专业的 BIM 建模人员应严格按照收集齐全的图样和业主的要求建模，建模过程中按节点进行阶段性合模，检查碰撞并做出检查优化，确定建筑结构模型无误后，交由建筑设备组进行设备与建筑结构检查和碰撞并做出合理的管线优化。BIM 在建筑设备施工建模过程中的应用如图 3-1 所示。

3.1.3　建模过程中遇到困难时的解决方法

地铁站台这样的大型建筑设备施工的项目，空间有限而系统庞大，管线众多而专业复杂。在 BIM 建模过程中，经常会发现图样有部分错漏，走廊、机房等位置综合管线复杂交错，打架情况严重等情况。BIM 使施工协调管理更为便捷，通过信息数据共享、四维施工模拟、施工远程的监控，BIM 在项目各参与者之间建立了信息交流平台。BIM 可以使业主、设计院、顾问公司、施工总承包、专业分包、材料供应商等众多单位在同一个平台上实现数据共享，使沟通更为便捷、协作更为紧密、管理更为有效。

利用处理后的底图（同时进行 3D 建模）进行多专业图样互相参照综合分析，按剖面指导方式确定整体布局、原则、层次、顺序及局部尺寸（含出图计划）。同时，项目专业工程师负责对重要部位进行协同排布深化。排布原则主要有：

1）先大后小原则：先布置管径较大的管线，后布置管径较小的管线；遇管线交叉时，应小管避让大管，因为小管易于安装，成本低。

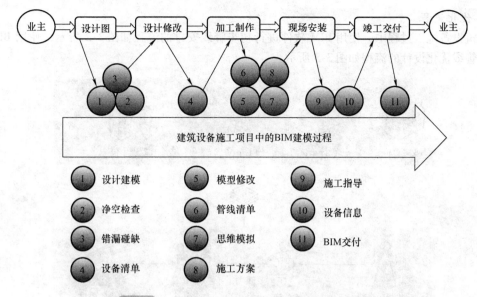

图 3-1　BIM 在建筑设备施工建模过程中的应用

2）有压让无压的原则：压力管道依靠其自身的系统压力实现介质流动，避让时的标高变化对系统影响不大，所以有压管道应避让无压管道。

3）冷水管让热水管的原则：因为热水管如果连续调整标高，易造成积气等。

4）气体管道让液体管道的原则：因为液体管道比气体管道造价高，液体流动动力的费用比气体流动动力的费用大。

5）强弱电分设原则：由于弱电线路（如电信、有线电视、计算机网络）和其他建筑智能线路易受强电线路电磁场的干扰，因此强电线路与弱电线路不应敷设在同一个线槽内，当两者必须设在一个线槽内时，线槽内应加隔板，将强弱电分开。从严格意义上来说，电气专业线槽除便于安装、敷设、维护以外，对安装间距没有硬性规定，无相应施工、设计规范要求等。

6）少让多的原则：附件少的管道避让附件多的管道，这样有利于施工操作、维护及更换管件。

7）可弯管道让不可弯管道。

8）各种管线在垂直方向布置时，应遵循以下的原则：管线的层次（自上而下）应该是防排烟→送排风→空调送回风→电缆桥架、线槽→电管→空调水管→消火栓管→给水管→排水管。

9）支吊架排布原则：空调水系统、空调风系统、消防平层主管、强弱电桥架可以采用同一支吊架，在施工前支吊架应均已布置安装完成，省去了穿插安装支吊架的复杂过程，提高了工作效率；同时支吊架的减少，使钢材用量减少，从而节约成本；综合平横技术就是有效地利用空间，在满足各种管线布置的前提下压缩空间，有效地控制标高；支吊架减少后，可均匀合理布置综合支吊架，使管线看起来清晰，没有零乱感。

3.1.4　管线综合图绘制要点与优化流程

1. 绘制要点

1）绘制建筑设备的管线综合图时要以设计院的正式施工图为依据，因其为设计院正式出版，又经专门的审图单位审核通过后交付建设单位使用的，最具权威性，一切施工都要以它为指导。

2）从工作周期来说，绘制管线综合图应在施工图完成之后，水电、空调等安装之前进行。此时施工图设计任务早已完成，但建筑设备的安装尚未开始，各方可积极协商组织开展此项工作。

2. 优化流程

建筑设备施工过程中，使用 BIM 软件进行初步管线安排的流程如图 3-2 所示，使用 BIM 软件进行管线优化设计的流程如图 3-3 所示。

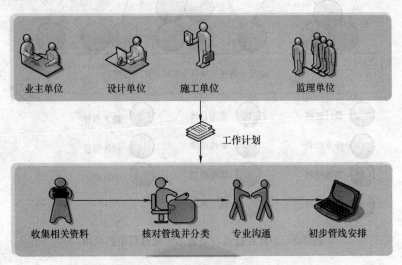

图 3-2　使用 BIM 软件进行初步管线安排的流程

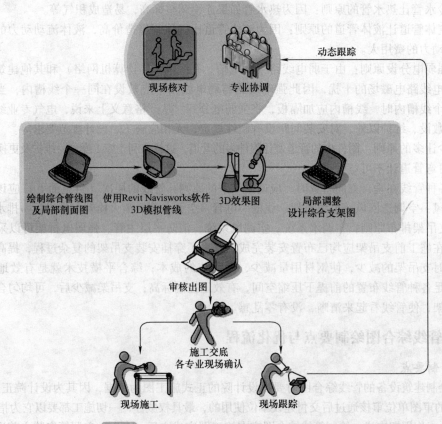

图 3-3　使用 BIM 软件进行管线优化设计的流程

管线的优化设计流程具体步骤如下：

1）熟悉设计图样，以设计电子版 CAD 图样作为 Revit 绘制基础，将原建筑设备施工图导入到 BIM 软件中，如图 3-4 所示。

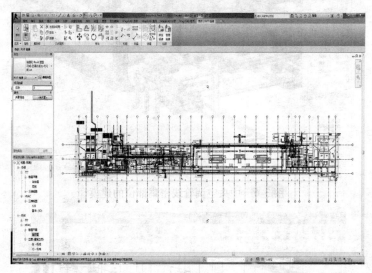

图 3-4　将原建筑设备施工图导入到 BIM 软件中

2）在 Revit 软件中，通过导入的综合管线 CAD 设计图样建立 3D 综合管线图，了解各层的管线分布情况，如图 3-5 所示。

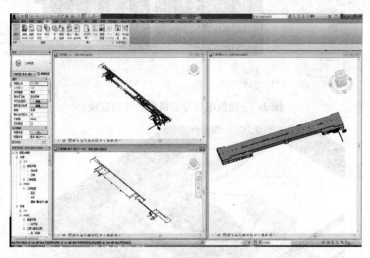

图 3-5　在 Revit 软件中建立 3D 综合管线图

3）选取各专业管线密集部位分别进行水、电、空调等专业建模，以便于管线的综合安装组织，尽可能高效地提高施工效率，缩短工期，如图 3-6 和图 3-7 所示。

4）图样检查、校对，碰撞检查、排错纠错。应用 BIM 技术的碰撞测试进行各专业间的排错纠错，减少施工过程中管线碰撞，提高施工效率与质量。对于碰撞结果，可设定规则，找出各专业管线明显发生碰撞的具体位置坐标、碰撞关系等信息，以便设计人员在施工前对设计方案进行优化处理。消火栓管与空调风管的碰撞情况如图 3-8 所示。

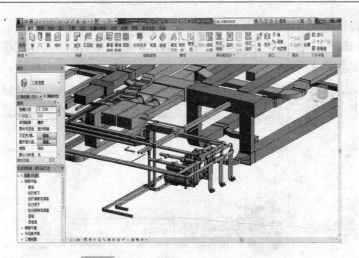

图 3-6　中央空调管线密集部位的建模

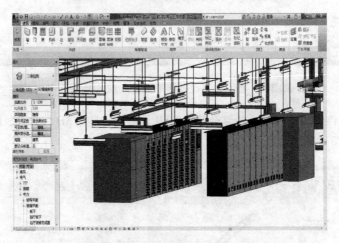

图 3-7　建筑电气专业机房管线的建模

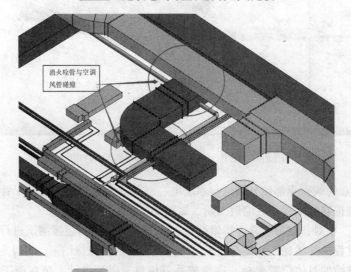

图 3-8　消火栓管与空调风管的碰撞情况

3. 碰撞优化案例

本章以某地铁站建筑设备施工 BIM 优化碰撞设计为例，来说明碰撞优化的效果。地铁车站建筑环境与设备机房各专业管线复杂，通过 BIM 的碰撞检查，对原设计进行了优化，对各机电管线及建筑结构的冲突及碰撞均做了局部翻绕或偏移处理。图 3-9 和图 3-10 分别为建筑设备机房施工优化前后的效果图。

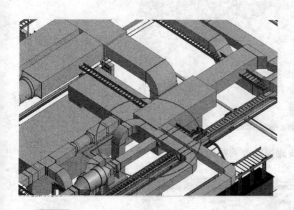
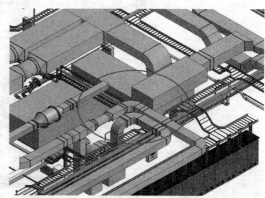

图 3-9　建筑设备机房施工优化前的效果图　　　图 3-10　建筑设备机房施工优化后的效果图

对比分析图 3-9 和图 3-10 中的圆圈部分，可以发现优化前各管线明显不合理，碰撞严重，使用优化前的图样进行施工显然会造成窝工、返工或重复施工，而优化后的图样则可以预先避开管线碰撞的状况，如通过调整空调风管局部安装高度成功避开冲突，避免了后期施工中的返工。

再来看走廊管线的复杂交错位置，在优化前后也有明显的区别。图 3-11 和图 3-12 所示为走廊管线优化前后的效果对比。

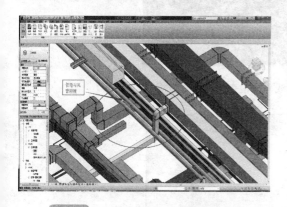
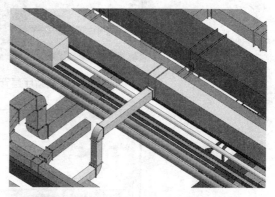

图 3-11　走廊管线优化前的碰撞情况　　　　　图 3-12　走廊管线优化后无碰撞情况

3.1.5　BIM 模型管线碰撞问题与解决措施

此外，也可以使用 BIM 软件进行碰撞检查。图 3-13 为站台层管线碰撞检查的截面截图。

通过 BIM 软件的检查发现，该地铁站站台层的风管系统硬碰撞共有 24 处。图 3-14 为地铁站厅层管线碰撞检查的截面截图，发现有 48 处硬碰撞。

在 BIM 软件中，还可以自定义管线碰撞规则和碰撞检查系统，如图 3-15 所示。

使用 BIM 软件，还可以导出网页版的碰撞报告，供建筑设备施工各方参考和查阅，如图 3-16 所示。

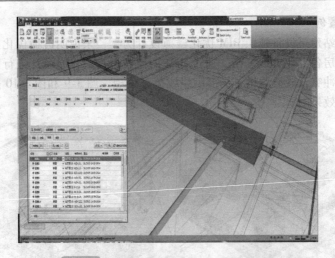

图 3-13　站台层管线碰撞检查的截面截图

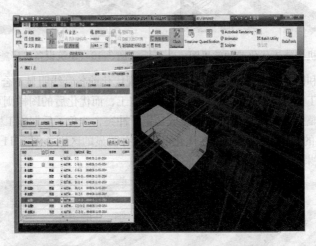

图 3-14　地铁站厅层管线碰撞检查的截面截图

图 3-15　自定义管线碰撞规则和碰撞检查系统

碰撞报告

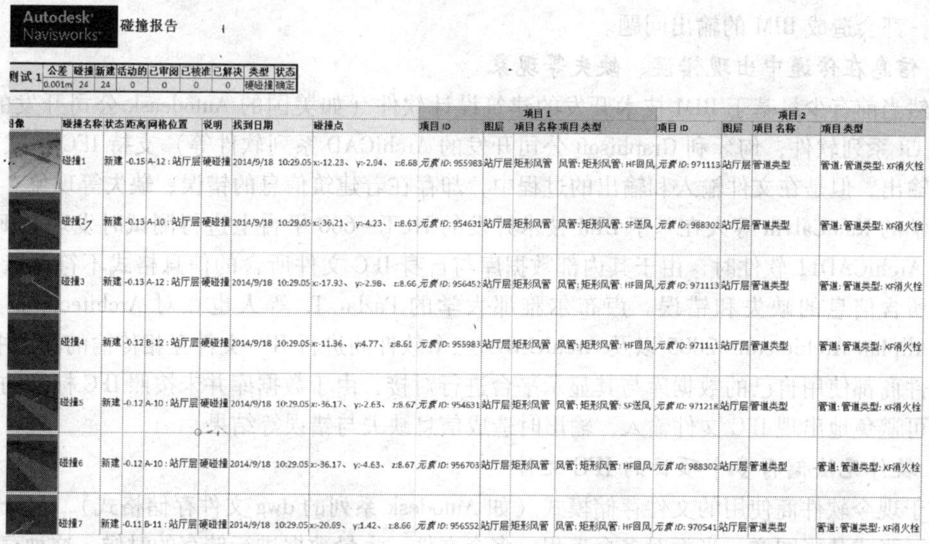

测试 1	公差	碰撞	新建	活动的	已审阅	已核准	已解决	类型	状态
	0.001m	24	24	0	0	0	0	硬碰撞	确定

								项目 1				项目 2			
图像	碰撞名称	状态	距离	网格位置	说明	找到日期	碰撞点	项目 ID	图层	项目 名称	项目类型	项目 ID	图层	项目 名称	项目类型
	碰撞1	新建	-0.15	A-12：站厅层	硬碰撞	2014/9/18 10:29.05	x:-12.23、y:-2.94、z:8.68	元素 ID: 955983	站厅层	矩形风管	风管: 矩形风管: HF回风	元素 ID: 971113	站厅层	管道类型	管道: 管道类型: XF消火栓
	碰撞2	新建	-0.13	A-10：站厅层	硬碰撞	2014/9/18 10:29.05	x:-36.21、y:-4.23、z:8.63	元素 ID: 954631	站厅层	矩形风管	风管: 矩形风管: SF送风	元素 ID: 988302	站厅层	管道类型	管道: 管道类型: XF消火栓
	碰撞3	新建	-0.13	A-12：站厅层	硬碰撞	2014/9/18 10:29.05	x:-17.93、y:-2.98、z:8.66	元素 ID: 956452	站厅层	矩形风管	风管: 矩形风管: HF回风	元素 ID: 971113	站厅层	管道类型	管道: 管道类型: XF消火栓
	碰撞4	新建	-0.12	B-12：站厅层	硬碰撞	2014/9/18 10:29.05	x:-11.36、y:4.77、z:8.61	元素 ID: 955983	站厅层	矩形风管	风管: 矩形风管: HF回风	元素 ID: 971111	站厅层	管道类型	管道: 管道类型: XF消火栓
	碰撞5	新建	-0.12	A-10：站厅层	硬碰撞	2014/9/18 10:29.05	x:-36.17、y:-2.63、z:8.67	元素 ID: 954631	站厅层	矩形风管	风管: 矩形风管: SF送风	元素 ID: 971218	站厅层	管道类型	管道: 管道类型: XF消火栓
	碰撞6	新建	-0.12	A-10：站厅层	硬碰撞	2014/9/18 10:29.05	x:-36.17、y:-4.63、z:8.67	元素 ID: 956703	站厅层	矩形风管	风管: 矩形风管: HF回风	元素 ID: 988302	站厅层	管道类型	管道: 管道类型: XF消火栓
	碰撞7	新建	-0.11	B-11：站厅层	硬碰撞	2014/9/18 10:29.05	x:-20.69、y:1.42、z:8.66	元素 ID: 956552	站厅层	矩形风管	风管: 矩形风管: HF回风	元素 ID: 970541	站厅层	管道类型	管道: 管道类型: XF消火栓

图 3-16　通过 BIM 软件导出的网页版碰撞报告

3.2 BIM 管线图的输出

3.2.1 管线图的漫游及输出

Navisworks 软件还可以进行输出。所谓输出，就是能以漫游（动画）的方式播放。这种漫游输出能以任意角度进行，以便建筑设备的施工各方能了解实际空间关系。BIM 软件可以进行多元化的信息输出方式。基于一定标准和规则而搭建的 BIM 数据库，可以导出各种形式的信息。例如，既可以直接从三维 BIM 模型中提取 2D 图样，如综合管线图、综合结构留洞图、碰撞检查侦错报告和建议改进方案等，也可以将非图形数据以报告的信息输出，如设备表、工程量清单、成本分析等。模型中的任何信息变动，都会即时、准确全面地反映在这些报告中，极大地提高了劳动效率。

通过碰撞报告中的碰撞地址逐一发现和排查碰撞，完成管线布置。建筑设备施工管线漫游输出角度如图 3-17 和图 3-18 所示。

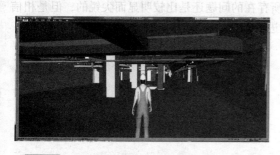

图 3-17　建筑设备施工管线漫游输出角度（1）

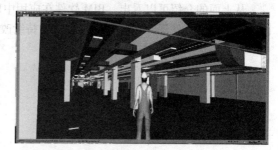

图 3-18　建筑设备施工管线漫游输出角度（2）

3.2.2 BIM 软件的输出问题

毋庸讳言，BIM 软件在输出过程中会出现一些问题，例如在文件导入、数据交换过程中信息丢失等，都会造成 BIM 的输出问题。

1. 信息在传递中出现错误、缺失等现象

虽然当前有少量基于 BIM 技术开发的建筑设计软件（如美国的 Autodeask 公司开发的 Auto-CAD Revit 系列软件，匈牙利 Graphisoft 公司开发的 ArchiCAD 系列软件等）支持 IFC 格式的文件输入与输出，但是在文件输入和输出的过程中，却存在着建筑信息的错误、缺失等现象。美国斯坦福大学的 KamCalvin 等人在基于 BIM 技术开发的 HUT - 600 平台上进行测试时发现：IFC 文件在输入 ArchiCAD11 软件时，由于其内部数据库与自身 IFC 文件所含的信息格式不符而造成了建筑构件所含信息的缺失和错误。卢布尔雅那大学的 Pazlar T. 等人也在对 Architectural Desktop 2005，Allplan Architecture 2005 以及 ArchiCAD9 三个软件间进行 IFC 文件互相传输的测试中指出，各大软件商都使用自己的数据库与其显示平台进行对接，由于数据库并未按照 IFC 标准的格式构建，不可避免地出现 IFC 文件输入，输出时造成信息缺失与错误等结果。

2. 软件无法储存多个项目的 IFC 文件

对于现今软件商使用的文件存储模式（如 Autodesk 系列的 dwg 文件存储格式），一个文件只能存储一张或几张图样。当面对多个工程、多个文件、大量数据进行储存的时候，这种存储模式是无法实现的。虽然目前如 Revit 系列软件已经可以将一个工程作为一个文件进行存储，但是仍存在两个问题：第一，这仍然无法实现存储多个工程的功能；第二，其以工程为单位信息量的文件大小往往非常庞大，对其进行操作（如输入、输出、编辑）的时候，会严重影响运行的效率。

3. 缺少支持 IFC 文件格式的专业软件

建筑学是一门涉及许多专业的综合学科，如需要对建筑的设计进行结构计算，需要对建筑的造价进行概预算等，而当前市场上却鲜有在这些功能上支持 IFC 文件格式的软件。笔者认为，对于这类问题，从长远来看，需要在 IFC 文件的基础上开发各种相应的功能软件，而在短期时间内，需要开发相应的文件格式转换软件，将 IFC 格式的文件转化为目前市面上存在的功能软件所支持的文件格式。

因此，目前在 BIM 解决方案中，大家遇到最多的问题就是 BIM 数据交换的问题。所谓数据交换，简单来讲就是把 A 软件的数据导入 B 软件中。看似很简单的一个问题，却是一直困扰 BIM 软件开发者和使用者的大麻烦。这是因为，不同软件使用的数据模型千差万别，各种软件的信息互不兼容，在开发接口时，需要针对各种模型进行复杂的几何计算。这不是一个简单的问题，仅仅依靠接口程序本身是很难完整解决的，软件自身还需要不断地修炼内功。

从上面的介绍可以看出，BIM 软件在应用中所存在的问题还是比较明显而尖锐的，但是相信随着技术的深入发展，在对 BIM 软件进行持续改进后，这些问题会迎刃而解。

第2篇 建筑设备施工与调试

第4章 建筑设备施工组织与协调

4.1 建筑设备施工的范围及特点

4.1.1 建筑设备施工的范围

建筑设备施工是一项复杂的系统工程,尤其是大型的基础设施项目,如大型地铁站、候机楼、火车站等建筑设备的施工工程是非常复杂的,施工组织的难度和范围都很大。一般来说,复杂的建筑设备工程施工范围包括以下几个方面:

1) 装修工程:建筑设备的装修工程主要包括砌体结构工程、地面工程、抹灰工程、门窗工程、吊顶工程、涂饰工程,以及设备区的房屋建筑装修和管线孔洞防火防烟封堵等土建工程。

2) 低压配电与照明系统的安装、调试。

3) 给排水及消防系统的安装、调试。

4) 通风空调系统的安装、调试。

5) 火灾自动报警系统的安装、调试。

6) 建筑环境与设备监控系统的安装、调试。

7) 门禁系统的安装、调试。

8) 地面恢复及市政道路接驳施工。

9) 自动灭火系统的安装、调试。

10) 公共区的装修协调管理等。

4.1.2 建筑设备施工的工程特点

大型公共建筑设备工程的施工区域有时处于人口密度较高的市郊甚至市中心,且工程量大,设备运输较困难。在建筑设备施工过程中,中央空调通风部分设备多、安装位置分散。由于工程现场施工场地狭窄,有时需要在地面以下施工,对施工空气质量、湿度、粉尘和噪声、污水排放控制要求较高,因此必须采取严谨可行、行之高效的施工方案,对于大型设备可能需要使用起重机吊进建筑内部,小型常规设备则可能需要采用人工与龙门架升降相结合的方式运进建筑内部,风管、水管的制作根据进场的实际情况采取集中与分站相结合的方案等。

另外,在建筑设备的电气工程施工过程中,电气线管、电缆用量较大。电缆桥架大多数安装在风管、水管上方,上下左右交错复杂。地下层各大设备机房通过设备传递,将管线延伸到各楼层的设备房、电气房,电气系统和其他系统纵横交错,因此在建筑设备铺开施工前,电气专业一定要按综合管线布置图与管道、通风空调专业配合,避免出现碰撞和布局不合理的情况。必须采取切实可行的措施才能保证工期,保证环境不受影响。

建筑设备工程的安全文明施工要求高,如果工期紧,就更增加了施工难度。需要安排具有丰富经验的管理人员与施工人员参与通风空调系统的施工，以保证关键工期不受影响，加大安全文明施工力度，确保施工周围的居民环境不受破坏。

最后，建筑设备各专业的设计工艺复杂，功能综合，需要用到的施工工艺相当多，而施工作业将会遇到多工种、多承包商同时作业的情况，应加强通风空调施工的技术力量，加强与其他系统专业的接口紧密配合。建筑设备的施工安装过程中，存在着与各大系统之间频繁交叉作业和各工序施工先后顺序的矛盾。为此，必须依据工程总工期和关键工期的要求，结合现场综合布置图及现场实际，认真分析各大系统中的关键工序、特殊工序以及它们的施工工期，制订出合理的施工工艺流程，详细地排出各系统工序间的计划网络。

因此，如何合理组织施工，安排流水交叉作业，是建筑设备施工工程施工组织设计的关键。

4.2 建筑设备施工管理的组织与原则

4.2.1 确保总工期目标实现的原则

应根据业主的要求，按照工期计划，坚持"想业主之所想，急业主之所急"，努力克服困难，自觉服从大局，把为其他施工单位创造施工条件和提供方便作为本专业施工管理的责任，把保证本工程工期目标的实现作为本专业工程施工组织的原则。例如，充分考虑土建分期移交施工场地及其他承包商（如供电、通信、信号、供水等）进场施工的空间和时间需要，服从业主设立的节点工期和总工期，在建筑设备工程的施工组织中采取有效的措施，确保节点工期和总工期按期或提前完成。

4.2.2 坚持文明施工与保护环境的原则

建筑设备施工过程中，有可能存在着高处坠落、物体打击、机械伤害、触电等重大危险源，以及噪声、扬尘、施工废水、建筑垃圾等重要环境因素，因此对安全生产、文明施工、环境保护提出了更高要求。在进行施工总体部署时，应突出文明施工及环境保护，认真贯彻国家有关安全生产、环境保护等有关法律法规，以及当地政府和业主有关安全生产、文明施工、环境保护的规定，尽量减少与周边城市道路的干扰，努力减少施工废水、施工噪声、施工粉尘、建筑垃圾的排放。应坚持"安全第一、预防为主"的原则，在进行施工总体部署时应根据工程特点，合理安排施工工序，严格按照职业健康安全管理的有关规定进行施工部署，采取措施重点加强高处作业、防火、防触电等安全措施，落实各项技术措施，确保施工人员的职业健康安全，坚持文明施工，预防安全及环境事故的发生。

4.2.3 坚持"百年大计，质量第一"的原则

在建筑设备施工过程中，应严格贯彻 ISO9001 质量保证体系，建立并保持一个健全的工程质量保证体系，完善质量管理制度，建立质量控制流程，加强施工过程的工序质量控制、监督、检查。严格控制工序质量，保证整体施工质量，确保工程质量全部达到合同和设计要求的质量等级。

4.2.4 坚持科学均衡组织施工的原则

在进行施工组织部署时，应充分考虑建筑设备工程的特点、施工环境和气候条件以及工程难点和重点，科学合理地制订施工顺序和各阶段施工方案，组织平行流水施工，确定各工序衔接时间，妥善处理各专业工程间的接口衔接关系，减少施工干扰，加强施工过程中的监测与控制，以科学的数据为施工组织提供依据。严格按网络计划组织施工，抓好关键工序，抓好黄金季节、

黄金时段的施工工期，确保关键工期和总工期目标的实现。

4.2.5　坚持采用新技术、新工艺、新材料、新设备的原则

在进行建筑设备施工的总体部署时，应优先选用已经成熟的新技术、新工艺、新材料、新设备，科学组织施工。充分发挥施工企业在复杂环境下的施工能力，充分利用同类工程成熟的施工经验，发挥企业资源综合配置能力，强化对建筑设备施工项目的科学管理。

4.2.6　加强与其他专业施工单位协调配合的原则

大型、复杂的建筑设备施工安装工程是一项综合性、系统性很强的工程，除本专业、本标段工程范围内各专业间存在大量接口外，还可能与供电、供水、通信、信号、公共区装修等系统工程存在接口关系。在进行施工总体部署时，应充分考虑各专业接口界面的需求，确定各专业工序衔接时间，妥善处理各专业工程间的接口衔接关系，减少施工干扰，做好各专业施工的组织协调与接口管理工作，确保总体施工优质、安全、有序、高速地进行。

4.3　建筑设备施工的重点及难点

建筑设备安装工程的重点是工期、质量和进度，难点为交叉施工、综合管线布置比较困难。

4.3.1　建筑设备施工的重点

建筑设备安装工程施工的重点是：确保工程工期按期或提前完成；确保工程质量达到国家质量验收标准及招标文件要求，符合设计使用功能要求；装修、装饰达到美观大方和业主的需求，确保工程安全无事故，做好文明施工。

对于建筑设备安装工程的重点，总的对策是：

1. 确保工期

建筑设备安装工程是一个系统工程，涉及的专业多、系统多，可以说是环环相扣。在这个施工环节链条上，任何一个环节不按照计划的时间完成，都会影响整个施工工程的正常推进，会影响总工期的实现。为此，要从以下几个方面做起：

1）进场后，迅速编制出实施性施工组织设计方案，报监理和业主批准。

2）在进场后应迅速组织临建设施，使施工设备及时进场到位，同时做好技术准备工作，及时与车站主体施工单位做好测量桩点的移交、复核工作。

3）积极做好材料采购进场工作，确保材料设备及时按照材料采购权限和进场申报、检验程序采购进场。

4）积极主动和设计单位联系，理解设计意图和功能指标要求，严格按照图样施工，并尽可能将出现的问题尽早解决。

5）严格管理，加强质量检验、检查控制，通过现场检查、施工碰头会和各种工程例会等形式，将施工进展情况，特别是需与其他系统承包商沟通或其他系统承包商需自方协调的事项应及时沟通并协调解决，确保总工期和各阶段工期按期实现。

6）进场后合理安排施工工序，增加劳动力和机械，做好备用劳动力和备用机械准备，通过劳动竞赛、奖励等措施优质、高效地按期完成本合同段施工内容。

2. 确保工程质量

1）严格按照设计及施工规范及图样要求施工，按 ISO9001 质量管理体系严把施工质量关。

2）做好施工前的施工技术准备，认真熟悉设计图样，做好施工图的审图工作。

3）把好原材料、半成品进厂质量关口。对于业主直接供应设备、材料和承包人负责采购的主要设备、材料，严格按照地铁公司的相关设备、材料管理程序操作，确保进场设备、材料质量优质、品牌知名。

4）保证施工管理人员和作业工人的素质，特殊工种持证上岗，以确保施工质量。

5）保证有足够的性能状态优良的施工设备。

6）合理安排施工工序，上道工序未合格完成，下道工序不许开始施工。

7）选择有丰富经验的调试技师和工程技术人员，确保安装工程系统调试和联调顺利完成。

3. 确保安全文明施工

建筑设备安装工程不同于其他工程，有时处于地下施工，施工场地相对狭小、无光照条件、潮湿、施工承包商多、人员多，因此要从以下方面做起：

1）确保地下控件有满足要求的施工照明条件，临电布置要符合规范要求，确保用电安全。

2）进场后，对地面孔洞（如出入口、楼梯口、扶梯口、设备吊装口等敞口）及时设置围挡或安全网等有效的防护措施，尤其是卫生间、机房等位置地面防水、防渗漏问题值得重视。

3）做好地下空间的通风、防潮、防火工作。地下空间相对狭小，要保证通风换气，创造适宜的施工环境，在出入口、楼梯等位置安装通风机械排风换气，在公共区和设备及管理用房走廊的部位设置一定数量的灭火器，规划好消防通道，设置应急灯，楼梯口及拐角处设置诱导指示灯和疏散诱导标志。经常检查消防器材，确保其始终处于完好状态。

在建筑设备安装过程中，安全门尚未安装，因此在某些位置的边沿应设置安全警戒线，做好醒目标志，提高施工人员的注意力，防止掉落。

应提高工人的产品保护意识和素质，对施工班组工人从思想上进行教育，宣传产品保护的重要性，防止发生人为破坏产品的现象；在工程施工过程中，要针对不同工序、不同作业环境的特点，提出相应的产品保护方案，并在施工前向班组工人进行技术交底，施工过程中要检查落实保护措施的实施情况；在进行任何与其他承包人设备、管线有直接联系的安装、调试活动前三天，以书面形式通知监理工程师和相关各方，以便其做好防护和保管工作。

4.3.2 建筑设备施工难点及协调解决方案

建筑设备施工，最大的难点在于工程交叉施工，而管线交叉施工过程中同时施工的专业较多，需要共同的空间多。建筑设备安装工程安装量大，专业齐全，交叉施工贯穿整个建设过程，交叉施工是整个施工过程中的重点工作之一。

1. 工程交叉施工的特点

工程交叉施工具有以下特点：

1）相关专业多，协调配合量大，交叉作业频率大。建筑设备安装工程专业齐全，使用功能多，设备数量大，各类机房及功能竖井多，使施工交叉作业在建筑内处处存在，交叉配合管理的协调工作量大。

2）交叉作业的时间性要求精确。由于工程进度要求紧，专业多工种交叉作业，对相应工作在工作面上的进行时间要有周密细致的安排，对各工种插入时间的准确性要求高，如果某一工种在工作面上插入早或迟，势必影响工期及质量。

3）交叉作业的工序安排要求周密。由于工程安装量大，专业全，使用功能多，各专业及其相互工序搭接要求安排周密，不能少一个工种的交叉作业。如果某专业或工种没有进行相应施工面的施工，待工作面其他工种施工完成后再进入施工，必将造成其他工种的拆改返工或影响其工期，产生质量问题。

4）交叉作业的安全措施要求高。由于交叉作业会造成许多安全隐患，大安装量的工程，坠落物影响大且防护困难，同时有高空作业、临边作业等不安全因素，因此对交叉作业的安全措施提出了更高的要求。

5）交叉作业的成品保护要求高。建筑安装设备较多，多工种交叉作业，工作面的协调方多，同一作业面多工种交叉作业，施工中相互影响成品、半成品的可能性大，因此要求成品保护的措施到位、周详。

2. 交叉施工难点的协调组织

应成立交叉施工协调组织结构，如图 4-1 所示。

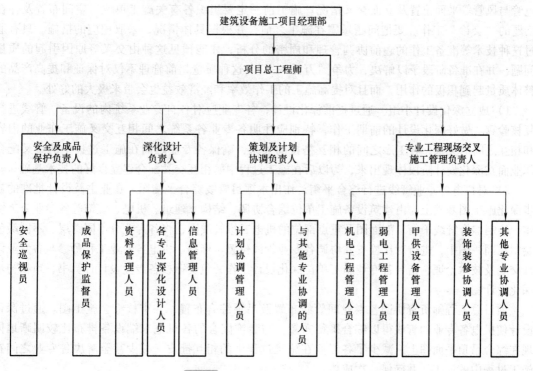

图 4-1　交叉施工协调组织结构

应明确一名工程交叉施工与协调组织负责人，最好设定一名项目副经理担任，并在项目上设置专业工程交叉施工管理服务部及其协调专业工程师数人，当然可一人担任数职。

交叉施工协调组织管理的目的是排除障碍，解决矛盾，保证项目目标的顺利实现。通过协调组织疏通信息沟通渠道，避免施工管理的梗阻或不畅，提高管理效率和组织运行效率。通过协调组织避免和化解工程施工各利益群体、组织各层次之间、个体之间的矛盾冲突，提高合作效率，增强凝聚力。

通过协调组织使各层次、各相关方、各个执行者之间增进了解，互相支持，共同为项目目标努力工作，确保项目目标的顺利实现。高效的协调组织工作，可以减少甚至避免各种不必要的工程延误和损失，直接关系到一个工程项目管理的管理水平和整体素质。

3. 交叉施工协调超前管理的措施

建筑设备施工工程是由多单位、多专业协作来共同完成的。其交叉作业具有数量多、周期长（施工全过程）、牵涉面广、施工单位多、人员杂等特点。各专业的交叉配合作业好坏直接关系到工程质量、工期、安全及工程成本。交叉配合作业是否理想、顺利，取决于协调工作的超前管理。

影响建筑安装质量的因素很多，有设计图样质量、土建质量、装修质量、工期（超客观规律的工期）、协调工作的质量等。由于目前建筑市场上对图样设计时间的紧迫要求，设计图就无法将各专业交叉问题全部解决，因此施工前对设计图样进行超前施工技术准备是很有必要的。如果没有进行超前管理，设计问题就会发生在施工过程中，甚至在施工之后才发现，这样进度和质量问题均无法保证。

针对这种客观情况，首先要认真吃透图样（专业图样，其他专业图样以及土建、装修图样），施工前尽量全面地提出问题，特别是要注意强电管和弱电管、电管与水管、电管与设备、电管与风管等平面位置及立面交叉情况。施工前一定要组织各有关施工单位对空间布置及存在问题的"会诊"工作。要把问题暴露在施工之前，并根据具体情况，采取相应的措施。只有通过这种技术等准备工作的超前协调管理和周密的分析，才能预见这种由交叉等原因引起的质量问题，并在准备阶段予以解决，力争"万无一失"。这种质量超前管理不仅对保证和提高产品的整体质量起到积极的作用，而且对提高施工的工作效率和经济效益也会带来极大的好处。

1) 成立深化设计小组。通过提前深化设计，各专业应对各自专业系统内的设备、管线进行复核验算。做好深化设计的前期工作，特别应注明各专业各系统之间相互交叉施工作业的内容和相互之间的关系，各工序之间的相互搭接的关系，确保各专业之间在施工过程中的交叉配合作业面在深化设计阶段体现出来，为以后在施工过程中的相互交叉配合建立良好的技术基础。

2) 对机电各专业管线进行综合平衡，作出本项目管线综合平衡图。在业主及设计批准的初步深化施工图基础上，由建筑设备施工单位综合协调，结构、建筑、机电、装饰等各专业分工协作，绘制综合管线平衡、剖面图及重点部位的机电三维管线图，将各专业分不同图层、不同颜色绘制在同一图中，进行对比检查并协调各专业管线位置、标高。机电各专业工程师参与各专业设计交底及技术论证，指导各专业施工单位深化设计工作，负责审核各专业设计计算书，审核初步深化设计图。

项目总工程师负责协调各专业间管线布置及吊顶综合布置，并审核综合施工图。通过深化设计使机电各专业的管线得以综合平衡布置，与装饰配合的各机电末端设备排布比较明晰地体现在综合吊顶平面图上，减少了各专业在施工过程中的相互扯皮，减少甚至解决各专业之间在施工过程中的返工，并确保一次成功。

3) 施工前的技术准备及技术交底。工程施工过程中技术管理的先行，对交叉施工顺利开展起决定性的作用，特别是各机电专业的各种技术方案的编制，对交叉施工各工序的搭配顺序和衔接进行前期指导，确保工程在交叉施工时减少无谓的交叉和工期延误。因此，施工方应及时组织、协调、指导各机电专业编制详细的专业技术方案，按规定程序完成技术方案的报审工作，以满足对施工管理和施工作业的指导作用。

各施工单位对下属各施工班组的施工交底文件中应注明需交叉配合的工作内容。各专业单位在给下属各班组的施工交底文件中，要特别以书面形式注明本专业与其他专业在工程施工中交叉作业时的配合关系，如哪些地方必须为别的工种提供条件，哪些地方必须与别的工种协调同步作业，哪些地方必须经本工种同意或准备好以后才允许别的工种开始作业等，都要以书面形式交代清楚，按确定的顺序实施交叉作业协调小组所订策略和方案。

4) 做好各直接承包专业施工进场及其作业面的穿插施工策划。建筑设备施工，工程系统多，专业性强，各系统相互之间的交叉施工配合多，各专业的适时进场直接关系到各专业工序的有机衔接。确认各专业施工单位，并组织各机电专业按施工总进度计划有序地进场，可以保证各工序有序开展，保证施工现场的管理井然有序。作为建筑设备的施工单位，必须按照工程施工总进度计划进行施工，并做好各专业及时进场的管理、协调工作。

各专业施工进场后，计划协调管理人员应按现场的阶段进度计划，要做好每日每周的穿插施工计划，明确各专业工种的时间安排，如哪些地方哪个工种哪个时间进场穿插施工，哪些地方哪个工种哪个时间施工完毕，做好交叉施工的计划安排。

5）交叉施工材料、设备运载的交叉配合的策划。建筑设备工程施工安装中，有大量的设备和材料需要垂直运输到各施工层，各种设备、材料的有序垂直运输是保证机电工程工期进展的关键环节。但特殊的结构限制了施工吊装设备的设置及使用，因此各设备专业施工单位应提前做好设备、材料的报审及进场验收工作。

各专业应根据施工总进度计划做到适时有序地进场，进场以后各机电专业应根据各系统的进度要求通过对本工程总体进度及机电施工图样的理解，测算出本工程运输到各层材料需用吊装设备的运输次数。

各专业应针对必须采用吊装设备进行垂直运输的大体积、大质量设备，预先考虑其订货加工周期，在开工伊始，即根据各机电安装的进度计划，制订其吊装计划，并及早提交相关方，以保证大体积、大质量设备的及时进场和吊装，以及设备、材料的进场情况，提供设备、材料的堆放场地，尽量避免或减少二次倒运。根据设备、材料的质量、尺寸、安装位置等，及时做好吊装设置、运输线路通畅等技术措施。

4. 交叉施工协调管理配合的内容

（1）各专业工程施工资源的管理　要求进入施工标段的其他外来单位遵守施工企业的人员管理制度、身份识别制度、工作牌制度、来客管理制度等。根据图样及网络进度计划的需要，督促各专业承包商及时编制出材料、设备进场总计划和分期使用计划。

督促各专业承包商及时提供甲供材料、设备的采购计划和进场计划，保证甲供材料、设备的到货期；对于进口的材料、设备，督促各专业承包商提前组织货源，及时协调有关单位办理报关、商检等各种手续，以保证此部分材料、设备的及时供应。

督促各专业工程材料、设备进场报验，督促其材料、设备的储存和搬运需遵守施工企业的统一规定。

（2）施工机具的管理　根据图样及网络进度计划的需要，督促各专业承包商及时编制出施工机具进场总计划和分期使用计划。

（3）对各专业工程施工进度的管理　应做好各专业工程之间及各专业工程与其他机电工程之间交叉作业的配合、工序之间的衔接等措施，使整个工程施工重点突出，施工展开有序，进度平衡、合理，达到施工总体计划要求。按照施工总进度计划控制网络和各专业承包商进场计划，及时为各专业工程提供施工电源，以供各专业工程安装单位顺利地进行施工。

应督促各专业工程图样会审，特别是在管线开始施工前，各专业工程图样应进行全面会审，明确专业工程施工范围及施工责任。督促各专业承包商，使其要求产品供应商定期或不定期到现场检查施工质量是否符合其产品的特殊要求，确保及时发现和处理与其系统不相符的问题。根据项目实施计划、具体要求，向各专业工程施工单位进行总体施工进度交底，明确施工进度组织和部署。管线综合布置流程如图 4-2 所示。

各专业管线综合布置力求在相对有限的空间里更科学、合理、美观。高效地布置各专业管线，实际地反映设备、管道、缆桥等在空间的排列走向。

整体综合管线平衡布置图可直观地反映建筑内部所有建筑设备管道的走向布置情况。整体综合管线平衡布置图便于各专业统一安排组织各部位的施工作业，对潜在的问题提前反映并协调解决，具有较强的可操作性和预见性。

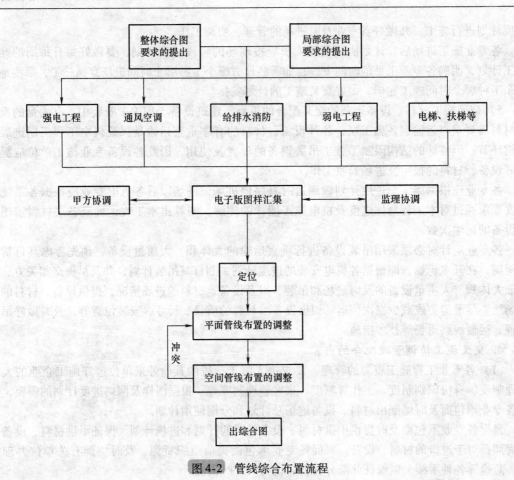

图 4-2 管线综合布置流程

局部综合布线图能针对性地反映建筑内部机电设备管道的平面布置和空间布置情况，适用于某个专业对空间有特殊占用要求的情况。

5. 建筑设备各专业的施工顺序与交叉配合

建筑物内部系统功能不尽相同，安装施工作业面的铺开也有先后顺序、互相配合等关系。工种交叉施工时，应根据事先绘好的管线综合布置图，采取先大后小、先里后外的原则进行工种交叉施工。在平面上施工，一般来说，先是大型设备施工，其次是小型设备施工，再进行配管，然后是配线及周边施工；在立面空间内施工，一般先是无压排水管、风管施工，其次是桥架、母线等施工，再是有压水管施工，然后再进行其他小管的施工。

（1）各专业在施工高峰期的交叉配合　在安装工程大面积施工前，提前将机电管线及其他专业管线进行统一安排、合理布置，根据施工现场绘出综合布置图、大样图、剖面图等，避免施工时管线碰撞、交叉，影响施工进度及质量，从而保证工程工期。有关专业技术人员对各种管线进行综合布置，使管线的布置合理、科学、美观，符合设计要求、设计规范及有关施工及验收规范的要求。管线的综合布置重点在于各类管廊、管井、走廊、电井、机房等，并绘制管线综合布置详图。

（2）各专业在装饰阶段的交叉配合　在装修阶段，各机电专业应和装饰专业绘制综合吊顶排布图，各专业对吊顶的末端设备进行准确定位。在安装时，机电各专业应严密配合装饰专业进行施工，确保与装饰专业的施工进度同步，并注意双方的交叉施工次序和合理的工序搭接措施。在施工过程中注意双方的成品保护，禁止相互污染与损坏。

在建筑设备工程施工过程中，交叉施工所应注意的具体协作要点如下：

1）电气专业与相关专业的协作要点

① 消防报警联动控制系统与各空调通风系统的接口。

② 消防报警联动控制系统与强电系统的接口。

③ 消防报警联动控制系统与其他专业系统设备的连接。

④ 电气管线与其他专业管线之间的交叉。

⑤ 电气与空调系统控制协调。

⑥ 电气管线的预留预埋协调。

2）给排水专业与其他相关专业的协作要点

① 系统管线穿越楼板、墙壁的封堵结构。

② 设备基础的交接与二次灌浆。

③ 明、暗装消防栓箱与结构饰面之间的配合。

3）空调通风专业与相关专业的协作要点

① 各空调通风系统与消防报警联动控制系统的接口。

② 防火阀与消防自动报警信号的接口。

③ 二通阀、信号蝶阀等带信号线的阀门与空调控制线的信号接口。

各施工单位在施工前应首先理解工程总目标，理解发包人的意图，反复阅读合同或项目任务文件。各施工单位应尊重发包人，随时向发包人报告施工中的各项目标完成情况。在发包人做决策时，各施工单位应提供充分的信息，了解项目的全貌、项目实施状况、方案的利弊得失及对目标的影响。

加强计划性和预见性，让发包人了解承包商。发包人和各施工单位双方理解得越深，双方期望越清楚，则争执就会越少。在项目运行过程中，各施工单位进入项目越早，项目实施就会越顺利。如果条件允许，最好能让各施工单位参与到项目的目标设计和决策过程中，保持整个项目在施工过程中的稳定性和连续性。

总之，各施工单位与发包人之间的关系协调贯穿于施工项目管理的全过程。协调的目的是搞好协作，协调的方法是执行合同，协调的重点是资金问题、质量问题和进度问题。双方共同的目标是一致的，即确保项目的各项目标按合同要求顺利实现。

6. 交叉施工时的避让原则

（1）管线互相谦让布置原则　电气管线位于上方，风管位于下方；电气、水管分开平行布置；强电和弱电分槽、井布置；有压管线让无压管线；无保温管线让保温管线；小管线让大管线。

（2）各种水管系统布置原则　雨水、污水、排水、冷凝水系统、消防水管的管道等有排水坡度要求的管道，严格按设计图样要求的安装尺寸、标高和流体走向进行布置。水管与水管的避让如图4-3所示。

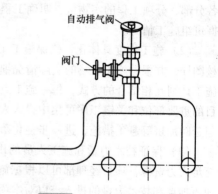

图4-3　水管与水管的避让

（3）通风管线系统布置原则　通风（包括防排烟）管道与空调风管紧贴消防管道安装（需要预留保温层空间），当风管与自动灭火喷头位置重叠时，按消防规范要求设置喷头与风管的间距或将自动灭火喷头引至风管底部安装，并避开风口位置。风管与托盘的交叉避让如图4-4所示。风管与水管的交叉避让如图4-5所示。

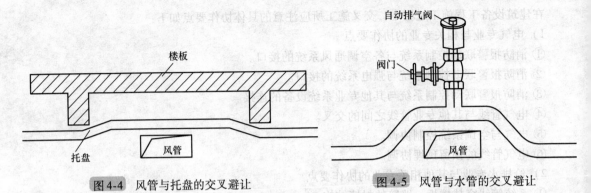

图 4-4　风管与托盘的交叉避让　　　　　图 4-5　风管与水管的交叉避让

（4）电气管线系统布置原则　由于电气系统功能变化较频繁（如电缆、电缆的增减等）和系统检修维护的方便及安全性，将电气桥架、线槽设置于水管上位或主干风管下方，以便进行电缆的敷设和线路维护。

（5）弱电系统管线布置原则　弱电桥架、线槽、管线与水管（包括给水管道、排水管道、冷冻水管道、冷凝水管道、消防管道等）应平行安装，安装间距应大于200mm，在弱电桥架、线槽、管线安装位置与水管的交叉处，电气桥架、线槽、管线应在水管上方安装。

（6）提高观感质量原则　为了给业主创造较高的建筑空间，应尽量把管线提高，以留下尽可能高的净高，提高建筑的观感，明露部分尽量采用成品支吊架系统，采用装配式安装。

7. 施工工期紧张下的按时完工解决方案

（1）加强前期准备的工作力度，为施工创造有利的条件　针对本工程施工范围大、时间性强、配合面广、交叉作业多的特点，应切实加强项目前期准备的工作力度，成立强有力的项目组织机构，明确各自的职责及要求，精心组织，合理安排，提前部署劳动力、机具等资源，并细化至各分项工程。

充分理解图样设计意图及技术要求，做好施工图样会审工作。积极主动与设计院、业主、监理组、总包单位联系，保证施工过程中出现的问题得到及时解决，避免不必要的返工、误工，为按时完成各项任务提供坚强的技术支持，为施工创造更多的时间。

认真做好施工班组的技术交底工作，以施工计划为依据，对工程进行合理的划分，详细计算各分部、分项工程的实物量，明确工程任务、技术要求和完成时间，落实到班组成员，并随时掌握班组施工情况。

（2）施工进度具体化，确保施工工期　项目部在施工管理过程中应组织技术人员熟悉和审核图样，并根据施工现场的实际情况细化工作项目，采取总体进度计划与详细的季、月、周、日施工计划互相结合的方式，每一施工点实行定员定任务的管理方法，进行施工进度的控制。对项目的重要部位和关键工序可集中投入人、材、机进行突击性施工，对不能按时完成的工程采用适当延时加班等赶工措施，进一步强化落实施工进度计划，确保工期实现。

（3）保证技术力量和施工人员的供给，实现项目工期　施工单位应拥有丰富的施工经验和充足人力资源，项目经理部可以根据施工现场的需要随时调配相关人员。应加大对突击性项目加班加点和技术力量的投入，以对本项目经理部提供有力的支援。

（4）配置充足的施工机械和材料，保证工期　施工单位应拥有充足的施工机械设备和精密的调试检测仪器，除保证正常的机械化施工外，还应根据工程的特点准备一定数量的备用施工机具，以备突击性加班和施工过程中机械故障损坏时及时增补施工机具。同时，应在全国各地的生产和销售商中建立信誉良好的材料供应系统，以随时保证材料供应的速度和质量。足够的施工机具供给和材料的及时供应将为施工进度计划的实现提供物质上的保证。

（5）改进施工工艺及方法，增加对工期的保证 施工单位应通过质量管理体系认证，具备丰富的施工技术和管理经验，施工机械化程度高，能够根据本项目的施工规划和特点，对工程的质量控制和施工过程提出合理有效的建议，改进相关的施工工艺和施工方法，保证施工质量，提高施工效率，从而大大缩短工期。根据施工总体进度计划和相关工序的施工周期，科学合理地组织平行施工流水作业，充分利用各专业的分部分项工程在时间、空间上的紧凑搭接，尽力铺开施工面，打好交叉作业仗，从而缩短施工工期，满足业主的使用要求。

（6）合理安排施工顺序和奖惩措施，保证工期 实行项目法施工管理，项目经理是公司的全权代表，直接负责履行工程合同和对项目进行安全、质量、进度、成本的控制。在施工中对各个安装点都采取实行定人员定任务的管理方法，对提前优质完成施工任务的班组进行奖励，不能按期保质完工的班组实施处罚，从而使得施工人员的收入与施工进度和施工质量直接挂钩，大大提高员工的工作积极性和责任感。

（7）积极主动与业主、设计院、其他承包商和单位联系，保证施工过程中出现的问题得到及时协调解决 协调好与业主、设计院、其他承包商和单位联系，基本做到协调与施工同步进行，使安装不拖延，采取有效措施尽量避免不良天气因素对施工的影响。工程进度的控制必须严格按"计划→实施→检查→处理"的管理循环步骤进行，实现动态管理。定期向建设方汇报工程实际进度情况，组织定期（每周）和不定期的现场生产协调会议，统筹安排，综合平衡，达到均衡、连续性施工目的。

4.3.3 建筑设备安装工程施工各专业难点、重点与对策

1. 装修工程

（1）重点 施工进度安排必须满足工期要求。工程的施工顺序要具备可行性和具有合理性，要充分具备全局观念，为其他承包商早日进场创造有利条件各专业应密切配合，交叉作业要有可行性、质量性，共同努力确保在总工期内完成。

（2）难点 根据工程的实际情况，做好各分部（子分部）分项、检验批的检查验收工作，做到双检制，严格按计划、施工质量验收规范把好质量关，对容易出现施工质量问题的地方要高度重视，成立技术攻关小组。设备管理用房要为其他承包商进场提供条件。各专业要密切配合，统观全局考虑安排。

（3）对策 各分部（子分部）分项、检验批的检查验收工作严格执行双检制度，避免返工，为给其他专业及总工期创造时间。

结合以往的施工经验，针对施工过程中所出现的技术、质量难题，攻关小组必须提前组织攻关，提出解决办法，将此方案做好总结、归档，把好方案、好方法向所有项目推广、安排，认真学习，杜绝在以后的施工中出现。

通过现场协调会及时解决关键设备用房存在的问题，保证设备合理有序进场，施工必须有条不紊地进行，本专业必须要为其他专业提供作业面。

做好施工计划，各专业工序交接时要有工序交接检查记录，并给其他专业下发通知，防止施工冲突。地面、墙面、吊顶施工前要了解其他专业预埋管线是否做完，各专业必须密切配合，有条不紊地进行，且必须以大局为重。

2. 中央空调通风系统

（1）难点 与低压配电、给排水及其他系统专业在综合管线布置上的统一协调；大型设备的吊装搬运。

（2）重点　系统调试及消防排烟系统验收。

（3）对策　应针对专业多，相关承包商接口关系密切的实际情况，首先了解其他承包商的设计图样，了解各专业施工的接口部位和施工所具备的边界条件，积极为其他承包商施工创造条件；对需其他承包商配合的问题，通过电话、书面联系单、会议等多种方式进行沟通协调；仔细阅读综合管线图，将管线交叉干扰现象减至最少。通过以上方法来做好协调配合工作。

对于与低压配电、给排水及其他系统专业的协调问题，应由项目总工组织各专业工程师对施工面的风、水、电及其他系统的综合管线进行统一协调安排，使各专业都能清楚其他专业的管线，并弄清楚施工的先后顺序、注意事项，使生产工人都能了解，确保施工的顺利进行。

系统调试工作是通风空调专业的重点工作。应从以下几点做好调试工作：施工过程中加强质量管理，消除因施工质量引起调试不利的各个因素；编制好调试作业指导书；按程序做好各项调试过程，并记录分析数据；编制整理调试报告。

3. 低压配电与照明系统

低压配电与照明系统的特点是动力设备多、系统控制复杂、线缆规格多、敷设线路长、工艺要求高、送电工期紧。

（1）难点　协调配合专业多，与相关承包商接口关系密切，搞好协调配合是本专业施工的难点。

（2）重点　系统调试。

（3）对策　针对低压配电系统工程施工的特点，为确保优质并按期完成任务，在施工方法方面应遵循先复杂后简单、先大后小、总平面和竖井平行并进的施工原则；坚持每周召开专业碰头会，加强内部沟通协调，确保人、机、料的合理配置，保证按期送电。

针对接口问题，应特别重视设计、施工的紧密配合，做到明白设计、熟悉接口关系。在施工过程中加强质量管理，组织熟练技工进行调试，并按程序做好各项调试工作。

第5章 建筑设备施工质量、进度与安全管理

5.1 建筑设备施工的质量管理

5.1.1 建筑设备施工的质量目标和质量保证体系

1. 质量目标

对于大型工程的建筑设备施工来说，应满足工程质量标准，即符合国家和行业验收标准，满足设计要求，竣工验收合格率达到100%。质量方针应该坚持以 ISO9001 系列质量管理体系为基础，建立和实施工程质量管理体系。科学管理，精心组织，确保为客户提供满意的产品，并通过持续改进质量管理体系的有效性，不断创新，在产品质量上争创一流。建筑设备施工应以工期为大局，质量为重点，安全为前提。

2. 质量管理组织机构及体系

（1）质量管理组织机构 在建筑设备工程施工过程中，为确保质量管理体系持续有效地运行，实现工程质量创优目标，应迅速组建项目经理部，成立质量管理组织机构。质量管理组织机构如图 5-1 所示。

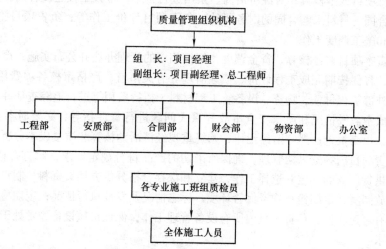

图 5-1 质量管理组织机构

项目经理为质量第一负责人，对工程质量负全责；代表企业或公司履行对业主的工程承包合同，执行企业的质量方针，实现工程质量目标；建立和完善项目的组织机构，明确人员职责，建立适当的激励机制，充分调动参与项目建设的所有员工的积极性；对本项目施工单位和施工过程进行监督和评审。

项目副经理负责项目质量管理体系的建立和运行；负责质量管理的日常工作；统筹项目质量保证计划及有关工作安排，开展质量教育，保证各项质量措施和制度的正常落实和运行；负责质量事故的处理及防范措施的实施和检查。

项目总工程师对本工程质量管理和工程质量负全面技术责任，督促各级人员行使质量责任；

组织贯彻技术规程、施工规范、质量标准，负责组织分级编制和审定工程施工组织设计、质量计划、特殊工程的施工方案；不断改进施工方案和施工方法，采取有效技术措施，确保工期、进度、质量满足合同规定的要求；负责组织不合格工程的原因分析、评定、纠正，以及预防措施的制定、实施；主持重大质量事故和重要质量问题的调查处理与改进。

工程部负责项目的施工过程控制；制订施工技术管理办法；负责工程项目的施工组织设计及调度工作，以及施工过程中各项技术管理工作。根据工程技术质量要求，确定特殊工程的质量控制方法和手段；针对工程质量问题的潜在原因，组织制订预防措施；提出环境保护、水土保持、文明施工的技术保证措施并组织实施；组织实施竣工工程保修和后期服务；组织推广应用新技术、新工艺、新设备、新材料，努力开发新成果；负责原材料和工程的委外试验工作，委外对材料进行试验分析；对现场使用的原材料进行品质检验，对砂浆和混凝土试件进行强度试验等。

安质部负责依据安全目标制订本合同段工程的安全管理规则，编制和呈报安全计划、安全技术方案和具体安全措施，并组织每周、月安全检查，发现事故隐患时及时监督整改；负责对危险源点提出预防措施，对关键工序提出安全施工防范的技术交底，依据质量方针和本合同段质量目标制订质量管理工作规划，负责质量综合管理；负责生产、安装及交付的各个环节施工质量控制；贯彻执行质量检查验收标准，确定特殊工程的质量控制方法、手段和措施；配合监理工程师对工序质量、隐蔽工程监督检查。

合同部负责建立合同台账，对工程合同进行统一管理；与相关单位、部门合作编制工程概算、预算和决算；对工程图样进行经济分析，参与相关图样会审工作；分解编制工程建设资金的使用计划；进行项目成本核算；对经济洽商、索赔进行备案；审核工程建设合同；监督合同的执行，保证建设合同、材料采购合同的财务履约；负责项目计价工作等；负责项目施工的月、季、年计划的编制和施工调度工作。

财会部负责本项目财务核算、资金调度，拟订相应的管理办法并公布实施；严格监控债权债务的清理工作，督促按期完成工程计价、债务清理等有关事宜；严格审核各项费用的报销凭证，对有疑义的内外部工程付款、物资、设备、工程材料、招待费用等进行追踪查证并向项目经理汇报；根据工程成本盈亏情况和质量安全事故等重大问题进行督促指导，必要时参与责任单位的经济分析活动，提交报告；严守财经纪律，始终重视经济活动核算和质量成本分析。

物资部负责项目内物资采购管理，确保所采购的产品符合规定要求；制订合格供货商详单，组织并参与对供货厂商的评定和选择工作，建立和保存合格分供方档案资料；制订物资采购、保管、标志、发放制度并定期检查物资保管环境、标志情况及发放执行情况；定期检查物资系统原始记录，做到有可追溯性；负责项目内所有设备管理工作，保证机械设备经常处于完好状态，满足施工生产要求。

办公室在项目开工前部门负责人主要负责前期专项工作，待工程进入正式施工阶段后负责处理项目经理部的一切生活、后勤保卫工作，负责党政、文秘、接待及对外关系协调工作。

(2) 质量保证体系 应建立完善的建筑设备工程施工保证体系，从施工准备、施工过程和竣工验收三个阶段对工程施工的全过程进行质量控制，按照"跟踪检查""复检""抽检"三个检测等级实施检测，做到"检查上工序，干好本工序，服务下工序"。人员、材料、机具、方法和环境是影响施工质量的五个因素。施工准备阶段主要对人员、材料和机具进行控制。挑选经验丰富的管理人员、技术人员和技术工人组建项目经理部和作业队。技术人员制订详细的施工工艺和施工方法。物资人员根据备料计划订购符合设计要求的设备和材料，准备施工用工机具，并协助技术人员对设备、材料、工机具的质量进行检测。施工阶段主要对施工工艺、工序交接、中间产品的质量进行控制。切实执行班组自检、工序互检和质检工程师专检的质量检查程序，实行

"监督前工序，保证本工序，服务后工序"的自检、互检、交接检和专业性的"中间"质量检查，发现问题时按照"四不放过"（原因不清不放过、责任不明不放过、措施未落实不放过、相关责任人和群众未受到教育不放过）的原则，对各项工序的缺陷和不足进行纠正和补修，保证不合格工序不转入下道工序，总结经验，并制订预防措施，防止类似事件的再次发生。竣工验收阶段按照自检、互检的方式对本项工程进行质量检查，按照"四不放过"的原则，对工程质量的缺陷和不足及时进行修补或整改，确保一次性验收成功。建筑设备施工质量保证体系如图 5-2 所示。

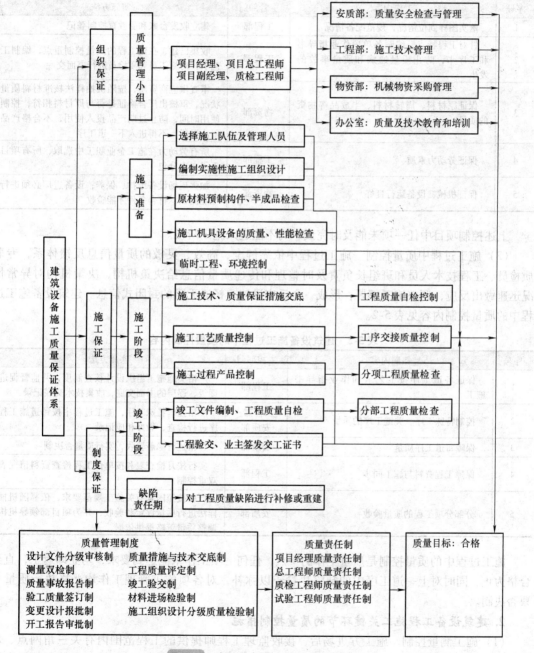

图 5-2 建筑设备施工质量保证体系

5.1.2　建筑设备施工的质量保证技术措施

1. 建筑设备施工的质量控制措施

（1）施工前的质量控制　施工前各有关部门应针对图样和现场条件仔细研究施工工艺，编制各单项施工作业指导书，逐级进行书面技术交底。建筑设备施工前的质量控制内容见表 5-1。

表 5-1　建筑设备施工前的质量控制内容

序号	工作内容	主管部门	实施方法
1	落实图样到位情况，规范配备情况	工程部	建立收发台账和受教育控制登记
2	针对工程特点，编制各单项作业指导书和工序卡，防止质量通病和质量事故的发生	工程部	收集已建、在建工程的质量控制重点，编制工艺卡，对施工员和质检员进行书面交底
3	保证原材料、周转材料、半成品等物资的质量	物资部	审查供应商资质，按随机抽样法核准材料质量状况，审核出厂合格证是否与原材料相符，控制使用时间，防止过期产品投入使用，不合格产品坚决退货，不得进入下一道工序
4	保证劳动力素质	工程部	所有劳动力在施工企业职工中选取，所有项目不得二次分包
5	保证机械、设备运行良好	物资部	加强现场设备维护、保养；设备进厂必须进行性能测试，符合条件才能验收

上述控制项目中任一项未能及时完成，均不能进入施工阶段。

（2）施工过程中质量控制　施工过程中依靠健全、高效、灵敏的质量信息反馈体系，专职质检员、工程技术人员和班组长负责及时整理和传递质量信息给决策机构，决策机构对异常情况迅速做出反应，调整施工部署，形成一个反应迅速、畅通无阻的封闭式信息。建筑设备施工过程中的质量控制内容见表 5-2。

表 5-2　建筑设备施工过程中的质量控制内容

序号	控制内容	主控部门	实施方法
1	保证各道工序按工艺卡和作业指导书施工	工程部	严格实施施工组织设计核查制度，并监督促进逐级、逐层的书面交底，收集技术交底记录
2	控制特殊工序、关键工序的质量	工程部、安质部	严格控制特殊工序，施工过程中按每道施工工序进行检查，做好相应记录
3	保障每道工序质量	安质部	严格进行隐蔽验收，实行质量否决制
4	保障工程资料与施工同步	工程部	实行按月检查表和按单位工程检查资料情况表双重控制
5	分部分项工程的质量验收	安质部	严格按照国家有关施工规范要求，依靠随机抽样法进行质量评定和验收，并为项目部领导机构调整质量策略提供依据

施工过程中的质量控制是质量工作的重点，任何一项工作未能达到要求，均立即返工，直至合格为止，同时对上一道工序中的缺陷尽量予以弥补，对各项施工管理工作均严格执行质量一票否决制。

2. 建筑设备工程施工关键环节的质量控制措施

（1）施工测量控制　施工方进场后，接收监理工程师提供的工程范围内有关三角网点、水准网点和控制桩点等基本数据的测量资料，并做好交接手续；施工方在收到基本数据测量资料后立即进行复核验算和复测工作，并将复测报告报呈监理公司，得到许可使用的批复后再进行下一工序的施工。每次测量作业都要做好书面记录，作为资料归档保存。

（2）材料质量控制保证措施 设备材料质量的保证是整个工程质量保证的先决条件，因此对材料质量的控制是非常重要和关键的。工程设备、材料的优劣将直接影响到工程的内在质量及产品的外观质量。为确保本所用设备材料的质量，材料应按照一定的程序进行确定。施工方提供的设备、材料应满足业主的技术要求，自购材料设备的厂家应有非常好的信誉，产品的先进性和可靠性应有保证。

根据设备、材料来源的不同，分为甲供设备、材料和乙供设备、材料两种模式。

甲供设备、材料在进场后及时向驻地监理进行申报，及时进行设备开箱验收。对设备、材料的外包装进行目测检查，要求外包装完好，设备外壳无碰撞、划伤、挤压等痕迹，油漆完好，设备随机技术资料齐全，随机带有国家相关部门要求的产品认证资料。在设备安装就位后试运转前对静态技术指标进行检测，应满足产品质量要求和设计要求。

乙供设备、材料的质量控制是建筑设备工程设备、材料控制的重点。质量控制更容易渗透，效果也更为明显。施工方应建立严格的自查自检程序，选择合格的产品，保证进入安装的设备、材料完全符合国家验收标准。在设备、材料使用前，应按设计要求对其规格、材质、型号进行审核，设备、材料必须有制造厂的合格证明书或质保书，在设备和材料的运输、入库、保管过程中，实施严格的控制措施，每道工序均有交接制度。对发出的设备、材料要进行建档跟踪，重要设备、材料的使用部位要处于可追溯的受控状态。

对已到货的材料、设备，按工程要求和索赔期限编制开箱验收计划，按照开箱计划发出开箱通知单，组织应参加验收的人员实施开箱验收。应参加人员包括：供货方代表、监理、使用单位技术人员、仓库管理员、计划员、质保员。材料、设备入库时必须具有合格证、质量证书，由现场材料人员对其质量、数量进行验收合格后，根据材料、设备的不同特性，按规划好的库区平面图、设施、项目进行分类安放，妥善保管，不任意堆放，保持库区整洁、道路畅通。现场统一建立材料、设备台账，根据施工预算实行限额发料。

施工现场设材料库、设备库，用以存放小型金属材料、管件、电器配件、五金材料、小型精密设备及电气设备，同时设置设备及管道、型钢、管件堆场，设备及管材堆场应设置标志，四周应设围栏。

材料设备库保管员对库房保卫和材料、设备安全负责。库房要有完备的消防设施，建立防火制度，集中堆放的设备应有完善的防雨、防晒措施；易燃材料及油漆单独设库，并远离设备堆场和材料、设备库房，确保库房安全。

3. 建筑设备安装工程质量控制措施

（1）通风空调工程质量保证技术要求和措施 应严格执行每道风管制作工艺，层层把关，将各部位加工偏差控制在规范允许的范围之内，每节风管制作完毕应编号，以利于安装。

在安装风管前，应根据设计图样检查土建施工过程中留出的孔洞数量、位置、标高、尺寸是否正确，合格后方可安装。

在安装通风空调等设备前必须编制吊装作业指导书。

（2）给排水工程质量保证技术要求和措施 在安装管道及设备就位前，做好孔洞、套管预留预埋及设备基础浇筑工作，准确核对施工图和现场的定位尺寸和轴线，确定尺寸无误后，方可安装相应的管道、设备及部件。

对于各类管材、管件，应在安装前按设计核对规格、型号和质量，符合要求后方可使用。

安装前必须清除管道内部污垢和杂物，应将安装中断或完毕的敞口临时封闭。

在安装各类水泵前，基础必须验收合格；在水泵就位时实测联轴器水平和同心线，严格控制，确保联轴器水平。

各类管道、卫生器具支管穿楼板处预留孔洞的修补必须充分满足防漏水渗水要求。

（3）低压配电工程质量保证技术要求和措施　电气预埋管线不得有穿孔、裂缝、显著的凹凸不平及严重锈蚀等情况。

管内穿线时盒（箱）内导线应有适当余量，导线在管子内无接头，不进入盒（箱）内的垂直管子的上口穿线后密封处理良好，导线连接牢固，包扎严密，绝缘良好，不损伤芯线。

电缆支架应安装牢固、横平竖直，各电缆支架同层横挡应在同一水平面上，电缆头安装固定牢靠，相序正确，接头保护措施完整，标志准确清晰。

配电盘的正面及背面各电器、端子排列等应标明编号、名称、用途及操作位置，防止电器、端子排列混乱。

4. 建筑设备施工的质量通病及防治

（1）质量通病原因分析及管理对策　建筑设备施工的各种质量通病都有"人员、材料、机械、环境、管理"等原因。为防止各种质量通病，需详细分析并提出管理对策。建筑设备施工质量通病的原因分析流程如图5-3所示。

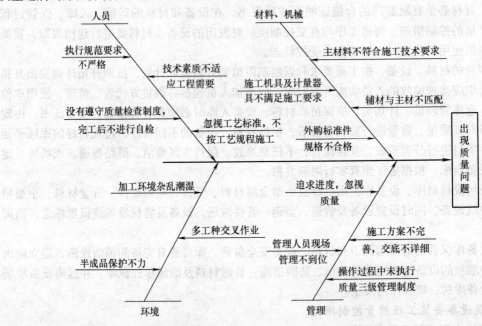

图5-3　建筑设备施工质量通病的原因分析流程

（2）建筑设备施工的常见质量通病及防治措施　表5-3～表5-5列出了建筑设备施工过程中常见的质量通病及防治措施。

表5-3　通风空调工程施工质量通病及防治措施

质量通病	防治措施
风管漏风	法兰尺寸与风管不配套时不得强行安装。对风管与法兰连接处进行密封垫片厚度必须符合要求，剪裁宽度及拐角搭接处符合要求 单节风管制作完成后用密封胶对缝隙处进行密封处理。特别注意咬口部位、法兰部位严格进行风管漏光试验
吊装连接后风管的部分吊杆松弛不着力或局部风管扭曲	风管吊装后进行调平时，借助水平尺先将吊杆调正校直、如果吊杆没有拧紧，注意将膨胀螺栓拧紧，再拉线调平风管

（续）

质 量 通 病	防 治 措 施
空调冷冻水管木托大小配置不合理，木托安装完毕没有用沥青膏封堵管壁与木托之间的离缝	空调冷冻水管木托应与管道外径一致。对施工班组进行详细的施工技术交底，保温前对管道及木托进行验收，用沥青膏封堵管壁与木托之间的离缝
在空调冷冻水管保温后，保温材料与保温材料及木托接合处接合不严	在空调冷冻保温时，应在保温材料与保温材料及木托接合处涂黏结剂。保温完毕后验收时应逐个进行检查，若存在没有涂黏结剂的现象，应返工

表 5-4　给排水系统施工质量通病及防治措施

质 量 通 病	防 治 措 施
立管敷设与墙壁间的间距控制不符合要求	立管与墙壁完成面的距离大于或等于 20mm
管道在楼板面上及伸缩缝处的敷设不符合要求	安装管道支架时，支架螺栓若破坏防水层，必须做好防水处理。管道经过伸缩缝时，必须安装合适的补偿装置（如伸缩节、伸缩弯管等）
支架配置不合理，且采用熔焊形式开孔	严格按设计和规范要求的支架间距和规格配置支吊架；支架孔必须采用钻孔、锚孔，严禁采用熔焊开孔，支架开孔的直径比螺杆直径大 2mm 为宜
管道穿越楼板的套管埋设长度过多或不够	套管上部应高出完成面 50～100mm

表 5-5　低压配电工程施工质量通病及防治措施

质 量 通 病	防 治 措 施
明装电线管排列不整齐、不美观，支吊架、卡码设置不合理，固定点间距不均匀	多条电线管并排安装时，卡码的排列必须按照统一的顺序编排，同时卡码之间的距离应该考虑接线盒的因素，避免接线盒影响电线管的平直度
配电箱外壳与建筑结构钢筋有直接或间接接触	采用具有绝缘性质的固定膨胀螺栓，箱柜与墙面间采用绝缘橡胶隔离
电缆桥架现场安装造型时破坏镀锌层，防腐处理不够	将开口处打磨平滑，涂两遍红丹，待红丹干后再用手喷涂，手喷涂的颜色应与桥架的颜色相近
电缆桥架（线槽）在穿过建筑物的变形缝时未做处理	桥架（线槽）穿过建筑物的变形缝时应加装伸缩节作为补偿措施
电缆桥架安装时，桥架弯头处半径达不到线缆要求的弯曲半径	对 90°弯头、三通等常用配件，全部采用厂家定做；对于个别比较特别的角弯，绘制相应图样向厂家订货。对于起坡等常规性造型而又不能准确定做的，则采用现场制作的形式
线管与线槽（盒）、箱、盘、柜等连接时，采用熔焊方式开孔，多个管端的螺纹外露数目不一	线管与箱、盘、柜等连接时，采用开孔器进行开孔，根据回路数统筹安排，电线管与槽、箱、盘、柜等连接时采用铜柜等新型材料彻底消除管端螺纹外露数目不一的质量通病
成排灯具的中心偏差超出允许范围；开关插座的面板不平整，与建筑物表面有间隔	确定成排灯具的位置时，必须拉线，并且拉十字线；安装开关、插座时应调整好面板后再拧紧固定螺钉，使其紧贴建筑物表面
配电箱、盘、柜体及其内的二层金属板接地不可靠，配电箱、盘、柜体上装有电气的可开启门或面板没有采用合适截面的裸铜软线	在配电箱、盘、柜体订货时，应明确要求在柜底或（其他合适位置）设置专门的接地板，接地应牢固可靠，各回路接地点应分别与接地板相连接，不得采用"垫接"方式。柜体的可开启门或面板均应采用合适截面的铜软线与配电箱、盘、柜体相连，做好接地跨接
接地线外绝缘层的颜色、芯线的截面及连接工艺均违反标准规范，存在安全隐患	绝缘导线的外绝缘层必须是黄绿相间的颜色；PE 线的连接应牢固、可靠，有防松措施，接头应防腐可靠，减少接触电阻，严禁串联连接；对管的接地采用专用接地线卡连接导线

5.2 建筑设备施工的工期与进度管理

建筑设备施工时，应制订总工期目标及关键节点工期目标。施工计划时间应完全响应招标文件和业主规定的进场时间。在施工期间服从业主对工期的调整安排，并制订详细的施工进度计划横道图。

5.2.1 建筑设备施工进度控制流程和计划

1. 施工进度控制流程

建筑设备施工进度计划的控制是一个循序渐进的动态控制过程，施工现场的条件和情况千变万化，项目经理部要及时了解和掌握与施工进度有关的各种信息，不断将实际进度与计划进度进行比较，一旦发现进度拖后，要分析原因，并系统分析对后续工作会产生的影响。安排有施工管理经验的人员负责管理工作，技术、质量、安全、文明施工、后勤保障工作由项目副经理和总工程师共同负责。建筑设备施工进度控制的一般流程如图 5-4 所示。

图 5-4　建筑设备施工进度控制的一般流程

应建立严格的建筑设备施工工序施工日记制度，逐日详细记录工程进度，质量、设计修改、工地洽商等问题，以及工程施工过程中必须记录的有关问题，并及时加以解决。

坚持每周定期召开一次由项目经理主持，由各专业施工负责人参加的工程施工协调会议，听取关于工程施工进度问题的汇报，协调工程施工外部关系，解决工程施工内部矛盾，对其中有关施工进度的问题，提出明确的计划调整意见并负责落实。

做到"干一观二计划三"，提前为下一道工序的施工做好人力、物力和机械设备的准备，确保工程一环扣一环地紧凑实施。对于影响工程总进度的关键项目、关键工序，施工单位的主要领导和有关管理人员必须跟班作业，必要时组织有效力量，加班加点突破难点，以确保工程总体进度计划的实现。

工程开工前，必须严格根据施工招标书的工期要求，提出工程总进度计划，并对其是否科学、合理，能否满足合同规定工期要求等问题，进行认真细致的论证。

在工程施工总进度计划的控制下，坚持逐月（周）编制出具体的工程施工计划和工作安排，并对其科学性、可行性进行认真的推敲。

在工程计划执行过程中，若发现未能按期完成工程计划，必须及时检查分析原因，立即调整计划和采取补救措施，以保证工程施工总进度计划的实现。

2. 施工进度计划分析

工期是工程建设控制的关键，但在实际工程施工过程中，由于种种原因，可能会出现设备供货、技术文件交付延期、设备缺陷、重大技术变更等会对工程造成不利的因素，从而影响整个工程的总体施工进度和运行计划。影响建筑设备施工进度的主要因素有以下几个方面：

1）土建进度慢造成施工现场的移交时间推迟，或分阶段、分区域提供施工现场而阻碍机电安装工程的规模施工。

2）设备、材料交付延误，或设备、材料缺件和存在严重缺陷。

3）图样、技术文件交付延误。

4）出现重大设计变更。

5）较大的自然灾害，如狂风、暴雨等。

6）气候条件，如高温、雨季对施工造成的影响。

针对以上提出的问题，施工单位应采取以下措施，保证工程的进展：

1）对于施工现场移交时间推迟，或分阶段、分区域提供，应充分利用进场前的时间做好施工前的各项准备工作，包括熟悉图样、各专业综合管线平衡、材料计划及物资准备、各类专项方案的编制等，形成一旦进场即可大干快进的局面。

2）对于设备、材料、技术文件交付延误，除及时向业主有关部门书面汇报外，应积极主动地与业主、设计单位加强协调和催交。

3）对于设备缺件现象，在设备到货后每个系统开工前联系有关各方，按图样和设备清册提前对设备进行清点，发现设备短缺，及时向责任单位提供设备缺件清单，请供货商尽快解决，在得到有关单位答复后加强催交和督促。

4）对于设备缺陷，无论是在开箱过程中，还是在安装过程中发现的问题，都应尽快提出设备缺陷报告并主动提出消除缺陷的建议，在业主或供货方对设备缺陷报告做出答复后，在现场条件允许的情况下，尽快组织人员消除缺陷，确保工程进度。

5）对于设计变更，应在工程开工和每个系统工程开工前，按照图样会审管理程序和设计变更管理程序的要求，由各级技术人员组织图样会审，及时发现设计文件中出现的问题，针对有可能出现的问题提出变更要求和变更建议，将问题消除在萌芽状态。

6）对于施工过程中出现自然灾害造成对工期的影响，应听从业主的安排，在业主的总体计划安排下按时完成。

7）针对夏季气温较高的情况，可采取夜间施工白天休息的办法，或适当调整作息时间，在保证不影响周边居民休息的情况下，合理安排施工，从而保证施工生产正常进行。

5.2.2　使用 BIM 进行工程进度的控制管理

编制安排施工计划时，应全面、深入地理解业主对总工期的要求和设定关键工期的意图，领会设计单位的设计思路；合理安排工期，合理编制施工组织设计；根据总工期要求和区段工期要求编排的网络计划编制旬（月）作业计划，必要时要根据现场实际情况对计划进行及时调整，同时采取以下措施：

1）开工后采用 BIM 软件（如 P3 或 Project 工程计划管理软件），根据施工图样和业主下达的计划指令，编制实施性施工组织方案。总工期、区段工期应满足业主总体计划的要求。

2）根据总体网络计划编制施工进度计划。在施工过程中，将总体计划网络按各个阶段所展开的工序逐一分解到作业层，采用各种控制手段保证项目及各项工程活动按计划实施，在施工过程中记录各个工程活动的开始和结束时间及完成程度。按施工区域分解作业范围，明确作业层的施工进度目标。

3）以总体进度网络为依据，明确各个作业层的内部责任目标，通过签订责任书落实施工工期责任，以实现各自的分部责任目标来确保总工期目标的实现。

4）在各个阶段（月末、季末、一个施工阶段）结束后，按各自完成程度对比计划，确定整个项目的完成程度，并结合工期、生产成果、劳动生产率，以及材料的实际进货、消耗和存储量等指标，评定项目进度状况，分析其中的原因，保证关键线路上的工作顺利实施。

5）对下期工作做出安排，对一些已开始但尚未结束的工序的剩余时间进行估算，提出调整进度的措施，及时调整网络，建立新的网络工序线路，指导施工。

5.2.3 保证施工进度的各项措施

1. 组织措施

施工方应做好施工准备，做到边准备边施工，用较短的时间形成生产能力。依据编制的详细施工计划，并根据现场的实际情况，及时对施工计划进行科学的调整，做到工序流程科学合理、衔接紧密，对现场施工起到真正的指导作用。

与业主、设计单位、监理密切合作，严格按照施工组织总设计落实技术供应计划，确保设备、图样按期交付，保证工程顺利进行。

建立控制目标体系，确定进度控制工作制度，每月召开一次施工调度会，每周进行进度检查和总结，每天在现场进行施工碰头会，及时解决施工过程中遇到的问题。

2. 管理措施

施工单位应在现场成立项目部，建立、健全各项管理机构，理顺内部关系，做到职责明确、政令畅通。在项目工地建立全新的管理运作模式，根据公司的质保体系，建立和完善短小精悍、简洁干练的运作体系，调动项目部各部门、人员的积极性，做到责任、压力、利益到位。

项目经理应直接与项目施工队签订目标承包合同，明确施工工期、质量目标、安全责任、奖罚等规定；进行月度考核与周考核，直接与项目施工队经济利益挂钩。

施工单位应选派参加过同类工程有丰富施工经验的工程技术人员和熟练工人参加本工程的管理和施工；全面贯彻质量保证体系，严格按既定程序进行施工，避免出现质量问题，保证施工顺利进行；制订详细的施工计划管理考核办法并实行管理责任制；加大施工计划考核力度，对未能按期完成施工项目的部门按公司有关规定进行处理。

3. 改进施工工艺，增加对工期的保证

根据业主单位要求及各工序施工周期，科学合理地组织施工，形成各分部分项工程在时间、空间的充分利用与紧凑搭接，打好交叉作业仗；多开工作面，加快施工速度，从而缩短工程的施工工期。施工单位应根据施工特点，对工程提出合理化建议，改进有关施工工艺，提高施工效率。比如，电缆敷设安装采用先进敷设工具，风管加工采用先进工艺及设备等提高工效，可大大缩短工期。

4. 安装高峰期间的保证措施

安装高峰期是工程量最大、投入人力最多、关键部位施工最多的阶段，也是保证质量和进度的关键阶段。除采用上述措施外，还可采用以下措施：

（1）合理安排高峰期间各专业安装 在安装期间积极协调其他施工单位获取施工条件，对于有施工条件的区域或系统，应及时安排合理施工，延长高峰时间，尽量减少高峰期的峰值（工程量），并合理错开各专业的高峰期，保证工程连续均衡施工。

（2）加强高峰期间与各专业的协调及配合 各专业承建商共同协商安装高峰期的施工进度

安排，以及施工部位、内容的协调，提前通知业主和各专业高峰期的施工计划，加强与其他专业承建商的施工平面移交、机电接驳、工作交叉同步作业等事宜的沟通、协调，在交叉同步作业中把握最佳施工时机，与其他专业承建商一起，保证整体工程的质量与进度。

（3）加强进度计划的安排及控制　以天为单位编制安装高峰期详细的进度计划。此进度计划包括工程内各项目施工的开始时间和完成时间。

利用施工进度计划的控制作用，将各专业施工的高峰期错开，使各专业的高峰期阶段依次进行，避免各专业的高峰期重叠而造成劳动力、机具供应困难，质量、安全、进度局部失控等现象。

（4）加强质量、安全管理力度，确保施工顺利进行　加强质量、安全管理力量，避免因安装高峰期而出现影响质量、安全的因素，消除施工质量和安全生产隐患，保证安装高峰期的施工顺利进行。

（5）加强后勤等工作的支持　加强临电、机具维修、后勤、保卫、卫生环境及运输等服务的支持；加强资源的调配，提前 3 ~ 5 个日历天准备好相关专业的施工劳动力、材料（设备）、施工机具及资金的调配，保证具有充足的施工资源来实施高峰期，使工程连续顺利实施。施工单位应从劳动力、材料、机械及资金等主要资源方面予以充分保证，同时给予工地强大的技术支持及配合，确保项目需要资源及技术得到优先保证，使项目顺利实施，保证各项工程目标的实现。

（6）加强技术指导及监督，保证施工质量　工地技术管理人员加强对施工班组的技术指导及监督，质量监督员加强对现场施工质量的监督，项目经理除统筹安排工作外，应加强对施工技术员的交底，保证高峰期的施工质量。

（7）加强内部管理及协调　在安装高峰期，施工单位的项目经理应加强对内部人员的管理及协调，及时排除可能出现的各种矛盾；实施每日工程例会制度，即每天下班后召开全体管理人员讨论工程实施会议，解决当前存在的问题并落实每件事由专人实施处理，并安排下一步工作计划，制订各项应急措施，解决可能出现的问题或事件。

5. 节日假期施工保障措施

建筑设备施工期可能会跨越多个法定节日，如果项目工期要求很紧，对节日假期不妥善考虑安排，势必对施工进度产生不利的影响。所以必须制订切实有效的保障措施，以使工程进度不因节日假期而受到影响，确保工期按各节点要求准时或提前完工。

施工人员按施工进度计划和劳动力进场计划的要求调配到位。应联系落实节日假期期间的水、电供应，与有关部门建立特别联系通道，确保节假日水电的正常供应，同时配备备用电源，以备不时之需。

备好节日假期期间所需的材料、设备，并由专人检查落实；确保所需机具全部到位并做好维护保养，以使其状态良好、功能正常；备好必要的运输车辆，以满足节日假期期间的需要。

要做好节前教育和宣传发动工作，保证人员思想稳定。要做好后勤保障工作，安排好节日假期期间的慰问和文化娱乐活动，配备电视机，及时发放加班工资，以解除其后顾之忧，保证施工人员情绪稳定，安心施工。

5.2.4　建筑设备施工进度的调整与控制

1. 施工计划进度调整方法

对于建筑设备施工合同文件要求工期很紧的工程施工，要在保证质量和安全的基础上，确保施工进度。应以总进度网络为依据，按不同施工阶段、不同专业工种分解为不同的进度分目标，以各项技术、管理措施为保证手段，进行施工全过程的进度计划调整，并采取动态控制措施。

（1）进度计划调整、控制的方法

1）按施工阶段分解，突出控制节点。以关键线路和次关键线路为线索，以网络计划中心起止里程碑为控制点，在不同施工阶段确定重点控制对象，制订施工细则，保证控制节点的实现。

2）按专业工种分解，确定交接时间。在不同专业和不同工种的任务之间要进行综合平衡，并强调相互间的衔接配合，确定相互交接的日期，强化工期的严肃性，保证工程进度不在本工序延误。通过对各道工序完成的质量与时间的控制保证各分部工程进度。

3）按总进度网络计划的时间要求，将施工总进度计划分解为年度、季度、月度和周进度计划。

（2）强化进度计划管理　在工程开工前，必须严格根据施工合同的工期要求，提出工程总进度计划，并针对其是否科学、合理，能否满足合同规定工期要求等问题，进行认真细致的论证。

在工程施工总进度计划的控制下，坚持逐月（周）编制具体的工程施工计划和工作安排，并对其科学性、可行性进行认真的推敲。

在工程计划执行过程，若发现未能按期完成工程计划，必须及时检查分析原因，立即调整计划和采取补救措施，以保证工程施工总进度计划的实现。

（3）施工进度的控制　施工进度的控制是一个循序渐进的动态控制过程，施工现场的条件和情况千变万化，项目经理部要及时了解和掌握与施工进度有关的各种信息，不断将实际进度与计划进度进行比较，一旦发现进度拖后，就要分析原因，并系统分析对后续工作会产生的影响。

1）对可能引起进度拖延的原因提前采取措施，消除或降低它的影响，保证其不造成拖延或造成更大的拖延。

2）对已经产生的拖延，主要通过调整后期计划，修改网络，采取有效措施追赶工期。

3）如果已产生的拖延位于关键线路上，要在人力、物力、机械设备等方面加大投入，在施工方案上开辟新的作业面，确保关键线路的工期赶上计划要求。

4）将调整计划报监理和业主，强化进度计划管理。

2. 与其他承包商协调工作

大型项目的建筑设备施工，系统多、专业性强，与其他承包商之间的交叉施工配合多。因此，必须组织其他承包商按施工总进度计划有序地进场，并协调解决好交叉施工问题，保证施工现场的管理井然有序。必须按照工程施工总进度计划，做好其他承包商及时进场的管理、协调工作。

5.3　建筑设备施工的安全文明保证措施

5.3.1　施工安全保证体系

建筑设备施工安全保证体系应符合建筑企业内部的特点，并形成施工安全保证体系文件。人员的配备、岗位的设置应符合建筑设备施工的特点，做到相对稳定，不得随意变动。应配备必要的设施、装备和专业人员，确定控制和检查手段、措施。确定整个建筑设备施工过程中的重点内容、关键点、危险部位的控制手段和措施，以保证安全保证计划的内容具有可操作性、严密性、可行性。

建筑设备施工的项目部应建立二级安全管理体系。在项目部设置质量安全部，设专职安全工程师。施工班组设专职安全员、兼职安全员，在施工过程中由上而下分别实施安全制度检查任务。贯彻政府安全主管部门颁发的各种法规政策、规章制度，接受社会安全监督。

1. 施工安全管理措施

（1）安全基础工作　贯彻执行"安全第一"的思想，坚持"安全生产、预防为主"的方针。根据工程实际情况，编制详细的安全操作规程、细则，并制订切实可行的安全技术措施。

项目经理是安全第一责任人，经理部设安全生产领导小组，并设专职安全检查工程师，现场设专职安全员。管理人员树立"抓安全一刻不忘，管安全理直气壮"的观念，做到"发现隐患立即整改，发现违章立即制止"。

严格执行交接班制度，坚持工前讲安全、工中检查安全、工后评安全的"三工制"活动。在工程实施过程中，每周召开一次安全例会，检查安全生产措施的落实情况，研究施工过程中存在的安全隐患，及时补充和完善安全措施；每月进行安全设施大检查，总结评比和奖惩。在每一工序开工前，做出详细的施工方案和实施措施，并报监理审批。

坚持定期安全检查制度。项目部每月检查一次，工班每周检查一次，发现不安全因素，立即指定专人限期整改。

（2）施工安全教育　加强安全教育，提高员工的安全意识，树立安全第一的思想，培养安全生产所必须具备的操作技能。

做好职工的定期教育及新工人（包括劳务工）、变换工种工人、特种作业人员的安全教育，新进场工人（包括劳务工）未经三级安全教育不得上岗。新方法、新工艺、新设备、新材料及技术难度复杂的作业和危险程度较大的作业，要进行专门的安全教育，采取可靠的保证措施。

所有技术工种人员必须持证上岗。

发生事故及发现事故苗头，必须做到"三不放过"，即：事故（苗头）原因分析不清不放过；事故（苗头）责任者和群众没有受到教育不放过；没有防范措施不放过。

（3）具体安全措施　所有施工人员必须戴安全帽，特殊工种按规定佩戴防护用品。

做好施工现场的生活、生产设施布置，合理安排场地内临时设施，做到封闭施工，建立防洪、防火组织，配齐消防设施，制定"三防"措施和管理制度，使防洪、防火落实到实处。

靠近施工现场的道路应设置明显警告标志。加强车辆养护与维修工作，做好各种机动车辆的管理工作，严禁违章开车，各种车辆严格遵守交通规则，保证行车安全。

安全用电，场内架设电线应绝缘良好，悬挂高度及间距必须符合安全规定。各种电动机械和电气设备均设置漏电保护器，确保用电安全。

提升系统的各部位必须由专人定期检查，并严格按操作规程操作。

2. 施工现场的安全控制

在施工过程中，对可能影响安全生产的因素应进行控制，确保施工生产按安全生产的规章制度、操作规程和顺序要求进行。

在开工前，应办理开工报告和接受安监部门的监管。落实施工机械设备、安全设施及防护用品进场的计划。落实现场合格劳务队伍，签订合同和安全协议书，并为员工办理职工意外伤害保险。

进入施工现场内的各施工人员及特种作业人员必须经过培训、考核，并持有效的相关证件上岗。对安全设施、设备、防护用品应进行检查验收，对临边、洞口、交叉作业的安全防护必须做到防护明确、专人负责、技术合理、安全可靠。严禁施工现场任何人擅自拆除现场安全防护设施和施工现场安全标志，若需拆除，必须由安全员会同技术员商议，并采取相应措施后方可由有关工种进行操作。

3. 施工工具的安全使用

施工现场使用的登高扶梯必须结实稳固，不得缺层，梯阶的间距不能大于 40mm，人字梯中间需有拉结线，且梯子下脚应有防滑措施，倾斜坡度以 60°为宜，以满足施工要求。

应定期检查施工使用工具的状况，特别是受力工具的结构应完整，以防因滑脱、打滑等意外造成伤人事故。

现场移动电动工具应良好接地，使用前应检查其性能，长期不用的电动工具的绝缘性能应经过测试且合格后方可使用。

手持电动工具的电源线不得任意加长，使用工具附近必须设置可控制电源的配电箱，供应急启闭用。

使用电动工具时必须有两人在场操作，以便处理应急事故。

4. 安全防范重点

对高处作业、起重、临电、机械、消防、防火等安全要点应进行重点防范，采取具体措施。雨季前后要检查工地临时设施、脚手架、机电设施、临时线路，若发现倾斜、变形下沉、漏雨、漏电等现象，应及时修理加固和排除险情。参与检查者应在定期检查表中做好记录。

机械、电气设备应有防雨、防潮措施，大中型施工机械要有固定措施。同时，原料成品、半成品也要有防雨措施。

雨季现场道路应加强维护，斜道和脚手板应有防滑措施，同时做好现场排水工作；配备防汛物资，以备抢险用，及时做好防汛工作；汛期配置夜间值班人员，确保安全。冬季施工要做好防火、防寒、防毒、防滑和防爆等工作。

5. 安全生产检查

由项目部经理负责组织相关人员组成安全生产检查组，每周对施工现场实施全面检查，对施工过程中暴露出的安全设施不符合要求、违章操作和指挥不当，以及文明施工和环境保护工作中存在的缺陷情况，进行整改和复查，以确保符合安全文明要求，并做好安全记录。

每月按照《建筑施工安全检查标准》（JGJ 59—2011）进行一次评分，并按体系资料表做好记录。

根据季节变化、节假日和施工周期情况，项目部进行重点检查，加强巡查。对查出的隐患开具整改通知书，根据"三定"（定人、定期、定措施）原则限期整改。对重复出现的隐患责任人和严重违章人员，项目部予以处罚。

安全生产物资的进货检验：项目部对采购或调拨进场的安全用品进行检查验收，并做好记录，确保安全用品符合安全规定的要求。若查出不合格的安全用品，应开具不合格通知书，并进行处理。

在检查检验过程中，若遇到损坏或缺少可靠安全防护的中小型机械，一时难以撤离现场的，应做好明显的标志，防止其误入施工现场。

在灭火器材上必须标明购买日期、换药检修日期、品种与型号等标志。对施工现场的安全设施、设备进行检验，验收合格后才能投入运行。

应按照经过审批的安装方案对大型施工机械设备进行验收，合格后使用，并做好书面存档。

通道保护棚、楼层周边等安全防护设施搭设完毕后必须进行检查，验收合格后必须挂上标有验收人、搭设负责人的验收牌。

对于施工用电，应按临时施工用电规范要求编制施工方案，经验收合格后，方可使用。

对临边、洞口的防护、工地防火、环境卫生、劳动保护、文明施工等，应按照安全生产保证计划中规定的要求进行检查、检验。

上述各类检查和检验完毕后，必须按体系规定的格式填写验收记录。

5.3.2　安全事故隐患的控制

1. 安全教育和培训

（1）教育和培训的目的

1）目的。使处于每一层次和职能的人员都认识到：遵守"安全第一、预防为主"方针和工作程序，以及认识符合安全生产保证体系要求的重要性；认识到与他们工作有关的重大安全风险，包括可能产生的影响，以及其个人工作的改进可能带来的安全因素；认识到他们本人在执行实现安全生产保证体系方面的作用与职责，包括在应急准备方面的作用与职责。

2）范围。安全教育和培训的范围应包括项目部的本企业员工和所有施工劳务人员。

（2）教育和培训的时间　原建设部建教〔1997〕83 号文件印发的《建筑业企业职工安全培训教育暂行规定》关于教育和培训时间的要求如下：

1）项目经理每年不少于 30 学时。

2）专职管理和技术人员每年不少于 40 学时。

3）其他管理和技术人员每年不少于 20 学时。

4）特殊工种每年不少于 20 学时。

5）其他职工每年不少于 15 学时。

6）待岗、转岗、换岗的职工重新上岗前，接受一次不少于 20 学时的培训。

（3）教育和培训的形式与内容

1）项目经理和安全管理人员定期轮训，提高政治水平，熟悉安全技术、劳动卫生知识。

2）专职安全员应接受劳动部门和行业行政主管部门的培训，取得相应的证书持证上岗，并按规定定期复审。

3）三级安全教育。三级安全教育包括公司级、项目级和班组级。

① 公司级安全教育主要包括劳动保护的意义和任务的一般教育，安全生产方针、政策、法规、标准、规范、规程和安全知识，企业安全规章制度。

② 项目级安全教育应包括建筑安装工人安全生产技术操作一般规定，施工现场安全管理规章制度，安全生产纪律和文明生产要求，工程基本情况等。

③ 班组级安全教育主要包括本人从事施工生产工作的性质、必要的安全知识、机具设备及安全防护设施的性能和作用，本工种安全操作规程，班组安全生产、文明施工基本要求和劳动纪律，本工种事故案例剖析，易发事故部位及劳防用品的使用要求。

各种安全教育均应由专人负责并做好记录，建立职工劳动保护记录卡。

2. 消防保证措施

（1）消防保证体系　在施工现场建立以项目经理为第一责任人的项目经理部消防保证组织机构，树立从各项目负责人到每一个施工人员全员参与的消防意识。

项目部逐层签订消防安全责任书，同时服从政府消防主管部门的检查。

（2）消防保证措施　由于建筑设备工程各专业施工工种较多，所以在施工过程中协同配合好其余施工单位做好消防管理，将作为工程管理的重点之一。

项目部加强对现场施工人员的消防意识教育和消防技术指导，认真贯彻消防制度，经常开展消防活动，定期进行防火检查。

工地设立义务消防队，设置灭火器、水源处的道路应保持畅通。在生活区内配备足够的消防器材，并且定期检查消防器材，以保证消防器材齐全有效。

用火点与燃气罐不能设置在同一房间内。在生活区内不得存放易燃、易爆、剧毒、放射性等化学危险品。

施工现场应严格按《施工现场防火规定》等文件的规定，进行施工消防工作，定期检查灭火设备和易燃物品的堆放处，消除火灾隐患，休息室、更衣室、宿舍更要注意防火。

加强对电焊、气焊设备的整治，要注意防火防爆，现场动用明火前必须按规定办理动火证，并加强防范工作。

非电工严禁擅自拉接用电器具和电线。禁止擅自使用非生产性电加热和煤油炉等明火器具。

在各个施工作业面配置灭火器具，设置安全疏散通道及疏散指示标志。

及时清理施工现场垃圾杂物，特别是设备和材料的木制包装、塑料包装、纸包装等，洒水清扫，保持施工现场环境整洁等。

现场标志好消防平面图，注明消防重点部位和消防设施位置。

工地设立联防小组，以预防为主。在每个建筑物内设置灭火器，水源处的道路应保持畅通。

重点部位必须执行严禁吸烟、动火等有关规定，有专人管理，落实责任，按规范设置警示牌，配置相应的消防器材。

值班人员必须配合安全部门定期巡逻，若发现火苗或隐患，应及时采取措施，且立即报告有关领导部门。

消防器材不得挪作他用，周围不准堆物，应保护道路畅通。

对施工人员进行专业化的灭火救援培训，为其配备高效灭火救援器材和防护器材。

5.3.3　各种施工作业安全防护措施

1. 高处作业防护措施

在楼梯口、预留洞口、楼层临边搭设符合要求的围栏，且不低于 1.2m，并要稳固可靠。进入施工现场的人员应由斜道或扶梯上下，不应攀登模板、脚手架或通过绳索上下，并做好防护措施的管理。

施工作业搭设的扶梯、工作台、脚手架、护身栏、安全网等，应牢固可靠，并经验收合格后方可使用。架子工程应符合《建筑施工高处作业安全技术规范》和《建筑安装工人安全技术操作规程》的规定要求。

进行两层或多层上下交叉作业时，上下层之间应设置密孔阻燃型防护网罩加以保护。

在建筑四周及人员通道、机械设备上方都应用钢管搭设安全防护棚，安全防护棚要满铺一层模板和一层安全网，侧面用钢筋网作防护栏板。

高处作业人员必须定期进行身体检查，患有不适合高处作业病症者，不得进行高处作业。

高处作业人员戴好安全帽，并按规定使用劳动保护用品，必须系好安全带。安全带应挂在人体上方牢固可靠处。

高处作业点下方不得有人逗留；严禁上下抛掷工具、材料；严禁将工具、材料放置在不易放稳的物体上。

高处作业人员不得坐在平台的边缘，不得站在栏杆的外侧。

2. 起重作业安全措施

根据施工图样及施工方案选择与之相匹配的起重设备及机具等，禁止超载吊装。

起重机驾驶员、起重工等必须持证上岗，严禁无证操作。

起重安装作业前清除工地上所经道路的障碍物，做到工地整洁、道路畅通。

起重机的站位及支脚支撑应严格按施工方案中计算说明书的规定进行，切勿因站位不正、支撑不足而造成歪拉斜吊，违章作业。

吊运机械使用前对钢丝绳、卡具等进行检查验收，符合要求时才能使用。

起重挂钩工必须掌握统一规定信号、手势的表达方法，做到表达正确、清楚和声音洪亮，作业时必须鸣哨。

起重挂钩工必须在上班前严格检查吊运使用的钢丝绳、索具、卡环，发现不符合安全使用规定的索具、卡环时应立即更换。

起重挂钩工必须严格遵守"吊物下严禁站人"制度。各种起重机械在起吊前，应进行试吊。

设备起吊前应找准起吊物的重心和吊点，并按要求对起吊物的捆绑绳索进行严格检查，各捆绑点不应有松动、打滑现象。对于贵重设备，吊运时应使用尼龙带或在钢丝绳外面套上胶皮套管，防止损伤设备表面。

正式吊装前应先进行试吊装，应将起吊物吊离地面 10 ~ 15cm，停滞 5 ~ 10min，检查所有捆绑点及吊索具工作状况，确认无误后进行正式吊装。

在吊装区域内应设安全警戒线，非工作人员严禁入内，同时起吊过程应由专人指挥，统一行动。起重臂下严禁站人。

夜间施工时应有充足的照明，遇到暴雨、大风等情况时应停止吊运。

3. 临时用电安全保护措施

施工现场临时用电按照项目部编制的《临时用电施工方案》进行设置，并由质量安全部门会同技术部门及有关部门专业人员验收合格后方可使用。

严格执行《施工现场临时用电安全技术规范》（JGJ 46—2005）。

现场临时用电线路的安装和使用，必须按配电规程、安全操作规程和临时用电设计要求执行，不准任意拉线接电。

配电线路：按照 TN – S 系统要求配备电缆；按照要求架设临时用电线路，设置木质、塑料等绝缘体的防护措施。

配电箱和开关箱：按三级配电要求，配备总配电箱、分配电箱、开关箱三类标准电箱。开关箱应符合"一机、一箱、一闸、一漏"要求。各类配电箱均为合格产品。按两级保护的要求，选取符合容量要求和质量合格的总配电箱和开关箱中的漏电保护器。

施工现场的电气设备必须制定有效的安全管理制度，现场电线、电气设备设施必须有专业电工经常检查整理，发现问题时必须立即解决。凡是触及或接近带电体的地方，均应采取绝缘保护以及保持安全距离等措施。

设备及临时电气线路接电应设置开关或插座，不得任意搭挂，露天设置的电气装置必须有可靠的防雨、防湿措施，电气箱内必须设置剩余电流断路器。

电气设备的线路必须符合规定，导线截面积与设备容量必须匹配，导线型号选择要合理，接地、接零线的截面积要适合。

施工临时用电设施要由专人管理，严格控制，施工完毕后要及时切断电源，在安全管理人员确认后方可离开。

4. 临边洞口防护措施

（1）预留洞口　边长或直径小于150cm的洞口，洞口上方用模板覆盖，四角用膨胀螺栓紧固，模板四周与楼板搭接长度不应小于10cm，模板面涂刷红白相间的油漆，四周用水泥砂浆进行密封。

边长或直径大于150cm的洞口，应在四周搭设钢管防护栏杆，防护栏杆搭设高度不应小于1.2m，挂立网进行封闭，栏杆距洞口边不应小于20cm。栏杆设两道水平杆，第一道水平杆离地50cm，第二道水平杆离地110cm。钢管上涂刷红白油漆。洞口周边平地面设置20cm高的挡脚板，板面涂刷红白相间的油漆。洞口内挂水平安全网。

（2）楼梯洞口　所有楼梯必须设置安全防护栏杆，栏杆选用钢管进行搭设，沿梯板平行设置两道水平杆，第一道距楼梯面50cm，第二道距楼梯面110cm，立杆间距不应大于1.8m。钢管涂刷红白相间的油漆。

（3）通道口防护　防护棚搭设高度不应小于3m，搭设宽度大于通道口宽度，顶板采用双层防护，首层防护用木板进行满铺，上层可采用钢笆进行满铺。防护棚侧立杆间距不应大于1.8m，侧立面采用安全网封闭。

（4）操作层安全防护　脚手架必须高出操作层一步架，必须用密目式安全网封闭，脚手架钢笆应满铺。

（5）防护搭设要求　所有洞口临边防护的搭设选用材料必须符合相关要求。钢管无较大变形、无破损等现象。

采用膨胀螺栓和顶托时，膨胀螺栓必须安装牢固，顶托必须顶紧。

挡脚板必须与杆件有可靠连接。

满铺模板、钢笆衔接必须紧密，且应与杆件有可靠连接。

5. 机械安全措施

由于施工现场中小型机械设备较多，因此必须加强安全运行的管理，以确保安全生产。

（1）实施要点　严格执行《建筑机械使用安全技术规程》和《施工现场机械设备安全管理规定》。

由施工员会同相关管理人员做好机械使用前的验收工作，平时做好机械检查和机械运行情况统计工作。中小型机械操作人员必须持有效证件上岗。严格按照机械设备使用说明书进行操作。

按规定搭设机械防护棚（机械设备搭设在吊装区域附近的，必须搭设双层防坠棚）。机械设备必须接地，随机开关灵敏可靠。督促机械操作人员做好定期检查、保养及维修工作，并做好运转记录并由检查维护人签名。

（2）控制点　施工机械应每周进行检查，以免因地下室潮湿而使施工机械出现外壳带电等现象。

机械设备的防护装置必须齐全有效，严禁带问题运转。固定机械设备和手持移动电器必须实施二级漏电保护。中小型机械必须做到定机、定人、定岗位。杜绝轨行区施工隐患，确保轨行区的安全生产。

6. 焊接作业防护措施

（1）一般规定　未取得焊工操作证者不得上岗工作。每个焊工应自觉遵守上岗安全规定。

工作前必须戴好规定使用的防护用品，皮肤不得裸露，在室内工作时应开启门窗，保持良好的通风。现场施工时必须遵守现场操作的各项安全规定。

操作前应先检查焊接设备的各部位是否漏电、漏气，阀门压力表等安全装置是否灵敏可靠。

电焊机必须"一机、一闸、一漏、一箱"，并装有随机开关，一、二次线路接头应有防护装置，二次线路应用线鼻子连接，电焊机外壳必须接地良好。

现场室外使用的电焊机应有防雨、防潮、防晒的措施，长期停用的电焊机在使用前必须检查绝缘电阻，不得低于 5MΩ，接线部分不得有腐蚀和受潮现象。

焊钳与线的连接应牢固紧密，地线及龙头线都不得搭在易燃易爆和带有热源的物体上，地线不得接在已运行的管道、机床设备以及建筑物金属架或铁轨上。

焊工和配合人员不得在含有可燃气体的设备周围吸烟，禁止边操作边吸烟。

焊工必须遵守现场施工防火的有关规定。施工中由操作引起的火花应有控制措施，操作点与可燃物的间隔距离不得小于 10m。

焊工进入通风不良和密闭建筑物施工前，必须先通风驱除室内滞留空气，施工期间继续保持机械通风，防止有害气体和可燃气体的积聚。

在人员进出频繁的地方（如楼梯栏杆）施焊时，应设置隔离和立体防护措施，防止火花溅落伤人。容易接触的部位施焊后，必须用湿布降温和除去焊件毛口，必要时设立警告标志，防止烫伤人。

焊接工作完毕或下班离开现场前，必须对施焊环境做一次检查，清除隐藏火种，然后切断电源，卸下表具。

新工艺、新材料的焊接，必须在有安全、可靠措施的情况下方可进行。

（2）焊条电弧焊　工作前检查电焊机、开关、导线、焊钳手把等是否可靠，绝缘是否良好，接地装置是否牢固，确认正常后方可操作。

为了防止弧光刺激其他人员的眼睛，在必要时，施焊地点应放置遮光围屏。

导线不够长时，禁止用金属棒、金属板等物将电源引至焊件附近进行焊接。

焊接大件必须要别人辅助时，动作必须协调一致，大件要放稳垫妥，防止其倾倒伤人。

清除熔渣时应戴上防护眼镜，防止溅击伤害。

雨天施工时，设备应有可靠的遮盖，导线不得浸泡在水里，使用前应做一次检查。焊接地点应设有防雨施工棚，禁止在雨中施焊。

（3）气割、气焊　工作前必须检查焊枪、安全器、皮管有否漏气，检查时只准使用肥皂水。

焊台周围不得存放易燃易爆物品。焊工离开操作场地时，不得把点着的焊枪放在焊台上，必须熄灭焊枪并放在规定的地方。

发生回火时，应立即关闭乙炔开关，再关氧气阀，检查焊枪温度是否过高，焊嘴是否堵塞，若温度高则浸入冷水内，若堵塞则用通针疏通。

氧气瓶、氧气管道、减压器及一切氧气附件，严禁油脂沾污，发现有油脂时应用酒精或四氯化碳清洗，以免引起燃爆。

氧气瓶与焊接地点或明火的距离不得少于10m，且必须安放稳固；乙炔瓶与氧气瓶应放在两处，间距不得小于5m。

7. 劳动卫生保障措施

劳动卫生是涉及现场人员身体健康和生命安全的大事，要防止职业健康危害、传染病和食物中毒事故的发生。

加强劳动安全卫生教育，提高劳动防护意识。

建立健全劳动安全卫生保障体系，完善各项劳动安全卫生管理制度，制定有针对性的劳动安全卫生保护措施。

对项目的劳动安全卫生危害因素进行全面的辨识、分析和风险评价，制定相关的管理方案、应急预案和控制措施，确保劳动安全卫生管理始终处于受控状态。

为进入施工现场的人员配备必要的劳动安全卫生防护用品，并采取板报、宣传栏、宣传手册等形式将正确使用方式和有关注意事项予以告知。劳动安全卫生危害重点防范区域应悬挂警示牌。

施工现场应与生活区隔离，施工现场应配备必要的急救药品和医务设施。在办公室内显著地点张贴急救车和有关医院电话号码，确保受到职业健康伤害的人员及时得到救治。

根据需要制定防暑降温措施，定期进行现场施工人员健康体检、预防接种。

食堂管理应从组织施工时就进行策划。现场食堂按照就餐人数安排面积、设施以及炊事和管理人员。食堂卫生必须符合《中华人民共和国食品卫生法》和其他有关卫生管理规定的要求。炊事人员应经定期进行体格检查，合格后方可上岗。炊具应严格消毒，生熟食应分开，原料及半成品应经检验合格后方可采用。

施工现场食堂不得出售酒精饮料，现场施工人员在工作时间内严禁饮用酒精饮料。要确保现场施工人员的饮水供应，炎热季节要供应清凉饮料。工地应设茶水亭和茶水桶，做到有盖、加锁和有标志。

施工现场设置的卫生间应有水源供冲洗，同时设化粪池，回盖并定期喷药，每日有专人负责清洁。

第6章　建筑设备施工的常用工具

6.1　起吊、举重工具

建筑设备工程中的空调机组、空气处理设备、冷水机组、风机、水泵等大型通风空调设备及管道安装施工时，为了保证施工质量和减轻施工工人的劳动强度，经常使用起吊、举重机械或工具。

建筑设备工程中使用的起吊、举重机械或工具主要有链式起重机、卷扬机和小型升降机等。本节主要介绍链式起重机、卷扬机和小型升降机的构造、工作原理及使用方法。

6.1.1　起重索具

1. 钢丝绳

（1）钢丝绳的特点及分类　钢丝绳是吊装中的主要绳索。它具有挠性好、强度高、韧性好、耐磨、破断前易检查等优点。

钢丝绳是由许多根直径为 $0.4 \sim 3.0 \mathrm{mm}$，强度为 $1400 \sim 2000 \mathrm{MPa}$ 的高强度钢丝捻成股，股再捻成绳而制成的。起吊机械中的钢丝绳都是交互捻绳，其中的钢丝捻成股的方向与股捻成绳的方向相反。这种捻绳在使用中不易旋转和松散。

按绳股数和一股中的钢丝数分，常用的钢丝绳有 6 股 7 丝、6 股 19 丝、6 股 37 丝、6 股 61 丝等几种。

（2）钢丝绳的标准及选用　国家标准（GB 8918—2006 和 GB/T 20118—2006）给出了钢丝绳的代号、含义及强度等级。

钢丝绳作业中的主要受力是拉力，除此之外还承受弯曲、挤压和摩擦力等作用，因此钢丝绳应首先满足所受最大拉力。钢丝绳许用拉力按式（6-1）计算。

$$S = F/K \tag{6-1}$$

式中　S——钢丝绳的许用拉力（N）；

F——钢丝绳的破断拉力（N）；

K——钢丝绳的强度安全系数，见表 6-1。

表 6-1　钢丝绳的强度安全系数

用　　途	安全系数	用　　途	安全系数
缆风绳	3.5	无弯曲吊索	6 ~ 7
缆索起重机承重绳	3.75	捆绑吊索	8 ~ 10
手动起重设备	4.5	载人升降机	14
机动起重设备	5 ~ 6	—	—

钢丝绳的破断拉力可由式（6-2）计算。

$$F = i\frac{\pi d^2}{4}\sigma \tag{6-2}$$

式中　i——钢丝绳中钢丝的总根数；

d——钢丝绳中钢丝的直径（mm）；

σ——钢丝绳的抗拉强度（MPa）。

当钢丝绳的抗拉强度未知时，钢丝绳破断拉力可用钢丝绳有效破断拉力乘以钢丝绳折减系数近似估算。钢丝绳折减系数取值与钢丝绳种类有关，6 股 19 丝取 0.85，6 股 37 丝取 0.82，6 股 61 丝取 0.80。

钢丝绳在使用一定时间后会出现磨损、锈蚀、扭曲甚至断丝等损伤，应依据国家标准判断钢丝绳是否报废。

2. 麻绳

麻绳轻而柔软，便于捆绑物体和打结，一般用于 500kg 以下重物的绑扎与吊装，或用作缆风绳、平衡绳和溜放绳等。需要注意的是，麻绳机械强度低，易磨损。

常用的麻绳有白棕绳、线麻绳和混合麻绳等。其中，白棕绳质量较好，应用较普遍。白棕绳有浸油和不浸油之分，浸油的白棕绳不易腐烂，但质料变硬、不易弯曲，强度较不浸油的低 10%～20%。

使用麻绳时应注意：避免麻绳被割伤；不得使用霉烂或断股的麻绳；严禁用于机械传动和摩擦力大、转速快的吊装作业；麻绳应防止受潮和化学介质侵蚀。

6.1.2　起重机具

1. 滑轮与滑轮组

在设备运输和吊装中，为了改变拉力方向或减小牵引力，滑轮或滑轮组是不可缺少的工具。按滑轮的多少分，其可分为单轮、双轮、多轮等几种；按连接件的结构不同，其可分为吊钩型、链环型、吊环型和吊梁型；按使用方法的不同，其可分为定滑轮、动滑轮以及由定滑轮和动滑轮组合成的滑轮组（见图 6-1）；按作用的不同，其可分为导向滑轮和平衡滑轮等。

在起吊时，应根据滑轮的允许载荷来选用滑轮或滑轮组，以保证施工安全。

2. 起重杆

起重杆又称为抱杆或桅杆，是一种常用的起重工具，如图 6-2 所示。起重杆配合卷扬机、滑轮组和绳索等用以起吊重物。

图 6-1　滑轮组

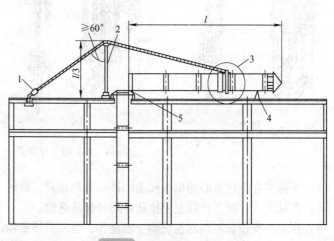

图 6-2　用起重杆起吊风管

1—安装倒链　2—起重杆　3—系固节点　4—垫木　5—转动铰链

起重杆为一根立柱，用拉索（拖拉绳）拉紧立于地面。拉索一端系在起重杆顶部，另一端固定在地面锚桩上。拉索一般不少于 3 根，通常用 4~6 根。每根拉索预先用滑轮组拉紧，初拉力为 10~20kN，拉索与地面成 30°~45°夹角，各拉索在水平面投影的夹角不得大于 120°。

起重杆可以垂直立于地面，也可倾斜立于地面（倾斜角度一般不大于 10°），起重杆底部垫以枕木。起重杆上端装有悬梁或特殊支撑所支持的起重滑轮组，用于起吊重物。滑轮组绳索从上滑轮导出，经固定在起重杆下部的导向滑轮引导到卷扬机上。

3. 链式起重机

链式起重机是一种结构简单、小型轻便的起重工具，适于小型设备的垂直起吊等。链式起重机也叫倒链或葫芦，一般有手动和电动两种。

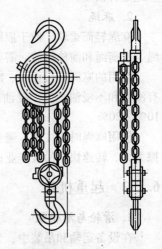

（1）手拉葫芦　手拉葫芦的起重能力一般不超过 10t，最大可达 20t，起重高度为 3~5m。图 6-3 和图 6-4 分别是 HS 型和 WA 型手拉葫芦。

使用手拉葫芦时应注意以下几个方面：

1）严禁超负荷起吊或斜吊。禁止吊拔埋在地下或凝结在地面上的重物。

2）悬挂手拉葫芦的支承点必须牢固、稳定。

3）吊挂、捆绑用钢丝绳和链条的安全系数应不小于 6。

4）不允许抛掷手拉葫芦。

5）起吊前应检查各机件是否完好无损，传动部分及起重链条润滑是否良好，空运转是否正常。

图 6-3　HS 型手拉葫芦

6）起重链条不得扭转和打结，双行链手拉葫芦的下吊钩组件不得翻转。

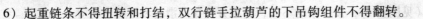
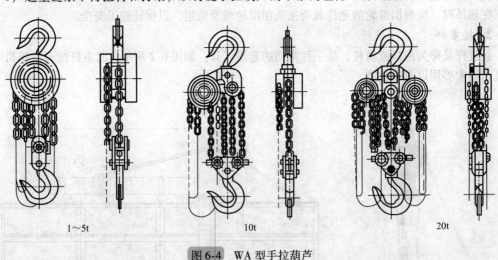

| 1~5t | 10t | 20t |

图 6-4　WA 型手拉葫芦

7）吊钩应在重物重心的铅垂线上，严防重物倾斜、翻转。

8）严禁用 2 台及 2 台以上手拉葫芦同时起吊重物。

9）作业时操作者不得站在重物上面操作，也不得将重物吊起后停留在空中而离开现场。

10）不得使用非手动驱动方式起吊重物。发现拉不动时，不得增加拉力，要立即停止使用，检查重物是否与其他物件牵连，重物重量是否超过了额定起重量，葫芦机件有无损坏等。

（2）电动葫芦　电动葫芦通常安装在单轨吊、旋臂吊和手动单梁起重机（单梁行车）上，用以起升和移动重物，如图 6-5 所示。

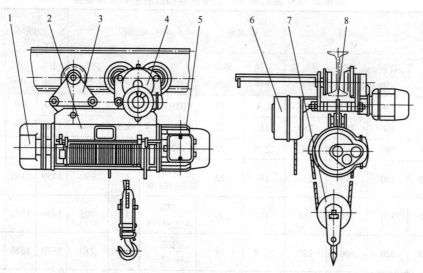

图 6-5　电动葫芦

1—减速器　2—卷筒　3—双轮小车　4—电动小车　5—起升电动机　6—控制箱　7—吊钩　8—连接架

其由于结构简单，制造和检修方便，互换性好，操作容易，所以使用广泛。

使用电动葫芦时必须严守以下操作规定：

1）开动前应认真检查设备的机械机构、电气机构、钢丝绳、吊钩、限位器等是否完好可靠。

2）不得超负荷起吊。起吊时，手不准握在绳索与物件之间。

3）使用拖挂线电气开关起动时，绝缘必须良好。正确按动电钮，操作时注意站立的位置。

4）单轨电动葫芦在轨道转弯处或接近轨道尽头时，必须减速运行。

4. 卷扬机

卷扬机又叫绞车，是最常用、最简单的起重吊装机械之一，广泛应用在各种工程施工中。卷扬机既可单独使用，也可作为其他起重吊装机械上的主要工作机构。

卷扬机是由人力或机械动力驱动卷筒卷绕绳索来完成牵引工作的装置。

（1）卷扬机的分类　卷扬机的种类很多，按动力装置分为电动式、内燃式和手动式三种，其中电动式占多数；按工作速度分为快速、慢速和调速三种；按卷筒的数量分为单卷筒、双卷筒和多卷筒三种。

在起重吊装作业中常用的是电动单筒慢速卷扬机，其起重能力一般为 1~20t。

（2）卷扬机的构造和工作原理　在建筑设备安装工程中常用的是电动单筒慢速卷扬机。图 6-6 所示为 JM 系列电动单筒慢速卷扬机的构造。其主要由卷筒 1、电动机 2、减速器 3 以及控制器等组成。其主要技术参数见表 6-2。

图 6-6　JM 系列电动单筒慢速卷扬机构造

1—卷筒　2—电动机　3—减速器

卷扬机的工作原理是电动机 2 起动后，通过联轴器将动力传输给减速器 3，减速器 3 使旋转速度下降到要求值后，再带动卷筒 1 旋转，从而收放钢丝绳进行正常工作。

表6-2　JM 系列电动单筒慢速卷扬机的主要技术参数

型号	额定静拉力/kN	卷筒			钢丝绳		电动机			外形尺寸			整机质量/t
		直径/mm	长度/mm	容绳量/m	直径/mm	绳速/(m/min)	型号	功率/kW	转速/(r/min)	长/mm	宽/mm	高/mm	
JM0.5	5	236	417	150	9.3	15	Y100L2—4	3	1420	880	760	420	0.25
JM1	10	260	485	250	11	22	Y132S—4	5.5	1440	1240	930	580	0.6
JM1.5	15	260	440	190	12.5	22	Y132M—4	7.5	1440	1240	930	580	0.65
JM2	20	320	710	230	14	22	YZR2—31—6	11	950	1450	1360	810	1.2
JM3	30	320	710	150	17	20	JZR2—41—8	11	705	1450	1360	810	1.2
JM5	50	320	800	250	23.5	18	JZR2—42—8	16	710	1670	1620	890	2
JM8	80	550	800	450	28	10.5	YZR225M—8	21	750	2120	2146	1185	3.2
JM10	100	750	1312	1000	31	6.5	JZR2—51—8	22	720	1602	1770	960	4.2

（3）卷扬机操作注意事项

1）卷扬机安装时，基座必须平稳牢固，设置可靠的地锚并应搭设工作棚。操作人员的位置应能看清指挥人员和拖动（或起吊）的物件。

2）以动力正反转的卷扬机，卷筒旋转方向应和操纵开关上指示的方向一致。

3）从卷筒中心线到第一个导向滑轮的距离，对于带槽卷筒来说应大于卷筒宽度的 15 倍，对于无槽卷筒来说应大于卷筒宽度的 20 倍。当钢丝绳在卷筒中间位置时，滑轮的位置应与卷筒轴心垂直。

4）卷扬机自动操纵杆的行程范围内不得有障碍物。

5）卷筒上的钢丝绳应排列整齐，当发现重叠和斜绕时，应停机重新排列。严禁在转动中用手、脚拉踩钢丝绳。钢丝绳不许完全放开，最少应保留 4 圈。

6）钢丝绳不许打结、扭绕，在一个节距内断线超过 10% 时，应予以更换。

7）作业中，任何人不得跨越钢丝绳；物件提升后，操作人员不得离开卷扬机；休息时物件或吊笼应降至地面。若遇停电，则应切断电源，将提升物降至地面。

8）作业完毕，应断开电源，锁好电控开关箱。

5. 千斤顶

千斤顶是一种单动作的起重机具，具有体积小、自重轻，以及使用灵活、方便的特点。它可以移动或调整吊装物体高度，也可用于校正钢构件的变形。

千斤顶按结构的不同可分为齿条式、螺旋式和液压式。齿条式千斤顶的起重能力一般为 3 ~ 5t，最大可达 15t，起重高度最大可达 400mm。齿条式千斤顶的技术性能见表 6-3。螺旋式千斤顶的起重能力为 5 ~ 50t。液压千斤顶的起重能力一般为 1.5 ~ 320t，最大的起重能力可达 500t，起重高度为 90 ~ 200mm。

表 6-3　齿条式千斤顶的技术性能

型　号		01 型	02 型
起重量/t	静负荷	15	15
	动负荷	10	10
最大起重高度/mm		280	330
钩面最低高度/mm		55	55
机座尺寸		166mm×260mm	166mm×260mm
外形尺寸		370mm×166mm×525mm	414mm×166mm×550mm
自重/N		260	250

使用千斤顶时应注意以下几个方面：

1）使用千斤顶时，应使千斤顶的额定承载能力略大于被顶起物体的重量，防止超负荷工作。

2）千斤顶工作时要有坚实的基础或支撑，以免工作时倾斜，造成事故。

3）还要注意千斤顶的保养，使其在工作中动作灵活并延长其使用寿命。

6. 绞磨

绞磨是一种手动起重工具，具有结构简单、操作方便的特点，适合在没有电源时用人力起重。绞磨由推杆、磨头、卷筒、磨架、制动器等部件组成，其结构如图 6-7 所示。

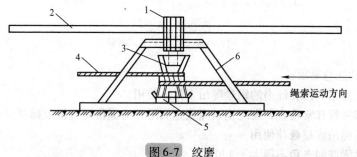

图 6-7　绞磨
1—磨头　2—推杆　3—磨腰　4—拉梢绳　5—制动器　6—磨架

使用绞磨时的注意事项：

1）使用绞磨时，锚桩必须牢固，缠绕在卷筒上的牵引绳不少于 6 圈，以防止绞磨上的牵引绳在工作中滑脱。

2）严禁用手在卷筒上调节或放松牵引绳，还要注意防止绞磨反转及上转轴被拔出等事故出现。

绞磨推杆上需施加的推力按下式计算：

$$F = \frac{Sr}{R}K \tag{6-3}$$

式中　F——施加在绞磨推杆上的力（kN）；

　　　S——绳索的拉力（kN）；

　　　r——卷筒半径（m）；

　　　R——推力作用点与磨腰盘体中心间的距离（m）；

　　　K——磨腰盘体阻力系数，$K = 1.1 \sim 1.2$。

6.1.3 吊装工具

1. 撬杠与滚杠

撬杠与滚杠是移动重物和校正设备最常用的工具。

撬杠是用圆钢或六棱形钢（35 钢或 45 钢）锻制成的。它的一头做成尖锥形，另一头做成鸭嘴形或虎牙形，并弯折 40°~45°，对弯折部分及弯折点附近 60~70mm 的直线部分进行淬火和回火处理。弯折部分的硬度要求为 40~45HRC。

滚杠一般用钢管制成，它的长短、粗细可根据需要与现场条件确定。

2. 吊钩

常用的吊钩为单钩。吊钩是由整块钢材（常用 20 钢）锻造而成的，锻成后要进行退火处理，以消除其残余应力，增加其韧性，要求硬度达到 95~135HBW。吊钩表面应光滑，不得有剥裂、刻痕、锐角、裂缝等缺陷存在，并不允许对磨损或有裂缝的吊钩进行补焊修理，因为补焊后吊钩会变脆，致使受力后裂断而产生事故。

3. 吊索

吊索是用钢丝绳插制而成的绳扣，主要用于起吊时绑扎设备及零部件。吊索按结构的不同，分为闭式吊索和开式吊索，如图 6-8 所示。

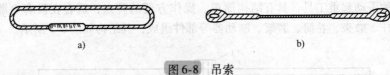

a)   b)

图 6-8 吊索

a) 闭式吊索   b) 开式吊索

使用吊索时的注意事项：

1）严禁将无标志和检验证书的钢丝绳吊索投入使用。

2）使用前应进行日常检查，发现钢丝绳或金属附件的损伤超过报废标准时严禁投入使用。

3）严禁钢丝绳吊索超载荷使用。

4）钢丝绳吊索肢间夹角不得大于 120°。

5）装置吊钩、吊环、链条等金属附件的钢丝绳吊索，相互间应用卡环连接，其额定载荷应相等。

6）钢丝绳吊索起吊要平稳，并应避免冲击载荷。

7）采取有效措施避免钢丝绳在锐角处弯折或与载荷碰撞。

8）不得在低于 -60℃ 和高于 100℃ 的温度下使用，不得暴露在腐蚀性的气体、液体或蒸气中使用。

4. 卡环

卡环又称卸扣，在起重吊装作业中，用于吊索与滑轮组的固定或吊索与各种构件和设备的连接。因此，卡环是起重作业中应用最多的栓连类部件。

卡环由马蹄形的钢环和止动横销组成。根据横销固定方法的不同，卡环可分为销子式和螺旋式两种，工程中应用最多的为螺旋式，其构造如图 6-9 所示。

卡环是标准件，可根据荷载要求从相关标准中选取。

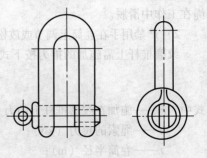

图 6-9 螺旋式卡环的结构

6.2　切断工具

建筑设备安装工程中用到的切断工具分为钢板切断工具和钢管切断工具。

6.2.1　钢板切断工具

风管及其部件、配件在安装前需要根据设计要求加工制作。风管及其部件、配件的加工可以在施工现场通过手工操作和使用一些小型轻便机械进行，也可以在专门的加工厂或预制厂集中制作成半成品或成品后运到施工点。前者适用于规模较小的工程，后者适用于规模较大、安装要求高的工程。

空调工程中金属材料应用广泛。这里主要介绍金属板材的加工切断工具。

金属板材按加工设备的类型和工作原理分为剪切、铣切、冲切及切割下料等。制作风管时通常使用手剪、电剪、手动滚轮剪等剪切工具，以及剪板机和冲剪机等机械进行剪切下料，制作配件及部件时通常使用切割设备进行切割下料。

1. 手剪

手剪刃口为硬质合金，用于切割薄钢板，钢板厚度不应大于 1.5mm。

手剪分直线剪和弯剪两种。直线剪适用于剪直线、圆及弧线的外侧边。弯剪适用于剪曲线及弧线内侧边。

2. 电剪

电剪的剪刀应用高速工具钢或硬质合金制作，用于薄钢板的直线切割与曲线切割。图 6-10 所示为电剪的外形。电剪主要由单相串励电动机、减速机构、机壳、刀杆、刀架和上下刀头等组成。

电剪的主要技术数据见表 6-4。

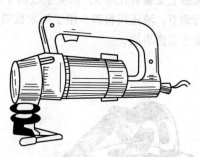

图 6-10　电剪的外形

表 6-4　电剪的主要技术数据

指　　标	型　　号		
	J1J—1.5	J1J—2	J1J—2.5
剪切最大厚度/mm	1.5	2	2.5
剪切最小半径/mm	30	30	35
电压/V	220	220	220
电流/A	1.1	1.1	1.75
输出功率/W	230	230	340
刀具往复次数/(次/min)	3300	1500	1260
剪切速度/(m/min)	2	1.4	2
持续率（%）	35	35	35
质量/kg	2	2.5	2.5

使用电剪时应注意以下几个方面：

1）使用前，先空转检查电剪的传动部分，必须在灵活无障碍的情况下方可剪切。

2）使用前要调整好上下刀具刀刃的横向间隙，刀刃的间隙应根据剪切钢板的厚度确定，一般为板厚的 7% 左右。

3）刀杆处于最高位置时，上下刀刃应搭接。

4）作业时，不能用力过猛，刀轴往复次数急剧下降时，应立即减少推刀，以防过载。电剪突然制动时，应立即切断电源。

5）要保持减速器、轴承等部位润滑脂的清洁，定期添加或更换润滑脂。

3. 手动滚轮剪

手动滚轮剪（见图 6-11）可以用于切割直线及曲线薄钢板。在铸钢机架下部固定有下滚刀，机架上部固定有上滚刀、棘轮和手柄。上下两个互成角度的滚轮相切转动，可将板材剪开。

4. 剪板机

剪板机常用来剪裁直线边缘的板料毛坯，适用于批量加工或质量要求高的工程。常用剪板机有龙门剪板机、直线剪板机、滚剪机、振动剪板机等。

剪板机的工作原理如图 6-12 所示。上刀片 1 固定在刀架 2 上，下刀片 3 固定在下床面 4 上；床面上安装有托球 5，以便于板料 6 的送进移动；后挡料板 7 用于板料定位，位置由调位销 8 进行调节；液压压料筒 9 用于压紧板料，以防止板料在剪切时翻转；棚板 10 是安全装置，以防止发生工伤事故。

图 6-11　手动滚轮剪

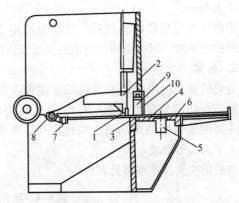

图 6-12　剪板机的工作原理
1—上刀片　2—刀架　3—下刀片　4—下床面　5—托球
6—板料　7—后挡料板　8—调位销
9—压料筒　10—棚板

（1）龙门剪板机　龙门剪板机是应用较多的剪板机。因为龙门剪板机机架没有喉口，所以只能剪切长度（或宽度）比刀片长度短的板材。龙门剪板机刀片的倾斜角小，刚度大，压板力大，每分钟行程次数多，能进行精密剪切。

图 6-13 所示的龙门剪板机主要由床身、电动机、带轮、离合器、制动器、压料器、挡料器及刀片等组成。

电动机通过带传动和齿轮传动驱动偏心轮，使床身上的上刀片上下运动完成板料剪切。

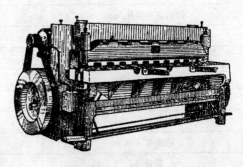

图 6-13　龙门剪板机

（2）直线剪板机　图 6-14 所示的直线剪板机，由机架 2、刀架梁及持紧器 3、附电磁控制器的传动装置 1、离合器 6、制动器 4、后挡板 8、电动机 5、护板 9、踏板 10 及开关 7 等组成。

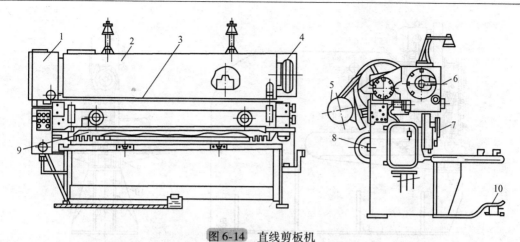

图 6-14　直线剪板机
1—附电磁控制器的传动装置　2—机架　3—刀架梁及持紧器　4—制动器
5—电动机　6—离合器　7—开关　8—后挡板　9—护板　10—踏板

直线剪板机切割金属板材时，上刀片沿两端导轨槽上下运动，板料由刀架梁固定，后挡板限制剪切量。剪板机可间断运行，也可连续运行。护板为保护装置，以防止事故发生。

（3）滚剪机　图 6-15 所示为滚剪机。它是用两个圆盘状的旋转刀，按划线进行一般曲线剪切的剪切机，用于异形坯料和一般曲线剪切。其如果安装回转附件，则可进行圆形坯料的剪切，剪切厚度一般为 1~6mm。

滚剪机机座上装有 C 形滚剪机架，工件支承机架根据需要配置。滚剪机架上有上下剪刀座，分别由电动机通过减速装置驱动，做同速反向转

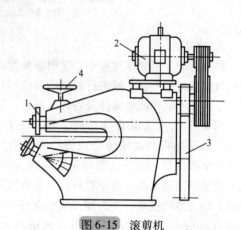

图 6-15　滚剪机
1—圆盘剪刀　2—电动机　3—齿轮　4—手轮

动，上剪刀座安装在导轨上，用手轮控制上下移动，工件支承机架的下支承台可自由转动。液压缸带动与液压缸活塞杆相连的上压头上下移动，起压紧板料的作用。滚剪时，上压头与板料一起绕活塞杆中心自由转动。活动挡块沿导杆调整，剪切圆料时，挡块靠在剪切面的边缘上，起平衡自动送料力的作用。滚剪机架和工件支承机架的相对位置可根据滚剪板料的大小进行调整。

（4）振动剪板机　振动剪板机除用于板材曲线的剪切外，还可以完成板材的冲孔、冲形、冲槽、切口、翻边、成形等，用途广泛。通风与空调工程使用的振动剪板机一般只用于剪切曲线板料及切除零件边角。

图 6-16 所示为振动剪板机。在 C 形焊制机架的上悬臂 6 上紧固有支架 5，支架 5 上通过铰链安装着台板 4，台板 4 上装有电动机 3，电动机 3 带动滑块做往复运动，滑块上固定有上刀片 7。在机架的上悬臂下部紧固有导轨 2，定心器 1 沿导轨 2 移动，使钢板预制件以其为轴心做旋转运动。定心器 1 可以沿导轨 2 固定在所要求的位置上。下刀片 9 装在机架工作台 8 下方的下部件上。工作台 8 的位置可以通过调整螺钉予以保持。

振动剪板机主要用于板材曲线的剪切，也可用于板材直线的剪切，但效率低，质量差。

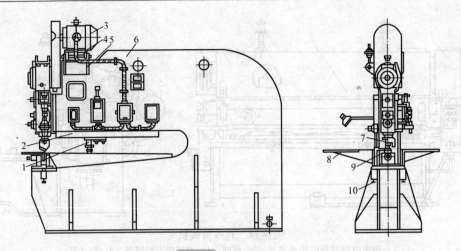

图 6-16　振动剪板机
1—定心器　2—导轨　3—电动机　4—台板　5—支架　6—上悬臂
7—上刀片　8—工作台　9—下刀片　10—调整螺钉

5. 冲剪机

在风管的加工制作过程中，常用机械传动的联合冲剪机剪切板材和型材，或进行板材的冲孔和开三角凹槽等，也可用于制作风管部件及各种支吊架。

图 6-17 所示为联合冲剪机。联合冲剪机工作时，电动机通过 V 带和齿轮传动使偏心轴转动，再通过连杆使刀架绕机身上的支点摆动来完成冲孔和剪切动作。大带轮轴以滚动轴承支承于机身，其他各轴及连杆大小端轴承均为滑动轴承。冲头和刀架均设有平衡弹簧以消除重力对剪切的影响，冲头和刀架的运动由离合器控制。

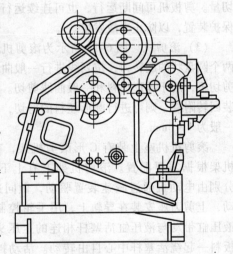

图 6-17　联合冲剪机

使用联合冲剪机时应注意以下几个方面：

1）使用前检查刃口（或冲模）有无裂纹、崩牙、卷刃现象，拧紧固定刀具的螺栓，调整刃口角度。

2）空运转正常后，冲刃或剪刃空冲或空剪一两次；检查压紧装置、定位装置，确认无问题后方可进行剪冲作业。

3）调整刀板间隙。厚度为 2～12mm 的板料，刀板间隙为 0.15～0.50mm。

4）在剪切圆钢或方钢时，一般进料孔的尺寸比材料尺寸大 2～10mm。

5）合理使用模具，剪冲材料应与模具相适应，方、圆钢剪切模具不允许互用。

6）剪冲时，压料器必须压住被剪冲材料。不许剪冲短料，剪切长料时，必须在架平长料两端后方可剪冲。

7）剪切薄板时，按线条和定位距离调整压料器，不允许连剪。

8）冲孔时，调整上、下模具，使其对中、摆平摆正，四周间隙保持均匀。

9）成批量剪切时，应根据料长加设定位挡板，进行连续剪切。在剪切过程中，不允许移动定位挡板，并随时检查剪切尺寸。

10）一般情况下，不允许同时进行两项剪切作业。在机械允许的范围内，同时进行两项剪切作业时，要相互配合，以防止出现故障。

11）不允许随意剪冲经过淬火的材料。

6. 切割设备

（1）等离子弧切割设备　等离子弧切割使用的等离子弧是电弧经过机械压缩效应、热压缩效应和电磁压缩效应形成的。

如图 6-18 所示，被切割板材 4 放置在等离子弧切割头和支承头之间，切割头内的氮气在电极 6 发出的电弧作用下电离成温度高达 50000K 的等离子流，等离子流通过喷嘴形成等离子束 2，高能量的等离子束喷射到板材上，使板材熔化、汽化，从而进行切割。喷射水流 5 除控制离子束的大小外，还有冷却被切割板材的作用。氮气电离所产生的有害气体 NO_2，熔化、汽化的金属等有害物质分别从吸出口 1 和下支承头排出。

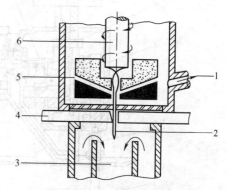

图 6-18　等离子弧切割原理
1—吸出口　2—等离子束　3—液压排除熔渣
4—板材　5—喷射水流　6—电极

等离子弧分为转移弧和非转移弧。转移弧用于较厚材料的切割；非转移弧用于薄件或非金属材料的切割。

等离子弧切割设备由电源、割炬、控制系统、气路系统及冷却系统等组成。机械切割还要配置小型切割机或数控切割机等。

（2）手锯　手锯（见图 6-19）用于锯割钢材。手锯锯条规格见表 6-5。

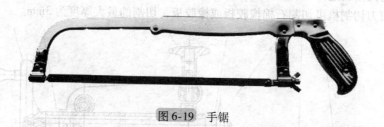

图 6-19　手锯

表 6-5　手锯锯条规格

中心间距（长度）/mm	宽度/mm	厚度/mm	齿距/mm			
250	13	0.65	0.8	1	—	2.25
300	13	0.65	0.8	1	1.25	1.6
300	15	0.8	—	—	1.25	1.6

（3）电动曲线锯　电动曲线锯可在金属或塑料板上开出曲率半径小的几何形体。使用的锯条有粗、中、细三种，切割金属板材厚度为 3mm。切割时，较硬板材要用细锯条，塑料板可用粗锯条。

电动曲线锯的构造如图 6-20 所示。

（4）垫料切割机具　垫料用作法兰接口、空气过滤器、风管和空调器各处理段等连接部位的衬垫，以确保接口处的严密性。通风空调系统常用的垫料有橡胶板、乳胶海绵板、闭孔海绵橡胶板、软聚氯乙烯塑料板及密封粘胶带等，特殊情况下才使用耐酸橡胶板和石棉绳。

垫料切割机有手动和电动两种。

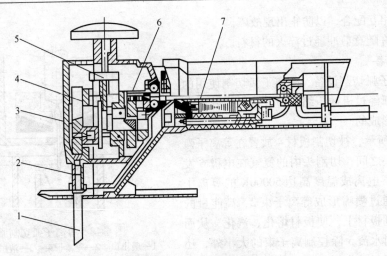

图 6-20　电动曲线锯的构造

1—锯条　2—导套　3—导杆　4—曲柄　5—平衡块　6—齿轮机构　7—电动机

1）手动垫料滚刀切割机。如图 6-21 所示，手动垫料滚刀切割机是一种用手工进行垫料切割的工具，由机架 2、手轮 5 和 7、轴套 6、卷尺 9、滚刀轮 3、冲棒 8 等组成。切割时，先用冲棒在垫料上打出中心孔，将中心孔对准活动轴，并用卷尺测量尺寸，使活动轴至滚刀的距离等于所需垫片的半径。固定好活动轴，用手摇动手轮，通过主轴带动滚刀轮转动，然后用另一只手掀压压柄，使滚刀轮向垫料进刀实现切割。

手动垫料滚刀切割机可切割石棉橡胶板或橡胶板，切割的最大厚度为 3mm。

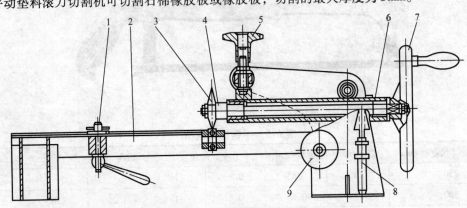

图 6-21　手动垫料滚刀切割机

1—活动轴　2—机架　3—滚刀轮　4—轴　5、7—手轮　6—轴套　8—冲棒　9—卷尺

2）电动垫料切割机。图 6-22 所示为电动垫料切割机。它是切割非金属垫料的专用设备，由机架 9、支柱 1、滑块 2、电动机 8、减速装置、滚刀 3 和 4 等组成。

电动垫料切割机切割能力强、速度快，垫片料的加工质量高，可切割垫料的最大厚度为 4mm，切割速度为 3～5m/min。

6.2.2　钢管切断工具

在建筑设备施工过程中，管道安装是主要内容之一。管道安装需要根据设计要求的尺寸、形状将管子切断成管段。钢管切断的方法很多，归纳起来分为两类：手工切断和机械切断。在工厂

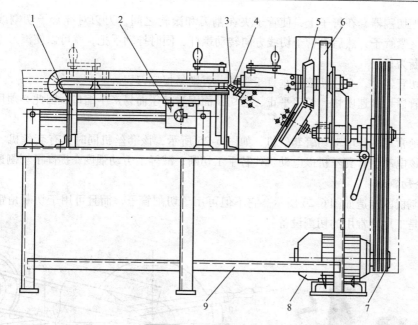

图 6-22　电动垫料切割机
1—支柱　2—调节滑块　3、4—滚刀　5—锥齿轮副　6—圆柱齿轮副
7—带轮　8—电动机　9—机架

里钢管切断可采用大型切管机，工地上宜用小型切管机具。现将常用的小型切管机具及其使用方法做以下介绍：

1. 钢锯

用钢锯切断管子是广泛应用的方法。它适用于管径在 50mm 以下的小管子。

钢锯的规格是以锯条的规格标称的，锯管子最常用的锯条规格（长度×宽度×齿距）是 300mm×12mm×1.0mm 及 300mm×12mm×1.2mm 两种，如图 6-23 所示。锯条由碳素工具钢制成。

手工钢锯切断的优点是设备简单，灵活方便，节省电能，切口不收缩、不氧化；缺点是速度慢，劳动强度大，切口平正较难掌握。

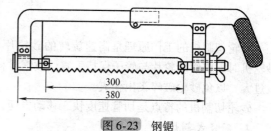

图 6-23　钢锯

壁厚不同的管子锯切时应选用不同规格的锯条。薄壁管子锯切时应用牙数多（俗称细牙）的锯条，因为其齿低及齿距小，进给量小，不致卡掉锯齿。

操作时锯条平面必须始终保持与管子垂直，以保证断面平正。切口必须锯到底，不能采用不锯完而掰断的方法，以免切口残缺不整齐，影响套螺纹或焊接。

2. 滚刀切管器

滚刀切管器也称为割刀，如图 6-24 所示。操作时，用带有刃口的圆盘形刀片，在压力作用下，边进刀边沿管壁旋转，将管子切断。滚刀切管器一般适用于管径为 40～150mm 的管子。

操作滚刀切管器时，先将管子在管子压钳内

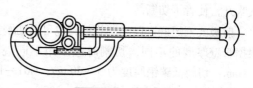

图 6-24　滚刀切管器

夹牢固，再把切割器套在管子上，使管子夹在割刀和滚轮之间，刀刃对准管子切割线，拧动手把，使滚轮夹紧管子，然后沿管子切线方向转动螺杆，同时拧动手把，就可以使滚刀不断切入管壁，直至切断为止。

使用该切管器时，必须使滚刀垂直于管子，否则易损坏刀刃。

滚刀切管器切割速度快，切口平正，但切断面因受挤压而易产生缩口，因此必须用铰刀铰平缩口部分。

目前工地常用的是电动切管套丝机，如图 6-25 所示，该套丝机同时具有套丝机、切管器和铰刀功能。该电动切管套丝机以电动机代替手工切断，减轻了劳动强度，提高了切割速度。

3. 砂轮切割机

砂轮切割机的构造如图 6-26 所示。它不但可用于切割管子，而且可用于切断角钢、圆钢等各种型钢，是工地上常用的切割设备。

图 6-25　电动切管套丝机

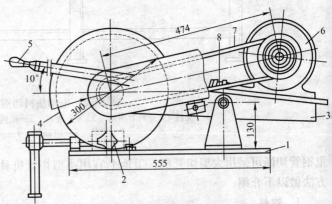

图 6-26　砂轮切割机的构造
1—工作台面　2—夹管器　3—摇臂　4—金刚砂锯片　5—手柄
6—电动机　7—传动装置　8—张紧装置

砂轮切割机的工作原理是高速旋转的砂轮片与管壁接触摩擦切削，将管壁磨透切断。使用砂轮机时，要使砂轮片与管子保持垂直，被锯材料要夹紧，再将手柄下压进刀，但用力不能过猛或过大，以免砂轮破碎飞出伤人。

砂轮切割机的特点是切管速度快，移动方便，适合施工现场，但噪声大，切口常有毛刺。

4. 射吸式割炬

射吸式割炬俗称气割枪，如图 6-27 所示。它是利用氧气及乙炔气的混合气体为热源，对管壁或钢板的切割处进行加热，烧至钢材呈黄红色（1100 ~ 1150℃），然后喷射高压氧气，使高温的钢材在纯氧中燃烧生成四氧化三铁熔渣，熔渣松脆易被高压氧气吹开，使管子切断。

图 6-27　射吸式割炬

射吸式割炬既可以切割管材，也可以切割钢材。管径在 100mm 以上的大管子一般采用气割。根据管壁厚度的不同，切割时应采用不同规格的割炬：G01—30 型割炬的割嘴孔径为 0.7 ~ 1.1mm，切割低碳钢厚度为 3 ~ 30mm；G01—100 型割炬切割低碳钢厚度为 10 ~ 100mm；G01—300 型割炬切割低碳钢厚度为 100 ~ 300mm。

用手工气割时，在气割前应在切口处划线，并用冲子在线上打上若干点，以便操作时能按线切割。气割后的管口，应用砂轮磨口机打磨平整和除去铁渣，以利于焊接。

采用射吸式割炬的优点是省力，速度快，能割弧形切口。其缺点是切口不够平整，且有氧化铁渣。

5. 大直径钢管切断机

大直径钢管除用气割外，也可以采用切断机械，如图 6-28 所示的大直径钢管切断机。这种切断机较为轻便，对埋于地下的管子或其他管网的长管中间切断尤为方便，可以切割壁厚为 12 ~ 20mm，直径为 600mm 以下的钢管。

图 6-29 所示为切断坡口机。这种切断机在切管的同时完成坡口加工。它由单相电动机、主体、齿轮传动装置、刀架等部分组成，可以切断管径为 75 ~ 600mm 的管子。

图 6-28　大直径钢管切断机

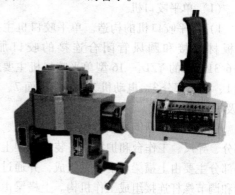

图 6-29　切断坡口机

6. 等离子弧切割机

气体在电弧高温下被电离成电子和正离子，这两种粒子组成的物质流称为等离子体，等离子体流又同时经过热收缩效应和磁收缩效应变成一束温度高达 15000 ~ 30000℃ 高能量密度的热气流，气流速度可以控制，能在极短的时间内熔化金属材料，称为等离子弧切割。图 6-30 为等离子弧切割原理图。

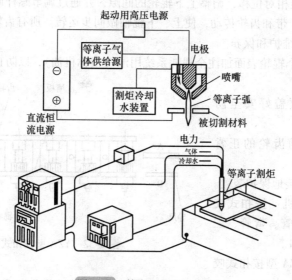

图 6-30　等离子切割原理图

等离子切弧割机可用来切割合金钢、有色金属和铸铁等。我国生产的等离子弧切割机有手把式和自动式两种。

6.3 连接工具

6.3.1 钢板连接工具

1. 咬口机

薄钢板风管咬口成形利用了辊弯（压）原理，辊弯（压）在咬口机上进行，滚弯（压）可获得板材的板边横截面形状为咬口连接所需的折曲线钩状。

咬口机械的类型较多，本章主要介绍单平咬口机、按扣式咬口机、联合角咬口机及弯头咬口机。

（1）单平咬口机

1）单平咬口机的构造。单平咬口机主要用于板材连接和圆风管闭合连接的咬口加工。图 6-31 所示的 YZD_3—16 型单平咬口机主要由机架 1、机心部分 3、电动机 2、工作台面 7、导尺 6 及护罩 9 等组成。

机架部分是型钢焊接结构件，电动机、机心部分、导尺、工作台和护罩均安装在机架上。机心部分主要由上横梁和下横梁组成，并通过定位销和调节螺杆连接组成工作机构。上横梁由两块墙板通过横梁连杆连接，墙板上有 7 个辊轮轴，每根辊轮轴上均安装有中辊轮、外辊轮和齿轮。下横梁由两块下墙板通过横梁连杆和固定轴连接。墙板上安装有 7 个辊轮轴，每个轴上均有与

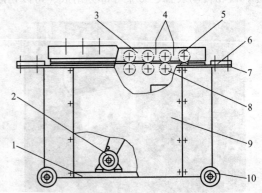

图 6-31　YZD_3—16 型单平咬口机
1—机架　2—电动机　3—机心部分　4—调节螺杆
5—上辊轮　6—导尺　7—工作台面　8—下辊轮
9—护罩　10—脚轮

上横梁辊轮轴上齿轮相啮合的齿轮。减速齿轮和轴安装在下横梁的下部，通过 6 个传动齿轮与下辊轮轴上的 7 个齿轮相啮合。下横梁用螺栓固定在机架中部。上下横梁靠定位销定位，以使上横梁可沿定位销与下横梁相对位移，调整上下辊轮的间隙，并通过调节螺杆调整滚压压力。电动机安装在机架底部，经 V 带和齿轮传动，使上、下辊轴做同步运转。所有齿轮传动均为开式传动。

2）单平咬口机的维护和保养

① 开机前，在每个辊轮表面加注全损耗系统用油（俗称机油），以防止镀锌皮粘在辊轮上而影响加工质量。

② 操作前，必须盖好安全防护罩。

③ 必须保证传动齿轮的正常润滑。

④ 电动机必须有接地保护装置。

（2）按扣式咬口机　按扣式咬口机主要加工矩形风管、弯管、三通和四通管连接的咬口。

图 6-32 所示的 YZA 型按扣式咬

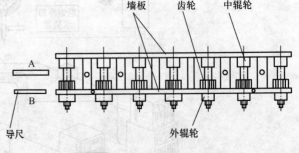

图 6-32　YZA 型按扣式咬口机

口机主要由电动机、机架部分、上横梁部分、下横梁部分和传动部分组成。机架部分由型材和板材焊接而成。上、下横梁部分由横梁板、辊轮轴、辊轮和齿轮等组成。传动部分由带传动和减速机等构成。

图 6-33 所示的 XFA—10 型按扣式咬口机主要由机架部分、机心部分和传动部分组成。机架部分是角钢和钢板焊接成的结构件，底部安装有四个脚轮，可根据要求在施工现场移动。机心部分主要由上横梁部件和下横梁部件组成，它通过下横梁下部的定位螺孔固定在机架上。上横梁部件是由两块墙板、9 个辊轮轴和 8 个定位轴组成。下横梁部件由两块墙板、9 个辊轮轴、减速齿轮和齿轮轴定位轴等组成。上、下横梁通过定位销钉及调整螺杆连接，间隙可用调整螺杆进行调整。电动机安装在机架底部，经 V 带和齿轮传动使上、下辊轮同步运转。

按扣式咬口机的维护保养与单平咬口机的维护保养相同。

（3）联合角咬口机　联合角咬口机主要加工矩形风管、弯管、三通和四通管连接的咬口。

1）联合角咬口机的构造。图 6-34 所示的 XFJ—12 型联合角咬口机，主要由机架部分、机心部分和传动部分组成。

机架部分由型材和板材焊接而成，底部装有 4 只脚轮。机心部分主要由上横梁部分和下横梁

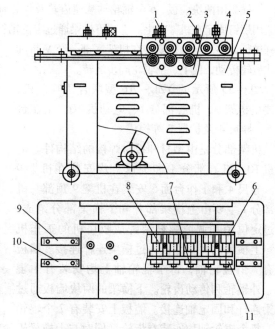

图 6-33　XFA—10 型按扣式咬口机
1—中辊横梁调节螺栓　2—外辊横梁调节螺栓　3—下横梁部件
4—上横梁部件　5—机架　6、11—上强板　7—外辊轮
8—中辊轮　9—中辊轮进料导尺　10—外辊轮进料导尺

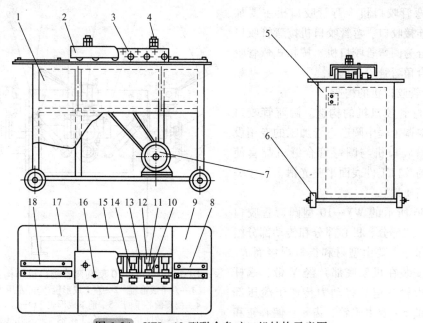

图 6-34　XFJ—12 型联合角咬口机结构示意图
1—外护板　2—防护罩　3—上横梁　4—调整螺母　5—按钮　6—脚轮　7—电动机
8—出料导尺　9—工作台面 I　10—外辊轮　11—辊轮轴　12—中辊轮　13—定位轴　14—齿轮
15—工作台面 II　16—外调整螺栓　17—工作台面 III　18—进料导尺

部分组成。上横梁是由两块墙板、6 个滚轮轴和定位轴组成，每个滚轮轴上装有内、外辊轮和齿轮。下横梁由两块墙板、6 个辊轮轴减速齿轮及齿轮轴组成。每个辊轮轴装有内、外辊轮和齿轮。下横梁用螺钉固定在机架之上。上、下横梁通过定位销钉及调整螺杆连接，上、下横梁的间隙可用调整螺杆进行调整。电动机安装在机架底部，经 V 带和开式齿轮传动，使上、下辊轮同步运转。

图 6-35 所示的 YZL₃—16 型联合角咬口机，主要由机架 9、机心部分 1、电动机 10、工作台面 5、导尺 4 及护罩 7 等构成。

机架部分是由型材和板材焊接的结构件。电动机 10、机心部分 1 和护罩 7 均安装在机架 9 上。导尺 4 和工作台面 5 安装在机架 9 顶部。机心部分 1 主要由上横梁部分和下横梁部分组成，通过定位销和调节螺杆装配成咬口机的工作机构。上横梁的两块墙板通过横梁连杆连接。墙板上有 7 个辊轮轴，每个辊轮轴上均安装有中辊轮、外辊轮和传动齿轮。下横梁的两块墙板通过横梁连杆和固定轴连接。墙板上安装有 7 个辊轮

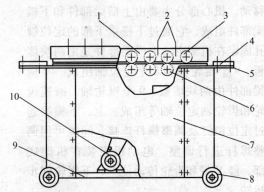

图 6-35 YZL₃—16 型联合角咬口机结构示意图
1—机心部分　2—调整螺杆　3—上辊轮　4—导尺
5—工作台面　6—下辊轮　7—护罩　8—脚轮
9—机架　10—电动机

轴，每个辊轮轴均安装有齿轮（同时与上横梁辊轮轴和减速齿轮轴上齿轮啮合）。6 个减速齿轮轴安装在下横梁下部。下横梁用螺栓固定在机架的中部。上、下横梁靠定位销定位，上横梁可沿定位销与下横梁相对移动，调整上下辊轮的间隙，并通过调整螺杆 2 调整滚压压力。电动机 10 安装在机架 9 的底部，经 V 带和开式齿轮传动，使上、下辊轮轴做同步运转。

2）联合角咬口机的维护保养与单平咬口机的维护保养相同。

（4）弯管咬口机　弯管咬口机主要加工弯管的连接咬口。弯管咬口机按弯管咬口连接方式分为圆弯管咬口机、按扣式弯管咬口机和联合角弯管咬口机。

1）弯管咬口机的构造

① 圆弯管咬口机的构造。圆弯管咬口机是通风空调工程中圆形弯管加工的专用设备。圆弯管咬口机与圆弯管合缝机配套使用，加工的咬口工件表面平整光滑，尺寸一致，有较高质量。

图 6-36 所示的 WY—10 型圆弯管咬口机主要由机架部分、机心部分和传动部分组成。机架部分主要由型材和板材焊接而成。电动机（安装在机架底部）经 V 带、蜗杆副及三级齿轮减速后将动力传递于滚压部分。滚压部分主要由辊轮、齿轮、偏心轮和手柄构成，三组滚压装置分别安装在机架的前面、左面和右面。

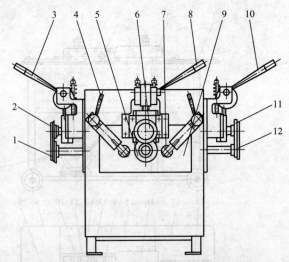

图 6-36 WY—10 型圆弯管咬口机结构示意图
1—左下成形辊　2—左上成形辊　3—左压下手柄
4—校圆偏心手柄　5—前下成形辊　6—前上成形辊
7—校圆轮　8—前压下手柄　9—前定位板
10—右压下手柄　11—右上成形辊　12—右下成形辊

② 按扣式弯管咬口机的构造。按扣式弯管咬口机是与按扣式咬口机配套用于加工矩形弯管的专用设备。

图 6-37 所示的 YWA—10 型按扣式弯管咬口机主要由机架部分、机头部分和传动减速部分组成。机架 1 主要由型材和板材焊接加工而成，机架下部装有 4 只脚轮。机头 3 主要由上主辊轮 7、上副辊轮 8 和自动导向调整螺栓 4 等组成，机头部分安装在工作台面上。传动减速部分由电动机、V 带及蜗杆减速器 2（悬挂在工作台面下）组成。电动机（安装在机架 1 底部）经 V 带、蜗杆减速器 2 和齿轮减速后将动力传递于主、副辊轮。

③ 联合角弯管咬口机的构造。联合角弯管咬口机是与联合角咬口机配套用于加工矩形弯管的专用设备。

图 6-38 所示的 YWL—12 型联合角弯管咬口机主要由机架部分、机头部分和传动部分组成。机架 1 主要由型材和板材焊接而成，工作台安装在机架顶部，机架 1 下部安装有 4 只脚轮。机头部分主要由主辊轮 8、副辊轮 9 和自动导向调整螺栓 4 等组成，机头部分安装在工作台面上。

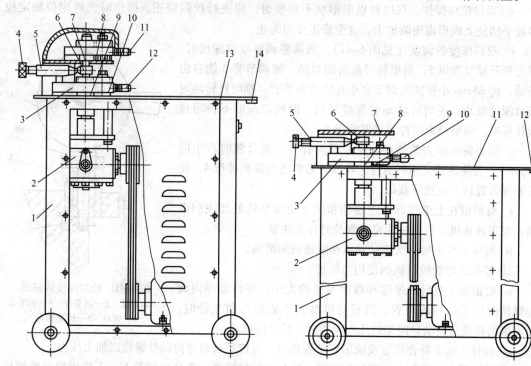

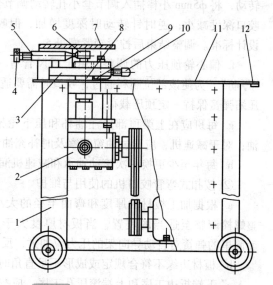

图 6-37　YWA—10 型按扣式弯管咬口机结构示意图
1—机架　2—蜗杆减速器　3—机头　4—自动导向调整螺栓
5—套筒　6—自动导向架　7—上主辊轮　8—上副辊轮
9—下主辊轮　10—下副辊轮　11—上辊轮调整螺栓
12—下辊轮调整螺栓　13—台板　14—槽口

图 6-38　YWL—12 型联合角弯管咬口机
1—机架　2—蜗杆减速器　3—机头
4—自动导向调整螺栓　5—套筒　6—自动导向架
7—机头盖　8—主辊轮　9—副辊轮
10—辊轮调整螺栓　11—台板　12—槽口

2）弯管咬口机的使用和维护

① 圆弯管咬口机的使用和维护

a. 工作前应检查待制的毛坯是否合格，切口是否光滑，起动电动机后运转是否正常。

b. 双口成形操作。将风管端部靠近下成形辊定位面（见图 6-39a），用手轻扳手柄使上成形辊逐渐加力，使端面逐渐辊压成形，如图 6-39b 所示。继续辊压，同时用手向上扳动风管，控制 90°成形效果，如图 6-39c 所示。

c. 单口成形操作。将风管端部靠近下成形辊定位面（见图6-40a），用手轻扳手柄，使上成形辊逐渐加力，同时用手向上扳动风管控制成形达90°折边效果，如图6-40b所示。

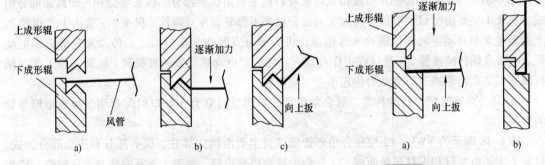

图 6-39 双口成形过程　　　　　　　图 6-40 单口成形过程

d. 双口校圆操作。双口初成形形状不规整时，应进行校圆修正。操作时先将定位板定位，轻扳手柄使上成形辊逐渐加力，直至修正校圆为止。

e. 咬口深度的调整（见图6-41）。当需要调整咬口深度时，首先松开锁紧螺母5，向里轻轻敲击锁紧销，使调节套3能自由转动，将ϕ5mm小棒插入调节套小孔转动调节套。顺时针转动时咬口深度减小；逆时针转动时深度增加，但咬口深度不得超过设计标准。调整结束后拧紧锁紧螺母5。

f. 偏心轮预压力的调整。由于圆风管有一条合缝时产生的"厚肋"，为使该部位顺利通过，咬口时需要适当调整螺母4，使压缩弹簧保持一定预压载荷。

g. 每班应在上梁顶部压注油杯和压下轮架导轨处加注润滑油；对于减速机，应通过油窗观察及时补充油量。

h. 每年至少更换一次滚动轴承和减速机润滑油。

② 按扣式弯管咬口机的使用与维护

a. 根据加工板材的厚度和弯曲半径的大小，将自动导向调整螺栓调整至适当的位置，当板材厚度大于成形弯曲半径时，套筒里的弹簧对自动导向架的压力应加大，反之应减小。

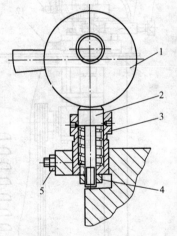

图 6-41 咬口深度调整图
1—偏心轮 2—调节杆 3—调节套
4—螺母 5—锁紧螺母

b. 板材边缘不符合规定或成形不呈直角时，可拧紧自动导向调整螺栓以加大压力。

c. 下端折边工序和上端滚压孔工序，应按照板材厚度，先分别拧紧上、下端辊轮调整螺栓，然后再反拧90°左右。

d. 如果辊轮螺栓拧得过紧，则在板材滚压成形后，将产生波浪形起伏，此时应将调整螺栓拧松，如果波浪较小，则可把自动导向架板调至停止位置，取出板材重新滚压，波浪形起伏即可消除。

e. 工作时先将板材的边角在台板的槽口处折弯，送入下端主、副辊轮之间，然后再送入上端按扣的主、副辊之间。为了起步顺利，可微调上、下端辊轮的调整螺栓，同时在起步时加辅力；在把所折的边送入主、副辊轮后，板料即可在自动导向架的作用下自动滚压。

f. 当板料弯曲半径由很大突然过渡到很小时，要用手在自动导向架上加辅助力。

g. 减速箱应保证一定的润滑油位，每半年更换一次润滑油。上、下主副辊轴轴承必须定期加注润滑油。

h. 应及时清理辊轮上的镀锌皮，以免影响加工质量。

i. 电动机应有接地保护装置。

③ 联合角弯管咬口机的使用与维护与按扣式弯管咬口机基本相同。

（5）多功能咬口机 多功能咬口机将两种或两种以上功能结合在一起，常用的有联合单平两用咬口机和联合弯管两用咬口机。

1）联合单平两用咬口机：联合单平两用咬口机综合单平咬口机和联合角咬口机功能特点，既能加工单平咬口，又能加工联合角咬口，如图 6-42 所示。

2）联合弯管两用咬口机：联合弯管两用咬口机综合联合角咬口机和联合角弯管咬口机的功能特点，既能加工联合角咬口，又能加工联合角弯管咬口，如图 6-43 所示。

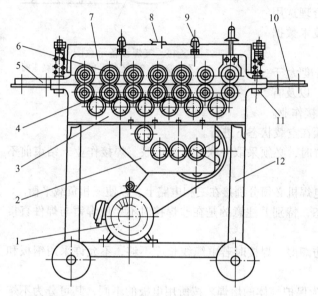

图 6-42 XYZL0.5—1.2 型全封闭箱式联合单平两用
咬口机结构示意图
1—电动机 2—减速箱 3—下滚压箱 4—下辊
5—进料靠尺 A（联合角）B（单平口） 6—上辊
7—上滚压箱 8—加油孔 9—调整螺杆 10—出料靠尺
11—压力调节杆 12—机架

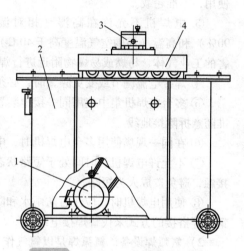

图 6-43 XFJW—12 型联合弯管两用
咬口机结构示意图
1—电动机 2—机架
3—弯头咬口机心 4—联合角咬口机心

2. 焊接机械

焊接是利用焊件原子间产生的结合力实现连接的。焊接方法很多，按焊接过程的特点可分为熔焊、压焊和钎焊三大类。在风管和风管配件及部件的加工制作过程中，主要使用属于熔焊类的气焊和电弧焊，属于压焊类的点焊和缝焊及属于钎焊类的锡钎焊。这里仅介绍管道风管加工连接中常用的气焊设备和电弧焊设备。

（1）气焊设备 气焊是利用可燃气体在纯氧中燃烧时所产生的热量来熔化金属进行焊接。气焊常用的可燃气体是乙炔，所以又称为氧乙炔焊。进行气焊时连接部位被高温气体火焰加热到熔化状态。用气体火焰加热时被焊焊件的边缘熔化，焊件之间的间隙由填充焊丝填充。

气焊所用的设备由氧气瓶、减压器、乙炔发生器、回火保险器、焊炬和橡胶管等组成，如图 6-44 所示。

（2）电弧焊设备 在风管和风管配件及部件加工制作过程中，应用最多的电弧焊是焊条电弧焊；在不锈钢和铝板风管和风管配件及部件加工制作过程中，应用的则是氩弧焊。

1）焊条电弧焊设备。焊条电弧焊以外部涂有涂料的焊条作电极和填充金属。焊接时，电弧在焊条的端部和被焊工件表面燃烧，利用电弧产生的高温（6000～7000℃），使连接处的母材熔化（熔点一般在1500℃左右），此时焊条也逐渐熔化并熔入连接处，冷却后便将连接的母材凝结成整体，而在连接的部位就形成了焊缝。焊条电弧焊机有交流和直流两种。

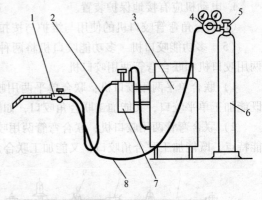

图 6-44　气焊设备示意图
1—焊炬　2—乙炔管道　3—乙炔发生器　4—减压阀
5—瓶阀　6—氧气瓶　7—回火保险器　8—氧气管道

使用焊条电弧焊机时应注意以下事项：

① 电焊机电源接入必须正确。

② 在焊接作业前，要根据作业要求合理选用电焊机，并严格按电焊机铭牌上规定的技术数据使用，不准超载。

③ 电焊机不允许在高湿（相对湿度大于90%）和高温（周围空气温度高于40℃）以及有害的工业气体、易燃或易爆物附近进行焊接作业。

④ 焊接电流调节或变更频繁时，必须在空载状态下进行。

⑤ 多台电焊机集中使用同一接地装置时，必须采取并联，严禁串联。焊接作业未结束前不准随意拆除接地线。

⑥ 在同一现场使用多台电焊机时，电焊机必须分别接在三相电路上，以使三相负载平衡。

⑦ 不允许电焊机长时间处于短路状态，特别要注意的是在非焊接时不要使焊钳与焊件直接接触，避免造成人为短路。

⑧ 使用电焊机时，应注意防雨水和防潮湿。焊接时若电缆线长度不够，不允许采用钢板和钢筋等搭接的方式来代替焊接电缆。

2）氩弧焊设备。氩弧焊是以氩气作为保护气体的熔焊。按所用电极的不同，其可分为不熔化电极和熔化电极两种。常用氩弧焊机有 WS 系列晶闸管直流氩弧焊机、WSE 系列交直流氩弧焊机和 WSM 系列逆变式直流脉冲氩弧焊机。

3. 塑料焊接设备

硬聚氯乙烯塑料风管和风管配件及部件主要采用电热焊枪焊接，板厚在 10mm 以上时，可采用热挤压电阻焊。焊接的方法是将塑料加热到 190～200℃，使之成为塑性流动状态，在不大的压力下使之相互黏合。

（1）硬聚氯乙烯塑料焊接机　硬聚氯乙烯塑料焊接机如图6-45所示。其主要由空气压缩机、空气过滤器、热风焊枪、调压变压器和输气胶管等组成。

焊接时，连接的板材或管材应做坡口，坡口形式可根据设计规范或标准图册选用。坡口角度要合适，焊缝处要平直，背面应留 0.5～1mm 间隙。

塑料焊接场地要通风良好，操作人员要戴上防护用品，电气部分要接地良好。

（2）硬聚氯乙烯塑料对挤焊机　硬聚氯乙烯塑料对挤焊机是一种硬聚氯乙烯塑料直缝焊接设备，其焊接的焊缝强度高，不需焊条，焊接速度快，质量好。

聚氯乙烯塑料对挤焊机主要由电加热器、平台及夹具、传动机构、电源和温控系统等部分组成。

4. 铆接机械

铆接是利用铆钉将工件连接在一起的连接工艺，属于永久性机械连接。铆接可有效地连接绝大多数材料。铆钉及铆接装配的价格较低。铆接的局限性是铆钉的疲劳强度比螺栓和螺钉的

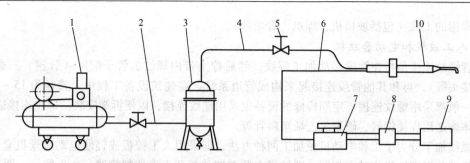

图 6-45　硬聚氯乙烯塑料焊接机及连接方式

1—空气压缩机　2—供气管　3—空气过滤器　4—气管　5—控制阀　6—电源线
7—调压变压器　8—漏电保护器　9—电源　10—热风焊枪

小，大的拉伸负载可将铆钉头拉脱，剧烈的振动会使接头松弛。

铆接可采用冷铆和热铆。铆接机械按压力供给类型分为手动铆接器、电动拉铆枪、气动铆接机和液压铆接机。这里仅介绍风管加工连接中常用的手动铆接器、电动拉铆枪。

（1）手动铆接器　手动铆接器又称为拉铆钳，专用于铆接薄钢板，使用带插杆的专用铆钉。手动铆接器的外形如图 6-46 所示。其主要技术数据见表 6-6。

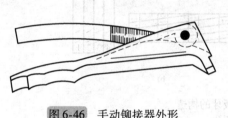

图 6-46　手动铆接器外形

表 6-6　手动铆接器主要技术数据

指　　标	数　　据
铆钉直径/mm	3～5.3
铆杆直径/mm	1.8～2.5
被铆接钢板的总厚度/mm	5
外形尺寸（长×宽×高）	230mm×24mm×94mm
质量/kg	0.4

（2）电动拉铆枪　电动拉铆枪（见图 6-47）用于固定抽芯铆钉，主要由电动机、齿轮机构、离合器及拉铆机构等组成。电动拉铆枪的主要技术参数见表 6-7。

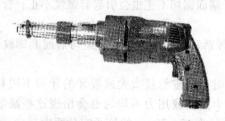

图 6-47　电动拉铆枪

表 6-7　电动拉铆枪的主要技术参数

拉铆头直径/mm	$\phi2$、$\phi2.5$、$\phi3$、$\phi3.5$
工作次数/（次/min）	60
拉铆范围/mm	$\phi3.5$～$\phi5$ 抽芯铆钉
额定拉力/N	8000
质量/kg	2.3

使用电动拉铆枪时，先在铆接部位钻好孔，放入抽芯铆钉，然后将枪头套住铆钉轴，靠在被铆接处，通电拉上离合器，拉断铆钉轴，风管被铆钉固定。

6.3.2　钢管连接工具

在建筑设备工程中，管道需按设计要求进行连接。根据管径、管材及承压情况的不同，常用的连接方法有螺纹连接、焊接、法兰连接等。不同的连接方法所需工序不同，所用工具各异。这里主要介绍螺纹连接中常用的加工和连接工具（包括人工铰板和电动套丝机、管钳和链钳）和焊接中常用的工具（包括坡口机、焊机、焊炬等）。

1. 人工铰板和电动套丝机

钢管螺纹连接是指在管段端部加工螺纹，然后拧上带内螺纹的管子配件（管箍、三通、弯头、活接头等），再和其他管段连接起来构成管道系统。在建筑设备工程中，管径为 15～40mm 的管子一般都采用螺纹连接。定期检修的设备也采用螺纹连接，以便拆卸安装。螺纹连接适用于低压流体输送用焊接钢管、硬聚氯乙烯塑料管等。

管螺纹加工分为手工和电动机械加工两种方法，即采用人工铰板或轻便电动套丝机套螺纹。这两种机械的套螺纹机构基本相同，即铰板上装着四块板牙，以切削管壁，产生螺纹。图 6-48a 所示为管子铰板的构造：在铰板的板牙架上设有四个板牙孔，用于装置板牙，板牙的进、退调节靠转动带有滑轨的活动标盘进行；铰板后部设有四个可调节松紧的卡子，套螺纹时用以把铰板固定在管子上。图 6-48b 所示为板牙的构造。套螺纹时板牙必须依 1、2、3、4 的顺序装入板牙孔内，不可将顺序颠倒，否则就套不出合格的螺纹。板牙每组四块能套两种管径的螺纹。使用时应按管子规格选用对应的板牙，不可乱用。

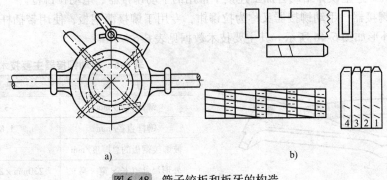

图 6-48　管子铰板和板牙的构造
a）铰板　　b）板牙

使用铰板加工管螺纹时，应避免产生以下情况：

（1）螺纹不正　产生的原因是：铰板上卡子未卡紧，造成铰板的中心线和管子中心线不重合，或手工套螺纹时两臂用力不均，将铰板推歪；管子端面锯切不正也会引起套螺纹不正；管壁厚薄不均匀。

（2）细丝螺纹　产生的原因是板牙顺序弄错或板牙活动间隙太大，或前遍与后遍套螺纹轨迹不重合。

（3）螺纹不光或断丝缺扣　产生的原因是套螺纹时板牙进给量太大或板牙的牙刃不锐利，或牙有损坏处以及切下的铁屑积存等。在套螺纹时用力过猛或用力不均匀也会出现这些缺陷。为了保证螺纹质量，套螺纹时一次进给量不可太大。直径为 15～20mm 的管子宜分两次套成；直径为 25mm 以上的管子若用手工套螺纹，应不少于三次套成。有时管子端头被切成坡口，出现铰板打滑现象，原因是板牙进给量太大，应减小进给量并用锤子将坡口打平再套螺纹。

（4）管螺纹竖向或横向出现裂缝　螺纹竖向有裂缝，原因是焊接钢管的焊缝未焊透或焊缝不牢。螺纹横向有裂缝，原因是板牙进给量太大或管壁较薄。薄壁管及一般无缝钢管不能采用套螺纹的方式连接。

2. 管钳

管钳为螺纹接口的主要拧紧工具，其结构如图 6-49 所示。其规格及适用范围见表 6-8。管钳规格是以钳头张口中心到手柄尾端的长度来标称的，此长度代表转动力臂的大小。

使用管钳时应当注意，小管径的管子若用大号管钳拧紧，虽因手柄长省力，容易拧紧，但也容易因用力过大拧得过紧而胀破管件。大直径的管子用小号管钳，费力且不容易拧紧，而且易损坏管钳，所以安装不同管径的管子应选用对应号数的管钳。使用管钳时不允许用管子套在管钳手柄上加大力臂，以免拉断钳颈或破坏钳颚。

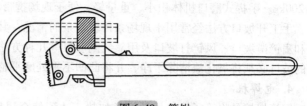

图 6-49 管钳

表 6-8 管钳的规格及适用范围 （单位：mm）

规格	150	200	250	300	350	450	600	900	1200
工作范围（管径）	4~8	8~10	8~15	10~20	15~25	32~50	50~80	65~100	80~125

3. 坡口机

随着工业生产的发展，管道直径越来越大，高温高压的管道日益增多，螺纹连接远不能满足需要，而焊接应用则颇为广泛。

为了保证焊缝的抗拉强度，焊缝必须达到一定熔深，因此对要焊接的管口必须切坡口和钝边。施焊时两管口间要留一定的间距（见表 6-9 和表 6-10），其间距大小可根据焊件的厚薄确定，一般是焊件厚度的 30%~40%，电弧焊时的间距可比气焊时的间距略小一些。焊肉底不应超过管壁内表面，更不允许在内表面产生焊瘤。

表 6-9 焊条电焊弧坡口形式及要求

接头名称	坡口形式	接头尺寸				备注
		壁厚 δ/mm	根部间隙 b/mm	钝边 p/mm	坡口角度 α/(°)	
管子对接 V 形坡口		5~8	1.5~2.5	1~1.5	60~70	$\delta \leqslant 4mm$ 的管子对接时若能保证焊透，可不开坡口
		8~12	2~3	1~1.5	60~65	

表 6-10 氧乙炔焊坡口形式及要求

接头名称	坡口形式	接头尺寸			
		壁厚 δ/mm	根部间隙 b/mm	钝边 p/mm	坡口角度 α/(°)
对接不开坡口		<3	1~2	—	—
对接 V 形坡口		3~6	2~3	0.5~1.5	70~90

坡口的加工方法可分为电动机械加工及手工开坡口两种方法。电动机械有 PG—2 型管子切

坡口机（见图6-29）及手提式砂轮磨口机。该型坡口机适用于直径为32~219mm的钢管，机重约200kg。手提式磨口机体积小、重量轻，便于现场携带，使用方便。

手工开坡口方法经常用于现场条件较复杂的情况，其特点是操作方便，受条件限制少，有锤子和扁铲凿坡口、风铲打坡口及用氧气割坡口等几种方法。其中以氧气割坡口法用得较多，但气割的坡口必须将氧化渣清除干净，并将凸凹不平处磨平整。

4. 电焊机

钢管焊接是将管子接口处及焊条加热，达到使金属熔化的状态，使两个被焊件连接成一整体。焊接的方法很多，一般管道工程上常用的是手工电弧焊及氧乙炔气焊，尤其是电弧焊用得多。气焊一般用于公称通径大于57mm、壁厚小于3.5mm的管道焊接。

电弧焊可分为自动焊和手工焊两种方式。大直径管口的焊接用自动焊，既节省劳动力又可提高焊接质量和速度。在现场施工时，常使用焊条电弧焊。

焊条电弧焊采用直流电焊机或交流电焊机均可。用直流电焊机时电流稳定，焊接质量较好，但往往施工现场只有交流电，所以施工现场一般采用交流电焊机进行焊接。

使用电焊机时应注意以下事项：

1）电弧光中有强烈的紫外线，对人的眼睛及皮肤均有损害。焊接人员必须注意防护电弧光对人体的照射，电焊操作时必须带上防护面罩和手套。

2）在敲击热焊渣时注意防止其飞溅烫着皮肤，防止其溅入周围易燃材料中酿成火灾。过早地敲掉焊渣对防止坡口金属氧化也不利，故焊渣应待冷却后除去为宜。

3）当电线与电焊钳接触不良时，焊钳会发热烫手，影响操作。

4）电焊机应放置在避雨干燥的地方，防止短路漏电和出安全事故。

5. 气焊

气焊用氧乙炔进行焊接。氧气和乙炔的混合气体燃烧温度可达到3100~3300℃，借助于化合过程所放出的大量化学热熔化金属，进行焊接。

在焊接过程中，为了获得优质美观的焊缝，常使焊炬和焊丝进行各种均匀协调的摆动。焊接火焰指向未焊部分，焊丝位于火焰的前方。用气焊进行钢管焊接时，可采用定位焊法，其目的是使焊件的装配间隙在焊接过程中保持不变，以防焊后工件产生较大的变形。在对管子进行定位焊时，直径小于50mm的管子坡口只需两点定位焊，管径较大时应采用对称定位焊。

第7章　供暖与空调水管施工方法与技术措施

供暖与空调系统中的管路系统按用途分为冷水管、热水管、冷却水管、冷凝水管以及辅助管路（排气管、泄水管、补水管等），小型中央空调系统中也有制冷剂管路。这些管路中，除了制冷剂管路输送的介质为制冷剂外，其他管路中的介质为水，有特殊要求时也可以是盐溶液或有机物水溶液。根据管路的用途、工作压力及其中的介质不同，应采用不同的管材及附件。管材不同，相应的施工安装方法也不同。

本章以中央空调系统中使用最多的水管为主，简要介绍中央空调水管施工方法，适当兼顾供暖管道的安装，并对目前一些新的安装方法做一下简单介绍。

7.1 管材及管件

7.1.1 管材及其附件的通用标准

管道一般由管材和附件组成。它们通常称为通用材料。通用材料符合国家统一标准的规定，便于生产厂制造和用户选用。

管材及其附件的通用标准包括公称通径、公称压力、试验压力、工作压力以及管螺纹的标准等内容。

1. 公称通径

为了便于管道工程施工，管子、管件、法兰、阀门等部件的尺寸必须统一起来，这一统一尺寸称为公称尺寸，用符号 DN 表示，其后数字与端部连接件的孔径或外径（用 mm 表示）等特征尺寸直接相关。除特殊情况外，一般尺寸数字后面的单位不标出。但是无缝钢管不用这种方法表示，其表示方法见 7.1.2 节。

我国现行管材及其附件的公称通径见表 7-1。

表 7-1　管材及其附件公称通径

公称通径/mm	相当的管螺纹尺寸代号	公称通径/mm	相当的管螺纹尺寸代号	公称通径/mm	相当的管螺纹尺寸代号	公称通径/mm	相当的管螺纹尺寸代号
1	—	25	1	250	10	1200	—
1.5	—	32	$1\frac{1}{4}$	300	12	1300	—
2	—	40	$1\frac{1}{2}$	350	—	1400	—
2.5	—	50	2	400	—	1500	—
3	—	65	$2\frac{1}{2}$	450	—	1600	—
4	—	80	3	500	—	1800	—
5	—	100	4	600	—	2000	—
6	—	125	5	700	—	2200	—
8	1/4	150	6	800	—	2400	—
10	3/8	175	7	900	—	2600	—
15	1/2	200	8	1000	—	2800	—
20	3/4	225	9	1100	—	3000	—

其中，DN15、DN20、DN25、DN32、DN40、DN50、DN65、DN80、DN100、DN125、DN150、DN200、DN250、DN300、DN400、DN500、DN600、DN700、DN800、DN900、DN1000 是工程上常用的公称尺寸。

管材及其管件的实际生产制造规格如下：

1）阀门等附件，公称通径等于其内径。

2）内螺纹管件，公称通径等于其内径。

3）各种管材，公称通径既不等于其实际内径，也不等于其实际外径，只是个名义直径，但无论管材的实际内径和外径的数值是多少，只要其公称通径相同，就可用相同公称通径的管件相连接，具有通用性和互换性。

2. 公称压力、试验压力和工作压力

工程上常以基准温度（200℃）下制件所允许承受的工作压力作为该制件的耐压强度标准，称为公称压力，用符号 PN 表示，后面的数字不代表测量值，不应用于计算目的，除非在有关标准中另有规定。通常将压力分为低、中、高三级：低压为 2.5MPa 以下；中压为 2.6 ~ 10MPa；高压为 10.1 ~ 32MPa。

试验压力是在常温下检验管子和附件机械强度及严密性能的压力标准。试验压力以 p_s 表示。水压试验采用常温下的自来水，试验压力为公称压力的 1.5 ~ 2 倍，公称压力较大时倍数值取小的，公称压力较小时倍数值取大的。当公称压力达到 20 ~ 100MPa 时，试验压力取公称压力的 1.25 ~ 1.4 倍。

工作压力是指管道内流动介质的工作压力，用字母 p 表示，右下角附加的数字为输送介质最高温度 1/10 时的整数值，后面的数字表示工作压力数值。例如，介质最高温度为 300℃，工作压力为 10MPa，用 $p_{30}10$ 表示；介质最高温度为 425，工作压力为 10MPa，用 $p_{42}10$ 表示。

试验压力、公称压力、工作压力之间的关系是 $p_s > PN \geqslant p$，这是保证系统安全运行的重要条件。

输送热水、过热水和蒸汽的热力管道和附件，因温度升高而产生热应力，使金属材料机械强度降低，其承压能力随着温度升高而降低，所以随着工作温度的提高，应减小热力管道的最大允许值。

为保证管道系统安全可靠地运行，用各种材料制造的管子附件均应按相关标准中的压力标准试压。机械强度的检查：待配件组装后，用试验压力等于公称压力的水压试验进行密封性检验和强度检验，检验密封、填料和垫片等的密封性能。压力试验必须遵守该项产品的技术标准。例如，青铜制造的阀门，按产品技术标准其公称压力应小于或等于 1.6MPa，因此对阀门构件（如阀体）应进行 2.4MPa 的水压试验，装配后再进行 1.6MPa 的水压试验，检验其密封性。

综上所述，公称压力也表示管子附件的一般强度标准，因而就可以根据所输送介质的参数选择管子附件及管子，而不必再进行强度计算，这样既便于设计，也便于安装。

3. 管螺纹标准

为了便于通用附件的应用，对螺纹连接的管子、附件以及其他采用螺纹连接的机器设备接头的螺纹规定了统一标准，即螺纹的齿形及尺寸标准。

管螺纹是管道采用螺纹连接的通用螺纹。管螺纹按其结构分为非密封管螺纹和密封管螺纹两种。管螺纹的齿形如图 7-1 所示。管螺纹尺寸见表 7-2。这种螺纹的齿形及尺寸对密封管螺纹与非密封管螺纹都适用。一般情况下，钢管采用圆锥外螺纹，管子附件、配件的管接口采用圆柱内螺纹，见 GB/T 7306.1—2000。

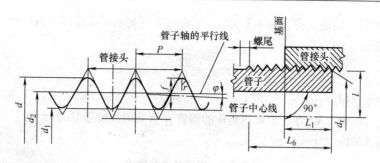

图 7-1　管螺纹齿形

表7-2　管螺纹尺寸　　　　　　　　　　　（单位：mm）

公称通径	螺距	最小工作长度	由管端到基面	基面直径			管端螺纹小径	螺纹工作高度	圆弧半径	25.4mm 轴向长度内的牙数
				中径	大径	小径				
DN	P	L_6	L_1	d_2	d	d_1	d_r	f	r	n
15	1.814	15	7.5	19.794	20.956	18.632	18.632	1.162	0.249	14
20	1.814	17	9.5	25.281	26.442	24.119	23.524	1.162	0.249	14
25	2.309	19	11	31.771	33.250	30.293	29.606	1.479	0.317	11
32	2.309	22	13	40.433	41.912	38.954	38.142	1.479	0.317	11
40	2.309	23	14	46.326	47.805	44.847	43.972	1.479	0.317	11
50	2.309	26	16	58.137	59.616	56.659	55.659	1.479	0.317	11
65	2.309	30	18.5	73.708	75.187	72.230	71.074	1.479	0.317	11
80	2.309	32	20.5	86.409	87.887	84.930	83.649	1.479	0.317	11
100	2.309	38	25.5	111.556	113.034	110.077	108.483	1.479	0.317	11
125	2.309	41	28.5	136.957	138.445	135.478	133.697	1.479	0.317	11
150	2.309	45	31.5	162.357	163.836	160.879	158.910	1.479	0.317	11

注：1. 基面为指定剖面，在此剖面中密封管螺纹直径（外径、中径、内径）尺寸与同样的非密封管螺纹直径完全相等。

　　2. 表中所列 d_r 尺寸系列供参考。

7.1.2　管材

中央空调水系统所用管材主要有钢管和塑料管。

1. 钢管

钢管产量大、规格品种多、价格低廉，同时又具有较好的物理性能和焊接性、加工性等，因此在流体输送中得到广泛应用。

钢管分为无缝钢管、有缝钢管和铸铁管。在中央空调工程中一般选用无缝钢管和有缝钢管。有缝钢管又分为直缝钢管和螺旋缝焊接钢管。

（1）无缝钢管　无缝钢管采用碳素钢或合金钢制造，一般以 10 钢、20 钢、35 钢及 45 钢用热轧或冷拔两种方法生产。热轧无缝钢管的外径从 57mm 到 426mm 共分 31 种，其壁厚从 3.5mm 到 11mm 共分 11 种；冷拔管的外径从 5mm 到 133mm 共分 72 种，其壁厚从 0.5mm 到 12mm 共分 30 种，其中以壁厚小于 6mm 者最为常用。热轧无缝钢管的长度一般为 4 ~ 12.5m，冷拔无缝钢管的长度为 1.5 ~ 7m。在管道安装工程中，管径大于或等于 50mm 的一般采用热轧管，小于 50mm 的一般采用冷拔管。

无缝钢管的力学性能应符合表7-3规定。它所能承受的水压试验压力值以公式（7-1）确定，但最大压力不超过40MPa。

$$p_s = \frac{200SR}{D} \tag{7-1}$$

式中　S——最小壁厚（mm）；

　　　R——允许应力（MPa），碳素钢制作的钢管 R 值采用抗拉强度的35%；

　　　D——钢管的内径（mm）。

表7-3　钢管的力学性能

牌号	软钢管		低硬钢管		硬钢管	
	抗拉强度/MPa	伸长率（%）	抗拉强度/MPa	伸长率（%）	抗拉强度/MPa	伸长率（%）
08 和 10	320	20	380	12	400	5
15	360	18	410	10	450	4
20	400	17	450	8	500	3
Q215	340	20	360	12	—	—
Q235	380	18	400	10	—	—
Q275	420	17	440	8	—	—

安装工程上所选用的无缝钢管应有出厂合格证，若无质量合格证，需进行质量检查试验，否则不得随意应用。

无缝钢管适用于高压供热系统和高层建筑的热、冷水管。一般工作压力在 0.6MPa 以上的管道都应采用无缝钢管。

无缝钢管的规格一般不用公称通径表示，而是以外径×壁厚表示，如外径为159mm 及壁厚为4.5mm 的无缝钢管，则可写为$\phi159\text{mm}\times4.5\text{mm}$。无缝钢管管壁比有缝管薄，故一般不用螺纹连接，而采用焊接。

（2）焊接钢管　焊接钢管材质采用易焊接的碳素钢。按生产方法的不同，焊接钢管分为对焊管、叠边焊管和螺旋焊管，如图7-2所示。

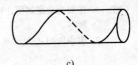

a)　　　　　　　b)　　　　　　　c)

图7-2　焊接钢管

a) 对焊　b) 叠边焊　c) 螺旋焊

焊接钢管在使用中有很多名称。因为焊接钢管有焊接缝，所以常被称为有缝钢管。水、煤气的输送主要采用有缝钢管，故常常将有缝钢管称为水煤气管。这种管材制造较简单，能承受一般要求的压力，因而也常被称为普通钢管。由于制造材料为黑色金属，所以焊接钢管又称为黑铁管。

将黑铁管镀锌后则称为白铁管或镀锌钢管。镀锌钢管能防锈蚀，可以保护水质，常用于生活饮用水管道、热水供应系统及消防喷淋系统。但由于其耐蚀性不够好，会出现黄水、红水等现象，造成二次污染，因此原建设部等四部委规定，在城镇新建住宅中，禁止将冷镀锌钢管用于室内给水管道，并根据当地实际情况逐步限时禁止使用热镀锌钢管。

有缝钢管根据壁厚可分为一般管及加厚管，低压流体输送用焊接钢管及镀锌钢管的规格见表7-4。有缝管质量检验标准与无缝管质量检验标准相同。有缝管内外表面的焊缝应平直光滑，符合强度标准，不得有开裂现象。镀锌钢管的锌镀层应完整和均匀。两头带有圆锥状管螺纹的焊接钢管及镀锌钢管的长度一般为 4 ~ 9m，并带一个管接头（管箍）。无螺纹的焊接钢管长度为

4~12m。相同规格的镀锌钢管比不镀锌钢管质量大3%~6%。

表7-4 低压流体输送用焊接钢管及镀锌钢管的规格

| 公称通径 /mm | 管 子 | | | | | 螺 纹 | | | | 每6m加一个接头计算的钢管质量 /(kg/m) |
| | 外径 /mm | 一般管子 | | 加厚管 | | 基面外径 /mm | 25.4mm轴向长度内的牙数 | 退刀部分前的螺纹 | | |
		壁厚 /mm	理论质量（每米）/kg	壁厚 /mm	理论质量（每米）/kg			密封螺纹 /mm	非密封螺纹 /mm	
8	13.5	2.25	0.62	2.75	0.73	—	—	—	—	—
10	17	2.25	0.82	2.75	0.97	—	—	—	—	—
15	21.3	2.75	1.26	3.25	1.45	20.956	14	12	14	0.01
20	26.8	2.75	1.63	3.50	2.01	26.442	14	14	16	0.02
25	33.5	3.25	2.42	4.00	2.91	33.250	11	15	18	0.03
32	42.3	3.25	3.13	4.00	3.78	41.912	11	17	20	0.04
40	48	3.50	3.84	4.25	4.58	47.805	11	19	22	0.06
50	60	3.50	4.88	4.50	6.16	59.616	11	22	24	0.09
65	75.5	3.75	6.64	4.50	7.88	75.187	11	23	27	0.13
80	88.5	4.00	8.34	4.75	9.81	87.887	11	30	30	0.2
100	114	4.00	10.85	5.00	13.44	113.034	11	38	36	0.4
125	140	4.50	15.04	5.00	18.24	138.435	11	41	38	0.6
150	165	4.50	17.81	5.00	21.63	163.836	11	45	42	0.8

注：轻型管壁厚比表中一般管壁的壁厚小0.75mm，不带螺纹，易于焊接。

焊接钢管是以公称通径标称的，其最大的通径为150mm。此外，还有大口径的卷焊钢管，管径的大小和管壁的厚薄根据需要用钢板卷制成直缝管或螺纹缝管。直缝卷焊钢管长度一般为6~10mm，螺纹卷焊钢管长度为8~18m，壁厚大于7mm。

焊接钢管所能承受的水压试验压力：一般钢管和轻型钢管为2MPa，加厚钢管为2.5MPa。

集中采暖系统及燃气管道的工作压力一般不超过0.4MPa，采用普通焊接钢管最为合适，因此其易于加工及连接，而且经济。

卷焊钢管一般应用于供热网及燃气网的管道，其管径及承受试验压力见表7-5。

表7-5 卷焊钢管管径及承受试验压力

管径/mm	245	273	299	325	351	377	426	478	529	630	720
试验压力/MPa	8.6	7.6	6.9	6.4	5.9	5.4	4.8	4.3	3.8	3.2	2.8

2. 塑料管

塑料管是一种高分子合成材料做成的管子，具有良好的耐蚀性、化学稳定性和力学性能，水力学性能好，密度小，价格较低，可进行机械加工和热加工，施工方便，在给排水、供暖、空调、城市燃气等领域得到广泛应用。塑料管的缺点是强度低、易老化、不耐高温。

塑料根据用途分为通用塑料和工程塑料两大类。根据中央空调流体温度范围，管道工程上常使用通用塑料管，包括聚氯乙烯（PVC）管、聚乙烯（PE）管、无规共聚聚丙烯（PPR）管。表7-6给出了常用塑料管的应用温度范围。

塑料管种类很多，各类塑料管性能差异很大。这里只介绍中央空调工程中应用的塑料管，包括聚氯乙烯、聚乙烯、聚甲基乙撑碳酸酯（PPC）、无规共聚聚丙烯等塑料管。

表 7-6　常用塑料管的应用温度范围

管材名称		最高温度/℃		最低温度/℃
		连续使用	无内压力下短期间歇使用	
ABS 管		60～80	80	−30
硬聚氯乙烯管	高耐冲	50～60	60～70	−20
	未增塑	60～70	70～90	−40
聚丙烯管		80	80～100	0
聚乙烯管	低密度	50	60	−20
	高密度	50～60	60～70	0

注：ABS 是丙烯腈–丁二烯–苯乙烯共聚物。

（1）聚氯乙烯管道　聚氯乙烯管道和改性聚氯乙烯（UPVC）管道的化学稳定性高，适用于输送工作压力 0.6MPa 以下，温度在 0～60℃之间的大部分碱、酸、盐类介质，在大多数情况下，对中等浓度酸、碱介质的耐蚀性能良好，但不宜作为酯类、酮类和含氯芳香族液体的输送管道。硬聚氯乙烯管强度较低，且具有脆性，线胀系数较大，不能靠近输送高温介质的管道敷设，也不能安装在温度高于 60℃的热源附近。

建筑给水用硬聚氯乙烯管材的规格应符合表 7-7 的要求，并且当公称外径小于或等于 40mm 时，应选用公称压力为 1.6MPa 的管材；当公称外径大于 40mm 时，应选用工程压力为 1.0MPa 或 1.6MPa 的管材。

表 7-7　管材规格尺寸

公称外径/mm	下列公称压力下的公称壁厚/mm			
	0.8MPa	1.0MPa	1.25MPa	1.6MPa
20	—	—	—	2.0
25	—	—	—	2.0
32	—	—	2.0	2.4
40	—	2.0	2.4	3.0
50	2.0	2.4	3.0	3.7
63	2.5	3.0	3.8	4.7
75	2.9	3.6	4.5	5.6
90	3.5	4.3	5.4	6.7
110	3.9	4.8	5.7	7.2
125	4.4	5.4	6.0	7.4
(140)	4.9	6.1	6.7	8.3
160	5.6	7.0	7.7	9.5
(180)	6.3	7.8	8.6	10.7
200	7.3	8.7	9.6	11.9

注：括号内外径为非常用规格；公称压力是指管材在 20℃条件下输送 20℃水时的最大工作压力。

（2）聚乙烯管　常用聚乙烯管有一般聚乙烯管、交联聚乙烯（PE – X）管和耐热聚乙烯（PE – RT）管。

聚乙烯、交联聚乙烯、耐热聚乙烯是热塑性材料。聚乙烯管道长期工作温度低于或等于 40℃，只能用于普通水管或空调冷凝水管；交联聚乙烯管长期工作温度低于或等于 90℃；耐热聚乙烯管道长期工作温度低于或等于 82℃，而生活用水的温度不应超过 70℃。交联聚乙烯和耐热聚乙烯管道均可用于输送普通给水、生活热水以及空调冷热水。由于聚乙烯管材具有可燃性，不得用于消防系统，也不得用于生活给水和消防用水合用的管道系统。

聚乙烯、交联聚乙烯、耐热聚乙烯管材和管件的内外表面应平整、光滑、洁净，颜色应均匀一致。

（3）无规共聚聚丙烯管　无规共聚聚丙烯的聚合方式为在聚丙烯的分子结构中无规则地嵌入其他烯烃。

无规共聚聚丙烯管道系统的设计压力不宜大于 1.0MPa，设计温度不应低于 0℃且不应高于 70℃，多用于生活热水系统，也可用于给水和饮用净水系统。

冷水管道使用温度低于或等于 40℃，热水管长期使用温度低于或等于 70℃，冷、热水管道的管系列可根据设计压力按表 7-8 选择。

表 7-8　冷水管、热水管系列的选择

类　别	材　料	设计压力/MPa		
		$p \leqslant 0.6$	$0.6 < p \leqslant 0.8$	$0.8 < p \leqslant 1.0$
冷水管	PPR	S5	S5	S4
	PPB	S5	S4	S3.2
热水管	PPR	S3.2	S2.5	S2

管材规格用公称外径×壁厚表示，不同管系列 S 的公称外径和公称壁厚应符合表 7-9 的规定。聚丙烯冷水管系列最小为 S5，聚丙烯热水管系列最小为 S3.2。

表 7-9　管材的管系列和规格尺寸　　　　　　　　（单位：mm）

公称外径	平均外径		管系列				
			S5	S4	S3.2	S2.5	S2
	最小	最大	公称壁厚				
20	20.0	20.3	—	2.3	2.8	3.4	4.1
25	25.0	25.3	2.3	2.8	3.5	4.2	5.1
32	32.0	32.3	2.9	3.6	4.4	5.4	6.5
40	40.0	40.4	3.7	4.5	5.5	6.7	8.1
50	50.0	50.5	4.6	5.6	6.9	8.3	10.1
63	63.0	63.6	5.8	7.1	8.6	10.5	12.7
75	75.0	75.7	6.8	8.4	10.3	12.5	15.1
90	90.0	90.9	8.2	10.1	12.3	15.0	18.1
110	110.0	111.0	10.0	12.3	15.1	18.3	22.1

注：管材长度一般为 4m 或 6m，长度不应有负偏差。壁厚不得低于上表中的数值。

3. 其他管材

（1）铝塑复合管（PAP）铝塑复合管以焊接铝管为中间层，内外层均为高密度聚乙烯或交联聚乙烯，铝管与聚乙烯（或交联聚乙烯）管之间以热熔胶黏合。它集中了金属管和塑料管的优点。该管具有强度高、可弯曲、延伸率大、耐高温、耐高压、耐腐蚀、使用寿命长等特点，目前已广泛用于室内给水、采暖、空调用水管上。

（2）钢塑复合管　钢塑复合管兼有钢管强度高和塑料管耐腐蚀、保持水质的优点。其分为衬塑和涂塑两类，也生产有相应的配件、附件。将塑料粉末涂料涂敷于钢管内表面并经加工而成的复合管称为涂塑复合管；用紧衬复合工艺将塑料管材衬于钢管内壁而形成的复合管称为衬塑复合管。

根据所用钢管的不同又分为涂（衬）塑焊接钢管和涂（衬）塑无缝钢管。当管道系统工作压力小于或等于 1.0MPa 时，宜采用涂（衬）塑焊接钢管、可锻铸铁衬塑管件。管径小于或等于 100mm 时宜采用螺纹连接，管径大于 100mm 时宜采用法兰或沟槽式连接。当管道系统工作压力大于 1.0MPa，但小于或等于 1.6MPa 时，宜采用涂（衬）塑无缝钢管、无缝管件或球墨铸铁涂（衬）塑管件，并采用法兰或沟槽式连接。

（3）铜管　铜管具有良好的导电性、导热性、可塑性、低温性能和较好的耐蚀性能。铜管分为纯铜管和黄铜管。纯铜管常用牌号有 T2、T3 等。黄铜管常用牌号有 H68、H62 和 HFe59 - 1 - 1 等。

目前，其连接配件、阀门等也配套生产。根据我国几十年的使用情况，验证其效果优良。只是由于铜管价格较高，现在多用于宾馆等较高级的建筑中，管径通常较小，连接以焊接为主。

（4）不锈钢管　不锈钢是在碳钢中加入合金元素（如铬、镍、钼、钴等）形成的钢不锈钢管有良好的耐蚀性能，但价格高，用于化工、医药、食品工业的工艺管道。

7.1.3　管件

1. 钢管用管件

在水、暖、燃气输送系统中，管道除直通部分外还有分支、转弯和变管径，因此就要有各种不同形式的管子配件与管子配合使用。

无缝钢管的管件包括弯头、三通、法兰、异径管等。焊接管的管件包括活接头、补心、三通、对丝等。

大管径的管子采用焊接法连接，配件种类较少。小管径螺纹连接的管子，配件种类较多。这里着重介绍用于螺纹连接的管子配件，如三通、弯头、大小头、活接头等。

管件主要用可锻铸铁或软钢制造而成。管件的材质要求密实坚固并有韧性，便于机械切削加工。管件也分黑铁与白铁两种。

常用管件如图 7-3 所示。管件按照用途可分为以下几种：

① 管道延长连接用配件：管箍、对丝（内接头）。

② 管道分支连接用配件：三通（丁字管）、四通（十字管）。

③ 管道转弯用配件：90°弯头、45°弯头。

④ 节点碰头连接用配件：根母（六方内丝）、活接头（由任）、带螺纹法兰盘。

⑤ 管子变径用配件：补心（内外丝）、异径管箍（大小头）。

⑥ 管子堵口用配件：丝堵、管堵头。

在管道连接中，法兰盘是一个多用途配件。它既能用于钢管，也能用于铸铁管；可以螺纹连接，也可以焊接；既可以用于管子延长连接，也可用于节点碰头连接。

管子配件的规格和所对应的管子是一致的，是以公称通径标称的。同一种配件有同径和异径之分，如三通管分为同径和异径两种。同径管件规格的标记可以用一个数值表示，也可以用三个数值表示，如公称通径为 25mm 的同径三通可以写为 ⊥25 或写为 ⊥25 × 25 × 25。异径管件的规格通常要用两个管径数值表示，前一个数表示大管径，后一个数表示小管径，如异径三通 ⊥25 × 15，大小头 ⟋32 × 20。对各种管件的规格组合可按表 7-10 确定。

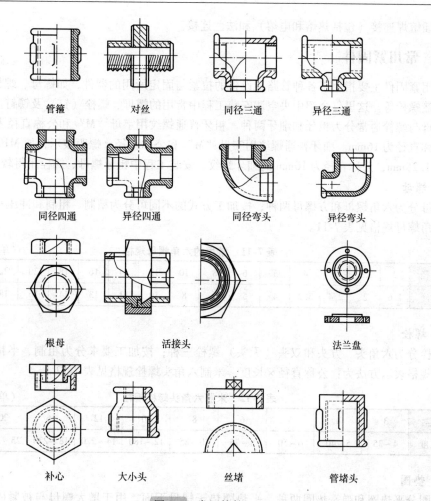

图 7-3 常用管件

表 7-10 管子配件的规格排列

同径管件	异 径 管 件						
15 × 15 × 15	—	—	—	—	—	—	—
20 × 20 × 20	20 × 15	—	—	—	—	—	—
25 × 25 × 25	25 × 15	25 × 20	—	—	—	—	—
32 × 32 × 32	32 × 15	32 × 20	32 × 25	—	—	—	—
40 × 40 × 40	40 × 15	40 × 20	40 × 25	40 × 32	—	—	—
50 × 50 × 50	50 × 15	50 × 20	50 × 25	50 × 32	50 × 40	—	—
65 × 65 × 65	65 × 15	65 × 20	65 × 25	65 × 32	65 × 40	65 × 50	—
80 × 80 × 80	80 × 15	80 × 20	80 × 25	80 × 32	80 × 40	80 × 50	80 × 65
100 × 100 × 100	100 × 15	100 × 20	100 × 25	100 × 32	100 × 40	100 × 50	100 × 65	100 × 80

管子配件的试压标准：可锻铸铁配件应承受公称压力为 0.8MPa，软钢配件承压为 1.6MPa。
管子配件的内螺纹应端正整齐无断丝，壁厚均匀一致，外形规整，材质严密无砂眼。

2. 塑料管用管件

塑料管用管件一般采用与管材相同的材料，也可采用铜管件。其根据管径不同分为螺纹连接、承插熔焊连接（包括热熔和电熔）和法兰连接。

7.1.4 常用紧固件

常用紧固件主要指用于各种管路及设备的拉紧与固定所用的器件，如螺母、螺栓（钉）、铆钉及花篮螺栓等。这里仅介绍中央空调安装工程中常用的螺母、螺栓（钉）及铆钉。

螺母与螺栓通常分为粗牙和细牙两种。粗牙普通螺纹用字母"M"和公称直径表示，如 M16 表示公称直径为 16mm。细牙普通螺纹用字母"M"和公称直径×螺距表示，如 M10×1.25 表示螺距为 1.25mm，公称直径为 10mm 的细牙螺纹。安装工程中粗牙螺母、螺栓用得较多。

1. 螺母

螺母分为六角螺母和方螺母两种；按加工方式的不同可分为精制、粗制和冲压三种螺母。常用的六角螺母规格见表 7-11。

表 7-11　常用的六角螺母规格　　　　　　　　（单位：mm）

公称直径	2	2.5	3	4	6	8	10	12	14	16	18	20	22	24	30
螺母厚度	1.6	2	2.4	3.2	4	5	6	8	10	11	13	14	16	18	19	24

2. 螺栓

螺栓分为六角头、方头和双头（无头）螺栓三种；按加工要求分为粗制、半精制、精制三种。其规格表示方法为：公称直径×长度。米制六角头螺栓规格见表 7-12。

表 7-12　米制六角头螺栓规格　　　　　　　　（单位：mm）

公称直径	3	4	5	6	8	10	12	16	20	24
螺栓长度	4~35	5~40	6~50	8~75	10~85	12~180	14~220	18~220	25~240	32~260

3. 垫圈

垫圈分平垫圈和弹簧垫圈两种。平垫圈垫于螺母下面，用于增大螺母与被紧固件间的接触面积，降低螺母作用在单位面积上的压力，并起保护被紧固件表面不受磨损的作用。平垫圈规格见表 7-13。

表 7-13　平垫圈规格

公称直径/mm	3	4	5	6	8	10	12	14
垫圈直径/mm	3.2	4.2	5.5	6.5	8.5	10.5	12.5	14.4
1000 个垫圈质量/kg	0.331	0.508	1.051	1.421	2.327	3.981	5.76	10.61
公称直径/mm	16	18	20	22	24	30	36	40
垫圈直径/mm	16.5	19	21	23	25	31	38	44
1000 个垫圈重量/kg	13.90	15.90	24.71	30.44	34.51	63.59	117.6	165.1

注：公称直径指配合螺栓规格。

弹簧垫圈富有弹性，能防止螺母松动，适用于常受振动处。它分为普通与轻型两种，规格与所配合使用的螺栓一致，以公称直径表示。

4. 膨胀螺栓

膨胀螺栓又称胀锚螺栓，可用于固定管道支架及作为设备地脚的专用紧固件。

采用膨胀螺栓可以省去预埋件及预留孔洞，能提高安装速度和工程质量，降低成本，节约材料。膨胀螺栓类型繁多，但大体上可分为两类，即锥塞型（YG1 型，见图 7-4）和胀管型（YG2型，见图 7-5）。这两类螺栓如果采用钢材制造，则称为钢制膨胀螺栓。工程上也有采用塑料胀管、尼龙胀管的。

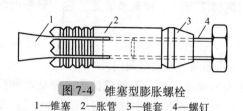

图 7-4　锥塞型膨胀螺栓
1—锥塞　2—胀管　3—锥套　4—螺钉

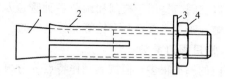

图 7-5　胀管型膨胀螺栓
1—带锥头的螺杆　2—胀管　3—垫圈　4—螺母

锥塞型膨胀螺栓适用于钢筋混凝土建筑结构。它是由锥塞（锥台）、带锥套的胀管（也有不带锥套的）、六角头螺栓（或螺杆和螺母）三个部件组成。使用时靠锥塞打入胀管，于是胀管径向膨胀使胀管紧塞于墙孔中。

胀管型膨胀螺栓适用于砖、木及钢筋混凝土等建筑结构。它是由带锥头的螺杆、胀管、垫圈及螺母组成。使用时，随着螺母的拧紧，胀管随之膨胀紧塞于墙孔中。受拉或受动载荷作用的支架、设备宜用这种膨胀螺栓。

对于用聚氯乙烯树脂作胀管的膨胀螺栓，使用时将它打入钻好的孔中，当拧紧螺母时，胀管被压缩沿径向向外鼓胀，因而螺栓更加紧固于孔中。在螺母放松后，聚氯乙烯树脂胀管又恢复原状，螺栓可以取出再用。这种螺栓对钢筋混凝土、砖及轻质混凝土等低密度材质的建筑结构均适用。

5. 铆钉

铆钉是用于板材、角钢法兰与金属风管间连接的紧固件。其按结构的不同分为圆头（蘑菇顶）铆钉和平头铆钉；按材质的不同分为钢铆钉和铝铆钉。铝铆钉又分为实芯、抽芯、击芯等三种类型。铆钉类型及其连接方式如图 7-6 和图 7-7 所示。

铆钉规格以铆钉直径×钉杆长度表示。例如 5mm×8mm。通风工程常用的铆钉直径为 3～6mm。铝板风管应用铝铆钉，钢铆钉在使用前要进行退火处理。

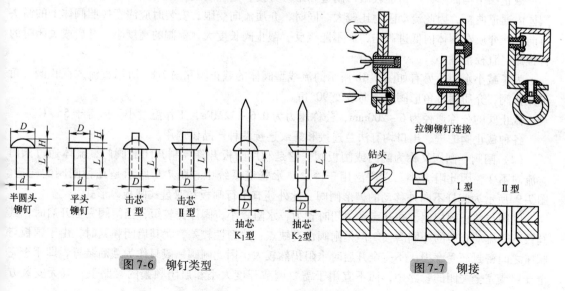

图 7-6　铆钉类型

图 7-7　铆接

7.1.5 水管阀门

在中央空调水管道系统中，需要阀门来控制系统的开启和关闭，调节流量、压力、温度等参数。所以，阀门是用于控制和调节各种管道及设备内流体工况的一种机械装置。它一般是由阀体、阀瓣、阀盖、阀杆及手轮等部件组成的。

1. 常用阀门类型

阀门的种类很多，但按其动作特点分为两大类，即驱动阀门和自动阀门。

驱动阀门是用手操纵或其他动力操纵的阀门。靠人力操纵手轮、手柄或链轮来驱动的阀门叫作手动阀门。利用各种动力源进行驱动的阀门叫作动力驱动阀门。截止阀、节流阀（针型阀）、闸阀、旋塞阀等，均属于驱动阀门。自动阀门是借助于介质本身的流量、压力或温度参数发生的变化而自行动作的阀门，如止回阀、安全阀、浮球阀、减压阀、放气阀、疏水阀等，均属于自动阀门。

阀门按承压能力可分为低压阀门（≤1.6MPa）、中压阀门（2.5~6.4MPa）、高压阀门（10~80MPa）、超高压阀门（>100MPa）。一般暖通空调工程上所采用的阀门多为低压阀门。

本节仅介绍冷水、热水、蒸汽等一般管路的常用阀门，包括截止阀、闸阀、旋塞阀、球阀、蝶阀、隔膜阀、止回阀、节流阀、安全阀、减压阀和疏水阀。

（1）截止阀　截止阀主要用于热水供应及高压蒸汽管路中接通或截断管道中的介质。

截止阀（见图7-8a）的阀体1为三通形筒体，其间的隔板中心有一圆孔，上面装有阀座5（又称为密封圈）。阀杆3穿过阀盖2，其下端连接有阀瓣4。该阀瓣并非紧固于阀杆上，而是活动地连接在一起，这样在阀门关闭时，阀瓣4能够正确地落在阀座5上而严密贴合，同时这样也可以减少阀瓣与阀座之间的磨损。阀杆的上部有梯形螺纹，并旋入阀杆螺母6内，上端固定有操作手轮7。当手轮逆时针方向转动时，阀门便开启；手轮顺时针方向转动时，阀门则关闭。所以，改变阀瓣与阀座间的距离，就会改变流体通道截面积的大小，从而控制阀门开、关程度。为了避免介质从阀杆与阀盖之间的缝隙漏出，在阀盖2内填充有弹性填料8（又称为盘根），借助于填料压盖9和两个螺栓的作用，将填料紧压在阀杆上而不致泄漏。

截止阀结构简单，严密性较高，制造和维修方便，是应用最广泛的阀门品种之一。但由于其阀体内通道曲折，因此流动阻力比较大。同时，介质流向受限，安装时应注意按照阀体上的箭头方向，使介质在阀体内低进高出，而不能接反。截止阀长度大，但阀的高度小，开启或关闭时的行程短，直径范围小。

为了减小水阻，另有如图7-8b所示的流线型阀体的截止阀和图7-8c所示直流式截止阀。角形截止阀，介质通过角形阀后流向改变90°角。

截止阀的公称通径为6~200mm，公称压力为0.6~32MPa，工作温度小于或等于550℃。

各种截止阀的进、出口均有法兰连接和螺纹连接两种产品供选用。

（2）闸阀　闸阀又称为闸门或闸板阀。它是利用闸板升降控制开闭的阀门，流体通过阀门时流向不变，因此阻力小。它广泛用于冷、热水管道系统中。图7-9所示是几种闸阀的构造。图7-9a所示为阀杆不向外移动的楔形闸阀，此外还有平行闸板和双盘式闸板等形式。

闸阀与截止阀相比，在开启和关闭时省力，水阻较小，阀体比较短，当闸阀完全开启时，其阀板不受流动介质的冲刷磨损。但是闸阀也有缺点：严密性较差，尤其启闭频繁时，由于闸板与阀座之间密封面受磨损，不完全开启时水阻仍然较大，因此闸阀一般只作为截断装置，即用于完全开启或完全关闭的管路中，而不宜用于需要调节开度大小和启闭频繁的管路上。其无安装方向，但不宜单侧受压，否则不易开启。

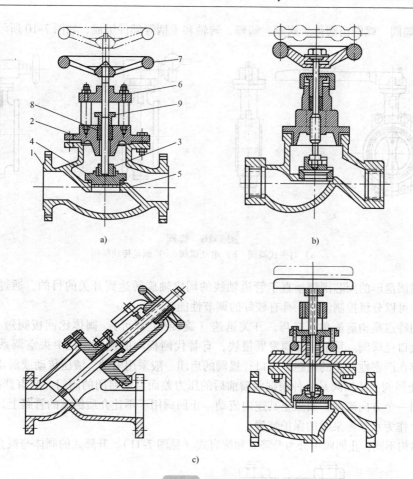

图 7-8　截止阀

a）筒形阀体　b）流线形阀体　c）直流式阀体

1—阀体　2—阀盖　3—阀杆　4—阀瓣　5—阀座　6—阀轩螺母　7—操作手轮　8—填料　9—填料压盖

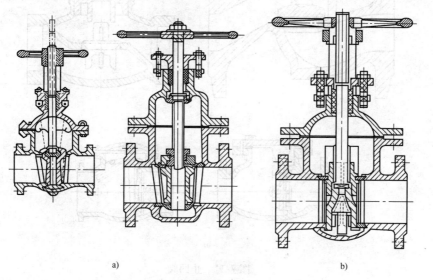

图 7-9　闸阀

a）楔形闸板　b）平行闸板

（3）蝶阀　蝶阀由阀体、阀座、阀瓣、转轴和手柄等部件组成，如图7-10所示。

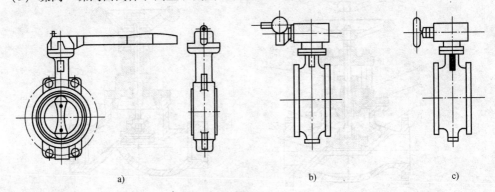

图 7-10　蝶阀
a）对夹式蝶阀　b）电动蝶阀　c）蜗轮传动蝶阀

蝶阀靠圆盘形的阀芯围绕垂直于管道轴线的固定轴旋转达到开关的目的。通过改变阀芯的旋转角度，可以分级控制流量，具有较好的调节性能。

蝶阀的特点是构造简单、轻巧，开关迅速（旋转90°即可），阀体比闸板阀短小，重量轻，可以做成大口径蝶阀。目前，蝶阀发展很快，有替代闸板阀的趋势，在中央空调系统中应用广泛，但是存在严密性较差的问题。大口径蝶阀的启闭一般采用电动、液压传动或涡轮传动。

（4）止回阀　止回阀是一种根据阀瓣前后的压力差而自动启闭的阀门。它有严格的方向性，只许介质向一个方向流动，而阻止其逆向流动。止回阀用于不让介质倒流的管路上，如在水泵出口的管路上作为水泵停泵时的保护装置。

根据结构不同，止回阀可分为升降式和旋启式（见图7-11）。升降式的阀体与截止阀的阀体相

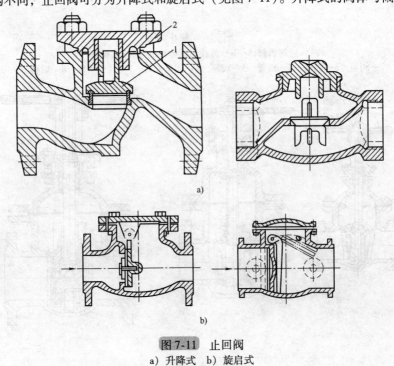

图 7-11　止回阀
a）升降式　b）旋启式
1—阀瓣　2—阀盖

同，为使阀瓣1准确落在阀座上，在阀盖2上设有导向槽，阀瓣上有导杆，并可在导向槽内自由升降。当介质自左向右流动时，在压力作用下顶起阀瓣即成通路，反之阀瓣由于自重下落关闭，介质不能回流。升降式止回阀只能用在水平管道上，垂直管道应使用旋启式止回阀。旋启式止回阀是靠阀瓣转动来启闭的，安装时应注意介质的流向（箭头所示），它在水平或垂直管路上均可应用。

　　（5）旋塞阀　旋塞阀主要由阀体和塞子（圆锥形或圆柱形）构成。图7-12a 所示为扣紧式旋塞阀，在旋塞的下端有个螺母，把塞子紧压在阀体内，以保证严密。旋塞塞子中部有一个孔道，当旋转时，即开启或关闭。为避免介质从塞子与阀体之间的缝隙渗漏，另有填料式旋塞，如图7-12b 所示。这种旋塞阀严密性较好。

　　旋塞阀结构简单，开启和关闭迅速，旋转90°就全开或全关，阻力较小，但保持其严密性比较困难。

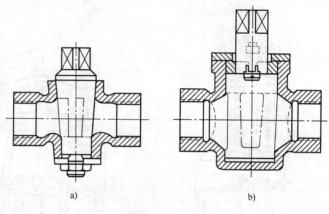

图 7-12　旋塞阀
a）扣紧式　b）填料式

旋塞阀通常用于温度和压力不高的较小管路上，如用作泄水阀、放气阀。其现在逐渐被球阀代替。

　　（6）球阀　球阀由阀体和中间开孔的球形阀芯组成，其结构如图7-13 所示。球阀靠旋转球体来控制启闭。球阀只能全开或全关，不允许作节流用。

　　球阀的特点是构造简单、体积较小、零部件少、重量较轻、开关迅速、阻力小、介质流向不限。球阀克服了旋塞阀的一些缺点，密封性较好，启闭省力，但是制造精度要求高，加工工艺难度大。

　　（7）节流阀　节流阀是借阀瓣开关改变流道断面大小从而达到调节介质流量和压力的目的，其结构如图7-14 所示。

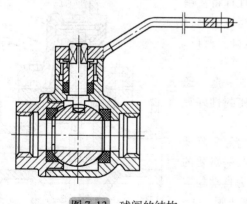

图 7-13　球阀的结构

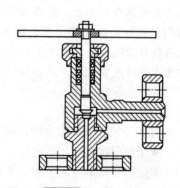

图 7-14　节流阀的结构

　　节流阀的阀瓣为锥体，与阀座间形成一条狭窄通道，流体流过时，便被节流降压。节流阀多用于小的管道上，如安装压力表所用的阀门常用节流阀。其流道孔径小，其内流体流速高，易磨损，不宜用于黏度大和含尘沙的不洁净的流体中。

　　对于节流阀（调节阀）的选择，民用建筑供暖通风与空气调节设计规范（GB 50736—2012）规定：自动调节阀阀权度的确定应综合考虑调节性能和输送能耗的影响，宜取 0～0.7；水路两通阀宜采用等百分比特性的阀门；水路三通阀宜采用抛物线特性或线性特性的阀门。

(8) 安全阀　安全阀是一种安全装置，当管路系统或设备（如锅炉、冷凝器等压力容器）中介质的压力超过规定数值时，便自动开启阀门降压，以免发生爆炸。在介质的压力恢复正常后，安全阀自动关闭。

安全阀一般分为弹簧式和杠杆式两种，如图 7-15 所示。

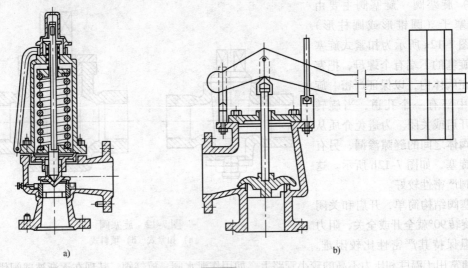

图 7-15　安全阀
a) 弹簧式　b) 杠杆式

弹簧式安全阀利用弹簧的压力来平衡介质的压力，阀瓣被弹簧紧压在阀座上，平常阀瓣处于关闭状态。转动弹簧上面的螺母，即改变弹簧的压紧程度，便能调整安全阀的工作压力，一般要先用压力表参照定压。

杠杆式安全阀或称为重锤式安全阀，利用杠杆将重锤所产生的力矩紧压在阀瓣上。保持阀门关闭，当压力超过额定数值时，杠杆重锤失去平衡，阀瓣就会打开。所以，改变重锤在杠杆上的位置，就改变了安全阀的工作压力。

现在也有脉冲式安全阀，其主阀和副阀连在一起，通过副阀的脉冲作用驱动主阀，具有动作灵敏、密封性好等优点，主要用于大口径安全阀。

(9) 减压阀　减压阀又称为调压阀，用于管路中降低介质压力。减压阀通过调节，将进口压力减至某一需要的出口压力，并依靠介质本身的能量，使出口压力自动稳定在一定范围内。减压阀的进、出口一般要伴装截止阀。

常用的减压阀有活塞式、薄膜式、弹簧薄膜式及波纹管式等几种，如图 7-16 ~ 图 7-19 所示。

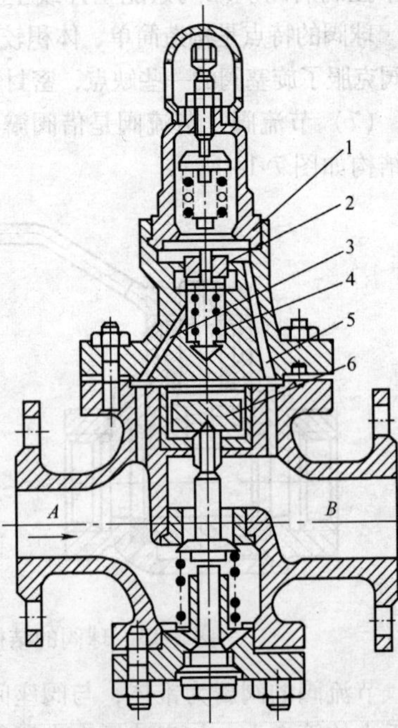

(10) 疏水阀　疏水阀又称为疏水器，它的作用在于阻汽排水，以提高蒸汽汽化热利用率，还可防止管道中发生水锤、振动等现象，属于自动作用阀门。

常用疏水阀有浮桶式、热动力式以及波纹管式等数种，如图 7-20 所示。

图 7-16　活塞式减压阀
1—膜片　2—脉冲阀　3—α 通道
4—S 通道　5—β 通道　6—活塞

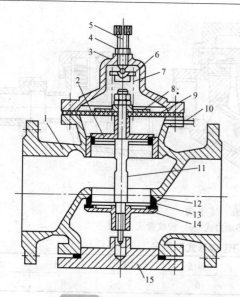

图 7-17　薄膜式减压阀

1—阀体　2—平衡盘　3—阀盖　4—锁紧螺母　5—调节螺钉
6—弹簧座　7—弹簧　8—圆盘　9—氯丁橡胶薄膜　10—低压连通管
11—阀杆　12—阀座　13—密封圈　14—阀盘　15—底盖

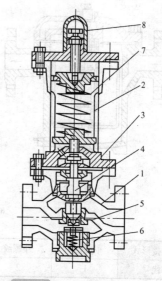

图 7-18　弹簧薄膜式减压阀

1—阀体　2—阀盖　3—薄膜　4—阀杆
5—阀瓣　6—主阀弹簧　7—节弹簧
8—调节螺钉

2. 阀门规格型号的表示方法

按照我国现行标准 JB/T 308—2004 规定，阀门的规格型号由 7 部分组成，通常用拼音字母和数字按横式书写，其后注明公称通径，每个字母和数字都有特定的含义。

$$\boxed{1}\ \boxed{2}\ \boxed{3}\ \boxed{4}\ \boxed{5}-\boxed{6}\ \boxed{7}$$

1——阀门类型，用汉语拼音字母作代号，见表 7-14。

2——驱动方式，用一位数字作代号，见表 7-15。

3——连接形式，用一位数字作代号，见表 7-16。

4——结构形式，用一位数字作代号，见表 7-17。

5——阀座密封面或衬里材料，用汉语拼音字母作代号，见表 7-18。

6——压力代号或工作温度下的工作压力代号，直接用公称压力数值表示。

7——阀体材料，用汉语拼音字母作代号，见表 7-19。

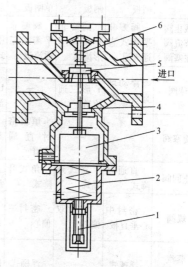

图 7-19　波纹管式减压阀

1—调节螺钉　2—调节弹簧　3—波纹箱
4—压力通道　5—阀瓣　6—顶紧弹簧

表 7-14　阀门类型代号

阀门类别	闸阀	截止阀	节流阀	隔膜阀	球阀	旋塞阀	单向阀和底阀	蝶阀	蒸汽疏水阀	弹簧载荷安全阀	减压阀	柱塞阀
代号	Z	J	L	G	Q	X	H	D	S	A	Y	U

表 7-15　阀门驱动方式及代号

驱动方式	蜗轮	直齿圆柱齿轮	锥齿轮	气动	液动	气–液动	电动
代号	3	4	5	6	7	8	9

注：安全阀、减压阀、疏水阀、手轮直接连接阀杆操作结构形式的阀门则省略本单元代号。

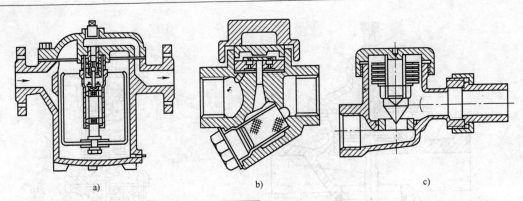

图 7-20　疏水阀
a) 浮桶式　b) 热动力式　c) 波纹管式

表 7-16　阀门连接形式及代号

连接形式	内螺纹	外螺纹	法兰	焊接	对夹	卡箍	卡套
代号	1	2	4	6	7	8	9

表 7-17　阀门结构形式代号

项目	1	2	3	4	5	6	7	8	9	0
闸阀	明杆楔式刚性单闸板	明杆楔式刚性双闸板	明杆平行式刚性单闸板	明杆平行式刚性双闸板	暗杆楔式刚性单闸板	暗杆楔式刚性双闸板	暗杆平行式刚性单闸板	暗杆平行式刚性双闸板	—	明杆楔式弹性闸板
截止阀节流阀柱塞阀	阀瓣非平衡式直通流道	阀瓣非平衡式 Z 形流道	阀瓣非平衡式三通流道	阀瓣非平衡式角式流道	阀瓣非平衡式直通流道	阀瓣平衡式直通流道	阀瓣平衡式角式流道	—	—	—
球阀	浮动球直通流道	浮动球 Y 形三通流道	—	浮动球 L 形三通流道	浮动球 T 形三通流道	固定球四通流道	固定球直通流道	固定球 T 形三通流道	固定球 L 形三通流道	固定球半球直通流道
旋塞阀	—	—	填料密封直通流道	填料密封 T 形三通流道	填料密封四通流道	—	油密封直通流道	油密封 T 形三通流道	—	—
止回阀	直通升降式	立式升降式	角式升降式	单瓣旋启式	多瓣旋启式	双瓣旋启式	蝶形止回式	—	—	—
蝶阀	密封中心垂直板	密封双偏心	密封三偏心	密封连杆机构	非密封单偏心	非密封中心垂直板	非密封双偏心	非密封三偏心	非密封连杆机构	密封单偏心
蒸汽疏水阀	浮球式	—	浮桶式	液体或固体膨胀式	钟形浮子式	蒸汽压力式或膜盒式	双金属片式	脉冲式	圆盘热动力式	—
减压阀	薄膜式	弹簧薄膜式	活塞式	波纹管式	杠杆式	—	—	—	—	—
弹簧式安全阀	弹簧密封微启式	弹簧密封全启式	弹簧不封闭且带扳手微启式或双联阀	弹簧密封带扳手全启式	—	带控制机构全启式	弹簧不封闭且带扳手微启式	弹簧不封闭且带扳手全启式	脉冲式	弹簧密封带散热片全启式
杠杆安全阀	—	单杠杆	—	双杠杆	—	—	—	—	—	—
隔膜阀	屋脊流道	—	—	—	直流流道	直通流道	—	Y 形角式流道	—	—

表7-18　阀座密封面或衬里材料代号

密封面或衬里材料	铜合金	Cr13系不锈钢	渗氮钢	巴式合金	蒙乃尔合金	硬质合金	奥氏体不锈钢	橡胶
代号	T	H	D	B	M	Y	R	X
密封面或衬里材料	渗硼钢	尼龙塑料	塑料	陶瓷	衬铅	搪瓷	衬胶	氟塑料
代号	P	N	S	G	Q	C	J	F

注：密封面由阀体直接加工的（无密封圈），代号为W。

表7-19　阀体材料及代号

阀体材料	灰铸铁	可锻铸铁	球墨铸铁	Cr13系不锈钢	铜及铜合金	铝合金	铬钼系钢	铬镍系不锈钢	铬镍钼系不锈钢	铬钼钒钢
代号	Z	K	Q	H	T	L	I	P	R	V

注：CF3、CF8、CF3M、CF8M等材料牌号可直接标注在阀体上。

3. 阀门的选用

阀门应根据用途、介质种类、介质参数（温度、压力）、使用要求和安装条件等因素，综合比较，正确选用。其中，应注重阀体材料和密封材料的应用条件。可参照下列步骤进行选用：

① 根据介质种类和介质参数，选定阀体材料。

② 根据介质参数、压力和温度，确定阀门的公称压力级别。

③ 根据公称压力、介质性质和温度，选定阀门的密封材料。

④ 根据流量、流速要求和相连接的管道管径，确定阀门的公称通径。

⑤ 根据阀门用途、生产要求、操作条件，确定阀门的驱动方式。

⑥ 根据管道的连接方法，阀门的构造和公称通径，确定阀门的连接方式。

⑦ 根据公称压力、公称通径、阀体材料、密封材料、驱动方式、连接形式等，再参考产品说明书（或阀门参数表）提供的技术条件，进行综合比较，并根据价格和供货条件最后确定阀门的类别及型号规格。

7.2　水管施工与安装方法

中央空调水管施工与安装范围包括室内管道和室外管道安装、管道与设备连接，安装内容包括管道加工、管道连接、管道施工和安装。

7.2.1　管道的加工

钢管在搬运、装卸、存放过程中，由于操作不当常会出现弯曲，管口变成椭圆形或局部撞瘪的现象，安装时必须经过处理。

1. 钢管调直

钢管调直适用于公称通径小于或等于100mm的管子，公称通径大于100mm的管子一般不易弯曲，即使有弯曲部分，也可将弯曲部分去掉。调直的方法有冷调法和热调法。

（1）冷调法　冷调法一般用于公称直径小于50mm且弯曲程度不大的管子。根据具体操作方法，冷调法可分为：杠杆调直法、锤击调直法、平台法和调直台调直法。

杠杆调直法是将管子弯曲部位作支点，用手加力于施力点，并不断变动支点部位，使弯曲管均匀调直而不变形损坏。

锤击调直法是用一把锤子顶在管子的凹面，用另一把锤子稳稳地敲打凸面，两把锤子之间应有 50～150mm 的距离，经过反复敲打，将管子调直。该方法用于小直径的长管。

平台法是将管子置于平的工作台上，用木锤锤击弯处调直台调直法就是用图 7-21 所示的调直台调直。该方法适用于管径较大，公称通径在 100mm 之内的管子。

（2）热调法　热调法是先将管子放到红炉上加热至 600～800℃，呈樱桃红色，抬至平行设置的钢管上，使管子靠其自身重量（不灌砂）在来回滚动的过程中调直，在滚动前应在弯管和直管部分的接合部浇水冷却，以免直管部分在滚动过程中产生变形。

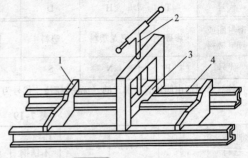

图 7-21　调直工作台
1—支块　2—螺纹杠　3—压块　4—工作台架

热调法操作较麻烦，适用于管径大于 100mm，冷调法不易调直的管子。

2. 钢管校圆

管口校圆的方法有：锤击校圆、外圆对口器校圆、内校圆器校圆等。

锤击校圆法是用锤均匀敲击椭圆的长轴两端附近范围，并用圆弧样板检验校圆结果。

利用特制外圆对口器校圆时，把圆箍（内径与管外径相同，制成两个半圆以易于拆装）套在圆口管的端部，并使管口探出约 30mm，使之与椭圆的管口相对。在圆箍的缺口内打入锲铁，通过锲铁的挤压把管口挤圆，然后点焊。该方法适用于大口径（公称通径在 426mm 以上）并且变形较小的管口，在对口的同时进行校圆。

内校圆器适用于管子变形较大或有瘪口情况，如图 7-22 所示。

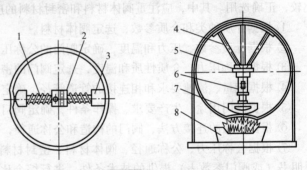

图 7-22　内校圆器
1—加减螺纹　2—扳把轴　3—螺母　4—支柱
5—垫板　6—千斤顶　7—压块　8—火盆

3. 钢管截断

在管道安装过程中，经常要结合现场的条件，对管子进行切断加工。常用的切割方法有手工切割、机械切割、气割等方法。

（1）手工切割　管子的手工切割多用于小批量、小直径管子的截断。空调工程中管道截断的方法有：手工锯切法、割管器切割法等。

手工锯切法适用于截断各种直径不超过 100mm 的金属管、塑料管、胶管等。割管器切割法可用于公称通径在 100mm 以内的除铸铁管、铅管外的各种金属管。

（2）机械切割　机械切割适用于大批量、大直径管子的截断。该方法效率高、质量稳定、劳动强度低，应用广泛。空调工程中常用的截管方法有磨切、锯切等。

磨切法是用砂轮切割机进行管子切割，俗称无齿锯切割，可切割金属管、合金管、陶瓷管等（与所用砂轮的种类有关）。

锯床截切（锯切）是利用往复式锯床截切，适用于大批量的截管。常用的 G72 型锯床的最大锯管直径为 250mm。

（3）气割　气割法是用氧乙炔焰将管子加热到熔点，再由割枪嘴喷出高速纯氧将金属管熔化割断。这种方法宜用于公称通径在 40mm 以上的各种碳素钢管的切割，不宜用于合金钢管、不锈钢管、铜管、铝管和需要套螺纹的管子的切割。

7.2.2　管件的加工

1. 弯管的制作

弯管按其制作方法不同，可分为煨制弯管、冲压弯管和焊接弯管。弯管尺寸由管径 D、弯曲角度和弯曲半径 R 三者确定。弯曲角度应根据图样和现场情况确定。弯曲半径应按设计图样及有关规定选定，既不能过大，也不能太小，一般热煨弯为 $3.5D_w$（D_w 为管外径），冷煨弯为 $4D_w$，焊制弯管为 $1.5D_w$，冲压弯头大于或等于 $1D_w$。具体规定见表 7-20。

表 7-20　管道最小弯曲半径

管子类别	弯管制作方式	最小弯曲半径	
中、低压钢管	热弯	$3.5D_w$	
	冷弯	$4.0D_w$	
	褶皱弯	$2.5D_w$	
	压制	$1.0D_w$	
	热推弯	$1.5D_w$	
	焊制	公称通径小于或等于 250mm	$1.0D_w$
		公称通径大于 250mm	$0.75D_w$
高压钢管	冷弯、热弯	$5.0D_w$	
	压制	$1.5D_w$	
有色金属管	冷弯、热弯	$3.5D_w$	

（1）煨制弯管　煨制弯管又分冷煨和热煨两种。

1）冷煨弯管：冷煨弯管是指在常温下依靠机具对管子进行煨弯。其优点是不需要加热设备，管内也不充砂，操作简便。常用的冷弯弯管设备有手动弯管机、电动弯管机和液压弯管机等。

目前，冷弯弯管机一般只能用于弯制公称通径小于或等于 250mm 的管子。当弯制大管径及厚壁管时，宜采用中频弯管机或其他热煨法。对一般碳素钢管，冷弯后不需做任何热处理。

2）热煨弯管：灌砂后将管子加热来煨制弯管的方法称为热煨。这种方法是一种较原始的弯管制作方法，灵活性大，但效率低，能源浪费大，成本高，因此目前在碳素钢管煨弯中已很少采用，但在一些有色金属管、塑料管的煨弯中仍采用。弯曲塑料管的方法主要是热煨，加热的方法通常采用灌冷砂法与灌热砂法。

（2）焊制弯管　焊制弯管由管节焊制而成，其组成形式如图 7-23 所示。对于公称通径大于 400mm 的弯管，可增加中节数量，但其内侧的最小宽度不得小于 50mm。

焊制弯管的主要尺寸偏差应符合下列规定：

1）周长偏差：公称通径大于 1000mm 时不超过 ±6mm，公称通径小于或等于 1000mm 时不超过 ±4mm。

2）端面与中心线的垂直偏差不应大于外径的 1%，且小于或等于 3mm。

（3）压制弯管　压制弯管一般用于城镇供热管道或室外管道。压制弯头又称为冲压弯头或无缝弯头，是用优质碳素钢、不锈耐酸钢和低合金钢无缝管在特制的模具内压制而成形的。

压制弯头加工主要尺寸偏差见表 7-21。

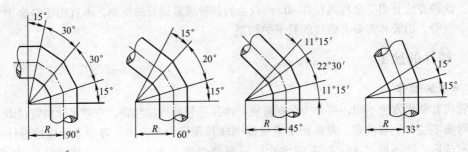

图 7-23　焊制弯管

表 7-21　压制弯头加工主要尺寸偏差　　　　　　　　　　　　（单位：mm）

管件名称	管件形式	公称通径	25~70	80~100	125~200	250~400	
						无缝	有缝
弯头		外径偏差	±1.1	±1.5	±2.2	±2.5	2.5
		外径椭圆	不超过外径偏差值				

2. 支吊架的制作

支吊架也称为管架，用于支承管道，限制管道变形和位移。根据其用途和结构不同，支吊架分为固定支架和活动支架。活动支架又分为滑动支架、导向支架、摇动支架和半铰接支架。

支吊架制作应注意以下方面：

1）管道支吊架的类型、材质、加工尺寸、精度及焊接等应符合设计要求。

2）支吊架底板及支吊架弹簧盒的工作面应平整。

3）应对管道支吊架焊缝进行外观检查，不得有漏焊、欠焊、裂纹、咬肉等缺陷。应对焊接变形予以校正。

4）制作合格的支吊架，应进行防腐处理，妥善保管。合金钢的支吊架应有材质标记。

7.2.3　管道的连接

管道的连接方法有螺纹连接、法兰连接、焊接连接、承插连接、卡套连接等。

1. 螺纹连接

钢管螺纹连接是指在管段端部加工螺纹，然后拧上带内螺纹的管子配件（如管箍、三通、弯头、活接头等），再和其他管段连接起来构成管道系统。一般管径在 100mm 以下，尤其是管径为 15~40mm 的小管子都采用螺纹连接。定期检修的设备也采用螺纹连接，以使拆卸安装较为方便。螺纹连接适用于低压流体输送用焊接钢管、硬聚氯乙烯塑料管等。

2. 法兰连接

法兰连接就是在固定于两个管口上的一对法兰中间放入垫片，然后用螺栓拉紧使其接合起来。在中、高压管道系统和低压大管径管道中，凡需要经常检修的阀门等附件与管道之间的连接、管子与带法兰的配件或设备的连接，一般都采用法兰连接。法兰连接的特点是接合强度高、严密性好、拆卸安装方便，但法兰接口耗用钢材多、工时多、价格贵、成本高。

3. 焊接连接

钢管焊接是指将管子接口处及焊条加热，达到熔化的状态，从而使两个被焊件连接成一个整体。焊接的方法很多，一般管道工程上常用的是焊条电弧焊及氧乙炔焊，尤其是电弧焊用得多，气焊一般用于公称通径大于 57mm、壁厚小于 3.5mm 的管道焊接。

焊接连接的优点是接头强度高，牢固耐久，接头严密性高，不易渗漏，不需要接头配件，造价相对较低，工作性能安全可靠，不需要经常维护检修。焊接连接的缺点是接口是固定接口，不可分离，拆卸时必须把管子切断，接口操作工艺要求较高，需受过专门培训的焊工配合施工。

7.2.4　空调管道的安装

空调管道的安装包括支吊架的安装、管道的安装和管件的安装。

1. 支吊架的安装

（1）支吊架的安装规定　金属管道的支吊架的类型、位置、间距、标高应符合设计或有关技术标准的要求。设计无规定时，应符合下列规定：

1）支吊架的安装应平整牢固，与管道接触紧密。管道与设备连接处应设独立支吊架。

2）冷（热）媒水、冷却水系统管道机房内总、干管的支吊架应采用承重防晃管架；与设备连接的管道支吊架宜有减振措施。当水平支管的支吊架采用单杆吊架时，应在管道起始点、阀门、三通、弯头及长度方向每隔 15m 设置承重防晃吊架。

3）无热位移的管道吊架，其吊杆应垂直安装；有热位移的管道吊架，其吊杆应向热膨胀（或冷收缩）的反方向偏移安装。

4）滑动支架的滑动面应清洁、平整，其安装位置应从支承面中心向位移反方向偏移 1/2 位移值或符合设计文件规定。

5）竖井内的立管，每隔 2 层或 3 层应设导向支架。在建筑结构负重允许的情况下，水平安装管道支吊架的间距应符合表 7-22 的规定。

6）管道支吊架的焊接应由合格持证焊工施焊，并不得有漏焊、欠焊或焊接裂纹等缺陷。支吊架与管道焊接时，管道侧的咬边量应小于 0.1 倍管壁厚。

表 7-22　钢管支吊架的最大间距

公称通径/mm		15	20	25	32	40	50	70	80	100	125	150	200	250	300
支吊架的最大间距/m	L_1	1.5	2.0	2.5	2.5	3.0	3.5	4.0	5.0	5.0	5.5	6.5	7.5	8.5	9.5
	L_2	2.5	3.0	3.5	4.0	4.5	5.0	6.0	6.5	6.5	7.5	7.5	9.5	9.5	10.5
公称通径大于 300mm 的管道，可参考 300mm 管道															

注：1. 表中数据适用于工作压力小于或等于 2.0MPa，不保温或保温材料密度小于或等于 200kg/m³ 的管道系统。

　　2. L_1 用于保温管道，L_2 用于不保温管道。

（2）支吊架的选用

1）有较大位移的管段应设置固定支架。

2）在管道上无垂直位移或垂直位移很小的地方，可装活动支架或刚性支架。活动支架的类型，应根据管道对摩擦作用的要求来选择：当对因摩擦而产生的作用力无严格限制时，可采用滑动支架；当要求减少管道轴向摩擦作用力时，可采用滚柱支架；当要求减少管道水平位移的摩擦作用力时，可采用滚珠支架。在架空管道上，当不便装设活动支架时，可采用刚性吊架。

3）在水平管道上只允许管道单向水平位移的地方、铸铁阀件的两侧、Ⅱ型补偿器两侧适当距离的地方，应装设导向支架。

4）在管道具有垂直位移的地方应装设弹簧吊架，在不便装设弹簧吊架时，也可采用弹簧支架，当同时具有水平位移时，应采用滚珠弹簧支架。

5）垂直管道通过楼板或屋顶时，应设套管，套管不应限制管道位移和承受管道垂直负荷。

6）对于室外架空敷设的大直径管道的独立活动支架，为减少摩擦力，应设计为挠性的、双铰接的支架或采用滚动支架，避免采用刚性支架。

当要求沿管道轴线方向有位移和横向有刚度时，采用挠性支架，一般布置在管道沿轴向膨胀的直线上。补偿器应用两个挠性支架支承，以承受补偿器重量和使管道膨胀收缩时不扭曲。这两个支架跨距一般为 3～4m，车间内部最大不超过 6m。

当仅承受垂直力，并允许管道在平面上做任何方向移动时，可采用双铰接支架，一般布置在自由膨胀的转弯点处。

2. 空调管道的安装

空调管道的安装一般在支吊架安装完成后进行。

（1）管道安装的准备工作

1）空调管道的安装多数为隐蔽管道工程，管道在隐蔽前必须经监理人员验收及认可签证。

2）管道的检查和清洗

① 各种管材和阀件应具备检验合格证，外观检查不得有砂眼、裂纹、重皮、夹层、严重锈蚀等缺陷。

② 对于洁净性要求较高的管道，安装前应进行清洗；对于忌油管道，安装前应进行脱脂处理。

3）管材的下料切割

① 管道下料尺寸应为现场测量的实际尺寸。切断的方法有手工切割、氧乙炔焰切割和机械切割。公称通径小于或等于 50mm 的管子用手工切割或割刀切割，公称通径大于 50mm 的管子可用氧乙炔焰切割或机械切割。

② 管子切口表面应平整，不得有裂纹、重皮，毛刺、凸凹、缩口、熔渣、氧化铁、铁屑等应予以清除；切口表面倾斜偏差为管子直径的 1%，但不得超过 3mm。

4）阀门宜采用闸阀，施工前应进行单体试压。

5）管道弯制弯管的弯曲半径，热弯时不应小于管道外径的 3.5 倍，冷弯时不应小于管道外径的 4 倍；焊接弯管不应小于管道外径的 1.5 倍；冲压弯管不应小于管道外径的 1 倍。弯管的最大外径与最小外径的差不应大于管道外径的 8/100，管壁减薄率不应大于 15%。

6）焊接钢管、镀锌钢管不得采用热煨弯方法。

（2）管道安装技术与要求

1）一般较大管径时可采用焊接钢管，连接方式为焊接。较小管径可采用镀锌钢管螺纹连接。敷设在管井内的空调水立管全部采用焊接，保温前需进行试压，土建管井应在立管安装、保温完毕再砌筑。管井设有阀门时，阀门位置应在管井检查门附近，手轮朝向易操作面处。

2）管道穿越墙体或楼板处应设钢制套管；管道接口不得置于套管内；钢制套管应与墙体饰面或楼板底部平齐，上部应高出楼层地面 20～50mm，并不得将套管作为管道支承；保温管道与套管四周间隙应使用不燃保温材料填塞紧密。

3）空调供水、回水水平干管应保证有大于或等于 3‰ 的敷设坡度，空调供水干管为逆坡敷设，回水干管顺坡敷设，在系统干管的末端设自动排气阀。当自动排气阀设置在吊顶内时，排气阀下面宜设置接水托盘，防止自动排气阀工作失灵跑水而污染吊顶。接水托盘可接出管道与系统中凝结水管连通。

4）凝结水管用于排除夏季空调设备中的表冷器或风机盘管表面因结露而产生的冷凝水，以保证空调设备正常运行。凝结水管由于靠重力流动，因此应具有足够的坡度，一般不宜小于8‰，并顺坡敷设。凝结水汇合后可排至附近的地漏或拖布池内，应做开式排放，不允许与污水管、雨水管做闭式连接。

5）冷热水管道与支吊架之间应有绝热衬垫，其厚度不应小于保温层厚度，宽度应大于支吊架支承面的宽度。衬垫的表面应平整，衬垫接合面的空隙应填实。

6）当管道安装间断时，应及时封闭敞开的管口。

7）管道与设备的连接应在设备安装完毕后进行，与水泵、制冷机组的接管必须为柔性接口。柔性短管不得强行对口连接，与其连接的管道应设置独立支架。

（3）管道安装后的工作

1）管道绝热施工（见本章 7.3 节）。

2）冲洗管道：冷热水及冷却水系统应在系统冲洗、排污合格（目测：排出口的水色和透明度与入口处相近，无可见杂物），再循环试运行 2h 以上，且水质正常后才能与制冷机组、空调设备相贯通。

7.2.5　新型供暖与空调系统管道的安装技术

1. 低温热水地板辐射采暖系统的安装

目前，低温热水地板辐射采暖系统在许多建筑尤其是住宅采暖中得到广泛应用。

低温热水地板辐射采暖系统采用耐久的塑料管材作加热管，将其埋压在细石混凝土垫层内，在管道内送入 40～50℃ 的低温热水，将地板表面加热，使室温达到 20℃ 左右，通过辐射方式和部分对流方式进行室内散热。

低温热水地板辐射采暖系统中加热管的布置是关键技术。《辐射供暖供冷技术规程》（JGJ 142—2012）规定：管间距的安装误差不应大于 10mm。加热管敷设前，应对照施工图样核定加热管的选型、管径、壁厚，并应检查加热管外观质量，管内部不得有杂质。加热管布管方式主要有图 7-24 所示的三种方式，其中以回字形和蛇形居多。

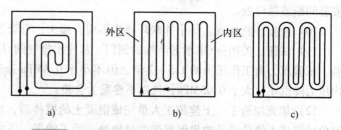

图 7-24　低温热水地板辐射采暖系统的加热管布管方式
a) 回字形盘管式　b) 平行排管式　c) 蛇形排管式

低温热水地板辐射采暖系统的施工工艺流程为：楼面标高找平放线→清理楼面基层、找平→敷设保温板、保护层→敷设加热盘管→调整间距、固定管材→安装分/集水器及管件并与加热盘管连接→边角保温→打压试验→浇细石混凝土垫层→再次试压检查→试验合格后做地面面层。

1）清理现场并确认敷设低温热水地板辐射采暖系统区域内的隐蔽工程全部完成并验收；平整地面，当不能满足高低差小于或等于 8mm 时，应设找平层。找平层的做法见《建筑地面工程施工质量验收规程》（GB 50209—2010）。

2）与土壤或空气接触的地板处应设置防潮。防潮层的做法见《建筑地面工程施工质量验收规程》（GB 50209—2010）。

3）在供暖房间内所有墙、柱与楼（地）板相交的位置敷设边角保温带。边角保温带应高于精装修地面标高（待精装修地面施工完成后，切除高于地板面以上的边界保温带）。

4）敷设绝热层，绝热层应错缝、严密拼接。当设置保护层时，保护层搭接处至少应重叠 80mm，并宜用胶带粘牢。

5）安装分/集水器，按照施工图核对分/集水器位置。当水平安装时，一般将分水器安装在上，集水器安装在下，中心间距为 200mm，集水器中心距地面不应小于 300mm。当立管系统未清洗时，暂不与其连接。对于设置房间温度控制器的系统，还应检查温度控制器的位置、分水器处的电源接口及温度控制器信号线套管（预埋）、金属箱体的接地保护等。集配装置可在加热管敷设前安装，也可在加热管敷设和填充层完成后与阀门水表一起安装。地面辐射供暖技术规程（JGJ 142—2004）规定：加热管与分水器、集水器连接，应采用卡套式、卡压式挤压夹紧连接；连接件材料宜为铜质；铜质连接件与 PP－R 或 PP－B 直接接触的表面镀镍。

6）设置伸缩缝。伸缩缝应符合下列规定：在与内外墙、柱等垂直构件交接处应留不间断的伸缩缝，伸缩缝填充材料应采用搭接方式连接，搭接宽度不应小于 10mm；伸缩缝填充材料与墙、柱应有可靠的固定措施，与地面绝热层连接应紧密，伸缩缝宽度不宜小于 10mm。《辐射供暖供冷技术规程》（JGJ 142—2012）规定：加热管的环路布置不宜穿越填充层内的伸缩缝，必须穿越时，伸缩缝处应设长度大于或等于 200mm 的柔性套管。伸缩缝填充材料宜采用高发泡聚乙烯泡沫塑料。

7）敷设加热塑料管。按照设计图样敷设塑料管材，间距误差应小于 10mm；穿越伸缩缝的环路应预先穿套管；按设计环路连接分/集水器的上下管口。管道弯曲半径应大于相关产品标准中规定的最小值。

8）固定加热塑料管。管道系统应扣紧，以使其水平和竖直位置保持不变。在敷设现浇层前后，管道垂直位移不应大于 5mm。塑料管固定点的间距取决于管材、管道尺寸和系统形式。当设计图样没有要求时，管卡间距不宜大于 500mm，大于 900mm 的弯曲管段的两端和中点均应固定。

9）在安装过程中，防止涂料、沥青或其他化学溶剂污染塑料类管道；应及时封堵管道系统安装间断或敞口处。

10）检察环路外观。每个并联环路中不应有接头；弯管处的管道截面不应变形。

11）试压。关闭分/集水器前端的阀门，从注水排气阀（或适当位置）注入清水进行水压试验。试验压力为工作压力的 1.5～2 倍，但不小于 0.6MPa（升压时间不宜少于 15min）；稳压 1h 内压力降低不应大于 0.05MPa，且以不渗漏为合格。

12）填充层施工。土建施工人员完成混凝土的搅拌后，填充混凝土时，不应迫使管子移动；避免砂浆进入绝热层及边界保温带的接缝处；手工铺平、压实混凝土；现浇层施工和养护期间，塑料管中应保持试验压力。当敷设现浇层时，砂浆和室内温度不应低于 5℃，且保持在不低于 5℃至少 3 天。

13）立（干）管的清洗。应在连接分/集水器前对立（干）管进行清洗，直至进出水浊度、色度一致为止。

14）系统试压。水压试验应在系统冲洗之后进行。冲洗应在分水器、集水器以外的主供、回水管道冲洗合格后，再进行室内供暖系统的冲洗。试验压力应为工作压力的 1.5 倍，且不小于 0.6MPa。在试验压力下，稳压 1h，其压力降不应大于 0.05MPa。

15）系统试热。现浇层施工 21 天后进行试热。初始供水温度应为 20～25℃，保持 3 天，然后以最高设计温度保持 4 天，同时应完成系统（平衡）调试。

2. 地源热泵系统管道安装技术

地源热泵中央空调系统利用地下数十米到一二百米以内土壤或岩石的温度，实现对建筑物的供冷或供暖。地源热泵按照热源的来源可分为地下水源热泵、地表水源热泵及地埋管地源热泵。

（1）地源热泵系统的管材及管件　地源热泵系统的管道部分主要采用聚乙烯（PE100、PE80 级）管道和聚丁烯管道两种。其中，聚乙烯管道由于其显著的经济性，在很多工程中广泛采用。

地源热泵的管道部分主要包含连接热泵机组的主管（集合管）、进行热交换的埋地管和连接整个管路系统的各种配件。

1）主管。主管一般采用 DN40～DN63 规格，部分大型项目可采用 DN110 左右的主管。主管的压力等级一般采用 1.0MPa 以上，管材的相关尺寸参照聚乙烯给水管材国家标准 GB/T 13663—2000。主管的长度根据工程设计确定。

为避免管道在冬季结冰，主管需埋设于冻土层以下，连接室内机组时才出地面。主管在冻土层以上的部分一般需用聚苯或橡塑材料做保温处理。

2）地埋管。地埋管有 DN16、DN20、DN25、DN32、DN40 等规格，但大多数为 DN25 和 DN32，尤以 DN32 规格居多。由于埋地深度一般达 100m 左右，其压力等级多为 1.0MPa 以上，以 1.6MPa 最为多见。地埋管材的相关尺寸要求也参照聚乙烯给水管材国标 GB/T 13663—2000。地埋管材一般为盘卷形式，长度由工程设计要求决定，每根在 80～100m 之间。

若采用双 U 管形式埋设，则每个单元的管材长度还需增加 3 倍，一般由 4 根 100m 左右的管材通过特制的双 U 弯管件连接后，统一盘卷，盘卷的内径约为 1m。

若采用垂直螺旋埋设，则盘卷的直径需根据设计单位的要求定做。

3）管件。地源热泵管道系统中埋地管采用垂直方式敷设时，需采用 U 形弯和固定支架等管件。

U 形弯头的作用是保持两根管材间的连通，形成水路循环系统。目前，管材与 U 形弯头的连接一般采用电熔套筒连接。由于下井较深，井中的水对管材的浮力较大，需在 U 形弯头的中间部位设置一个长螺栓，施工人员利用金属杆，通过长螺栓将管材压到预定深度的水中。

固定支架的作用是使埋地管材之间保持固定的距离，以免管材之间由于距离过近而影响导热效果。在井下一般每隔 1～2m 需要配备 1 只固定支架，因此固定支架用量较大。

如果一口井中只敷设 2 根管材，则采用单 U 弯和双孔支架。如果一口井中敷设 4 根管材，则需采用双 U 弯和四孔支架。

埋地管材与主管间一般采用热熔承插变径管件，如异径直通和异径三通，规格多为 DN40～DN63。

主管与热泵机组或其他材料的管道的连接一般采用活接或法兰，规格多为 DN40～DN63。

我国于 2006 年初颁布了地源热泵系统的国家标准《地源热泵系统工程技术规范》（GB 50366—2005，目前为 2009 修订版），详细规定了地源热泵系统的施工和设计要求，并在附录中规定了地源热泵用聚乙烯管道的尺寸要求。其尺寸要求实际上与聚乙烯给水管材一致，因此可以采用聚乙烯给水管道国家标准 GB/T 13663—2000 组织生产地源热泵系统用聚乙烯管道产品。

（2）地源热泵埋地管施工　地源热泵埋地管材水平敷设一般可细分为水平直管敷设和水平螺旋敷设两种。

地源热泵埋地管材采用水平埋设方式时，要求最上层埋管顶部应在冻土层以下 0.4m，且距地面不宜小于 0.8m。

采用水平敷设方式，工程施工相对简单，难度较小，工程投资相对较小，但占地面积较大。我国目前水平敷设的方式采用较少。

地源热泵埋地管材垂直敷设一般也可细分为垂直直管敷设和垂直螺旋敷设两种，其中直管敷设又分为单 U 管、双 U 管及多 U 管（目前我国采用最多的为由 16 根管材组成的 8U 管）敷设。目前，我国采用较多的敷设方式为双 U 管敷设。采用单 U 管时，需采用单 U 弯管件和两孔固定支架。采用双 U 管时，需采用双 U 弯管件和四孔固定支架。相应的固定支架应根据规格和期望达到的效果来决定支架间距，一般在 1 ~ 2m 之间为宜。

采用垂直敷设时，埋管深度宜大于 20m，钻孔孔径不宜小于 0.11m，钻孔间距以 3 ~ 6m 为宜，水平主管的深度应在冻土层以下 0.6m，且距离地面不宜小于 1.5m。

采用垂直敷设的方式，占地空间相对较小，热交换充分，但钻孔的工程造价较高，且需配套相应的 U 形弯头和固定支架等管件。

目前，我国大多数地源热泵工程采用的是双 U 管垂直敷设的方式。

7.3　供暖与空调工程水管节能的技术措施

供暖与空调系统水管通过输送冷水或热水将冷量或热量输送给用户。由于与环境存在温差，在冷（热）量输送过程中存在冷（热）量损失，为此需要采取节能措施。为了减少冷（热）量损失，一般对管道和设备进行保温，增加介质与环境间的热阻。

保温又称为绝热。绝热是减少系统热量向外传递（保温）和外部热量传入系统（保冷）而采取的一种工艺措施。因此，绝热包括保温和保冷。《民用建筑供暖通风与空气调节设计规范》（GB 50736—2012）规定：设备与管道的外表面温度高于 50℃（不包括室内供暖管道）时应进行保温；管道、设备内的冷介质低于常温时，需要减少设备与管道的冷损失，或冷介质低于常温时，需要防止设备与管道表面结露时需要保冷。

保温的主要目的是减少冷、热量的损失，节约能源，提高系统运行的经济性。此外，对于高温设备和管道，保温能改善管道周围的劳动条件，保护操作人员不被烫伤，实现安全生产。对于低温设备和管道（如制冷系统），保温能提高外表面的温度，避免外表面结露或结霜，也可以避免人的皮肤与之接触受冻。对于空调系统，保温能减小送风温度的波动范围，有助于保持系统内部温度的恒定。对于高寒地区的室外回水或给排水管道，保温能防止水管冻结。

7.3.1　保温材料

保温材料要求热导率小而且随温度变化小。根据热导率（λ）的大小，将保温材料分为四级：$\lambda < 0.08 W/(m \cdot K)$ 为一级；$0.08 W/(m \cdot K) \leqslant \lambda < 0.116 W/(m \cdot K)$ 为二级；$0.116 W/(m \cdot K) \leqslant \lambda < 0.174 W/(m \cdot K)$ 为三级；$0.174 W/(m \cdot K) \leqslant \lambda < 0.209 W/(m \cdot K)$ 为四级。

理想的保温材料除热导率小外，还应具备重量轻、有一定机械强度、吸湿率低、抗水蒸气渗透性强、耐热、不燃、无毒、无臭味、不腐蚀金属、能避免鼠咬虫蛀、不易霉烂、经久耐用等特点。

目前，保温材料的种类很多，比较常用的保温材料按材质可分为 10 大类：珍珠岩类、水泥蛭石类、硅藻土类、泡沫混凝土类、软木类、玻璃纤维类、石棉类、泡沫塑料类、矿渣棉类、岩棉类。各厂家生产的同一保温材料的性能可能有所不同，应按照厂家的产品样本或使用说明书中所给的技术数据选用。现将常用的保温材料及其性能特点列于表 7-23。

在管道保温工程中，常采用膨胀珍珠岩制品、超细玻璃棉制品、蛭石制品、矿棉制品和岩棉制品。在保冷工程中，多采用可发性自熄聚苯乙烯泡沫塑料制品、自熄聚氨酯硬质泡沫塑料制品和软木制品等。目前，也将超细玻璃棉制品应用于冷水管道中。

表 7-23　保温材料及其制品的主要技术性能

材料名称	密度 /(kg/m³)	热导率 /[W/(m·K)]	适用温度 /℃	抗压强度 /kPa	备　注
膨胀珍珠岩类					密度小，热导率小，化学稳定性强，不燃，不腐蚀，无毒，无味，廉价，产量大，资源丰富，应用广泛
散料（一级）	<80	<0.052	—	—	
散料（二级）	80~150	0.052~0.064	约200	—	
散料（三级）	150~250	0.064~0.076	约800	—	
水泥珍珠岩板、管壳	250~400	0.058~0.087	≤600	500~1000	
水玻璃珍珠岩板、管壳	200~300	0.056~0.065	<650	600~1200	
憎水珍珠岩制品	200~300	0.058	>500	—	
普通玻璃棉类					耐酸，耐蚀，不烂，不蛀，吸水率小，化学稳定性好，无毒，无味，廉价，寿命长，热导率小，施工方便，但刺激皮肤
中级纤维淀粉黏结制品	100~130	0.040~0.047	−35~300	—	
中级纤维酚醛树脂制品	120~150	0.041~0.047	−35~350	—	
玻璃棉沥青黏结制品	100~170	0.041~0.058	−20~250	—	
超细玻璃棉类					密度小，热导率小，特点与普通玻璃棉相同，但对皮肤刺激小
超细棉（原棉）	18~30	≤0.035	−100~450	—	
超细棉无脂毡和缝合垫	60~80	0.041	−120~400	—	
超细棉树脂制品	60~80	0.041	−120~400	—	
无碱超细棉	60~80	≤0.035	−120~600	—	
超细玻璃棉管壳	40~60	0.03~0.035	400	—	
微孔硅酸钙类					含水率为3%~4%（质量分数），耐高温
超轻微孔硅酸钙	<170	0.055	650	抗折，>200	
微孔硅酸钙（管壳）	200~250	0.059~0.060	650	500~1000	
岩棉类					密度小，热导率小，适用温度范围广，施工简便，但刺激皮肤
岩棉保温板（半硬质）	80~200	0.047~0.058	−268~500	—	
岩棉保温毡（垫）	90~195	0.047~0.052	−268~400	—	
岩棉保温带	100		200	—	
岩棉保温管壳	100~200	0.052~0.058	−268~350	—	
泡沫塑料类					密度小，热导率小，施工简便，不耐高温，适用于60℃以下的低温水管道保温　聚氨酯可现场发泡浇注成形，强度高，但成本也高。此类材料可燃，防火性差，分自熄型与非自熄型两种，应用时需注意
可发性聚苯乙烯塑料板	20~50	0.031~0.047	−80~75	>150	
可发性聚苯乙烯塑料管壳	20~50	0.031~0.047	−80~75	>150	
硬质聚氨酯泡沫塑料制品	30~50	0.023~0.029	−80~100	≥250~500	
软质聚氨酯泡沫塑料制品	30~42	0.023	−50~100		
硬质聚氯乙烯脂泡沫塑料制品	40~50	≤0.043	−35~80	≥180	
软质聚氯乙烯脂泡沫塑料制品	27	0.052	−60~60	500~1500	

7.3.2 保温结构的组成及作用

保温结构一般由防锈层、保温层、防潮层（对保冷结构而言）、保护层、防腐蚀及识别标志层等构成。

（1）防锈层 防锈层所用的材料为防锈漆等涂料。它直接涂刷于清洁干燥的管道或设备的外表面。

无论是保温结构还是保冷结构，其内部总有一定的水分存在，因为保温材料在施工前不可能绝对干燥，并且在使用（包括运行或停止运行）过程中，空气中的水蒸气也会进入保温材料。金属表面受潮湿后会生锈腐蚀，因此管道或设备在进行保温之前，必须在表面涂刷防锈漆，这对保冷结构尤为重要。保冷结构可选择沥青冷底子油或其他防锈力强的材料作防锈层。

（2）保温层 温层在防锈层的外面，是保温结构的主要部分。其作用是减少管道或设备与外部的热量传递，起保温、保冷作用。设备与管道最小保温、保冷厚度及冷凝水管防结露的厚度可根据《民用建筑供暖通风与空气调节设计规范》（GB 50376—2012）选用。

（3）防潮层 保冷结构以及地沟内和埋地的保温结构，在保温层外面要做防潮层。目前，防潮层所用的材料有沥青及沥青油毡、沥青胶或防水冷胶料玻璃布、聚乙烯薄膜、铝箔等。防潮层的作用是防止水蒸气或雨水渗入保温材料，以保证材料良好的保温效果和使用寿命。

（4）保护层 保护层设在保温层或防潮层外面，主要用于保护保温层或防潮层不受机械损伤。保护层材料应具有耐压强度高、化学稳定性好、不易燃烧、外形美观等特点。常用的材料分为 3 类，即金属保护层、包扎式复合保温层和涂抹式保护层。

（5）防腐蚀及识别标志层 保温结构的最外面为防腐蚀及识别标志层，用于防止保护层被腐蚀，一般采用耐候性较强的涂料直接涂刷于保护层上。由于这一层处于保温结构的最外层，因此为区分管道内的不同介质，常采用不同颜色的涂料涂刷，以在防腐蚀层同时也起识别管内流动介质的作用。

7.3.3 保温结构施工

从保温结构可以看出，其中的防锈层和防腐蚀及识别层所用材料为油漆涂料，直接涂刷。保温结构施工时最关键的是保温层、防潮层、保护层的施工方法。

1. 保温层施工

（1）保温层施工方法 保温层施工方法主要取决于保温材料的形状和特性。常用的保温方法有以下几种：

1）涂抹法保温。涂抹法保温适用于石棉粉、硅藻土等不定形的散状材料。施工时，将这些散状材料按一定的比例用水调成胶泥涂抹于需要保温的管道设备上。这种保温方法整体性好，保温层和保温面接合紧密，且不受被保温物体形状的限制。

涂抹法多用于热力管道和热力设备的保温，其结构如图 7-25 所示。施工时应分多次进行，为增加胶泥与管壁的附着力，第一次可用较稀的胶泥涂抹，厚度为 3～5mm，待第一层彻底干燥后，用干一些的胶泥涂抹第二层，厚度为 10～15mm，以后每层厚度为 15～25mm，且均应在前一层完全干燥后进行，直到要求的厚度为止。

涂抹法不得在环境温度低于 0℃ 的情况下施工，以防胶泥冻结。为使胶泥快速干燥，可在管道或设备内通入温度不高于 150℃ 的热水或蒸汽。

2）绑扎法保温。绑扎法保温是指将预制保温瓦或板块料，用镀锌钢丝绑扎在管道的壁面上。绑扎法保温是目前我国外热力管道保温最常用的一种保温方法，其结构如图 7-26 所示。

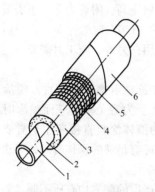

图 7-25　涂抹法保温结构
1—管道　2—防锈漆　3—保温层
4—钢丝网　5—保护层　6—防腐漆

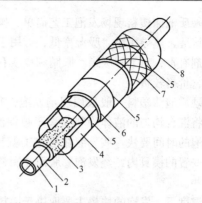

图 7-26　绑扎法保温结构
1—管道　2—防锈漆　3—胶泥　4—保温材料　5—镀锌钢丝
6—沥青油毡　7—玻璃丝布　8—防腐漆

为使保温材料与管壁紧密接合，保温材料与管壁之间应涂抹一层 3～5mm 厚的石棉粉或石棉硅藻土胶泥，然后再将保温材料绑扎在管壁上。对于矿渣棉、玻璃棉、岩棉等矿纤材料预制品，因抗水湿性能差，可不涂抹胶泥直接绑扎。

绑扎保温材料时，应将横向接缝错开，双层绑扎的保温预制品应内外盖缝。若保温材料为管壳，应将纵向接缝设置在管道的两侧。非矿纤材料制品的所有接缝均需用与保温材料性能相近的材料配成胶泥填塞，矿纤材料制品采用干接缝。绑扎保温材料时，应尽量减小两块之间的接缝。制冷管道及设备采用硬质或半硬质隔热层管壳，管壳之间的缝隙不应大于 2mm，并用黏结材料将缝填满。采用双层结构时，第一层表面必须平整，不平整时，矿纤材料需用同类纤维状材料填平，其他材料需用胶泥抹平，第一层表面平整后方可进行下一层保温。

绑扎的钢丝，直径一般为 1～1.2mm，绑扎的间距为 150～200mm，并且每块预制品至少应绑扎两处，每处绑扎的钢丝不应少于两圈，其接头应放在预制品的接头处，以便将接头嵌入接缝内。

3）粘贴法保温。粘贴法保温适用于各种保温材料加工成形的预制品，靠黏结剂与被保温的物体固定，多用于空调系统及制冷系统的保温，其结构如图 7-27 所示。

目前，大部分材料都可用石油沥青玛碲脂作黏结剂。对于聚苯乙烯泡沫塑料制品，要求使用温度不超过 80℃。温度过高，材料会受到破坏，故不能用热沥青或沥青玛碲脂作黏结剂，可选用聚氨酯预聚体（即 101 胶）或乙酸乙烯乳胶、酚醛树脂、环氧树脂等材料作黏结剂。

涂刷黏结剂时，要求粘贴面及四周接缝上各处黏结剂均匀饱满。粘贴保温材料时，应将接缝相互错开，错缝的方法及要求与绑扎法保温相同。

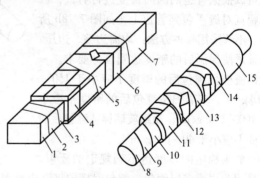

图 7-27　粘贴法保温结构
1、8—风管（水管）　2、9—防锈漆
3、5、10、12—黏结剂　4、11—保温材料
6、14—玻璃丝布　7、15—防腐漆
13—聚氯乙烯薄膜

4）聚氨酯硬质泡沫塑料的保温。聚氨酯硬质泡沫塑料由聚醚和多元异氰酸酯加催化剂、发泡剂、稳定剂等原料按比例调配而成。施工时，应将这些原料分成两组（A 组和 B 组）。A 组为聚醚和其他原料的混合液；B 组为异氰酸酯。只要两组混合在一起，就会起泡而生成泡沫塑料。

聚氨酯硬质泡沫塑料现场发泡工艺简单，操作方便，施工效率高，附着力强，不需要任何支承件，没有接缝，热导率小，吸湿率低，可用于温度为 −100 ~ +120℃时的保温。其缺点是异氰酸酯及催化剂有毒，对上呼吸道、眼睛和皮肤有强烈的刺激作用；另外，施工时需要一定的专用工具或模具，价格较贵。

聚氨酯硬质泡沫塑料一般采用现场发泡，其施工方法有喷涂法和灌注法两种。喷涂法施工就是用喷枪将混合均匀的液体涂料喷涂于被保温物体的表面上。为避免垂直壁面喷涂时涂料下滴，要求发泡的时间要快一些。灌注法施工就是将混合均匀的液体涂料直接灌注于需要成形的空间或事先安置的模具内，经发泡膨胀而充满整个空间。为保证有足够的操作时间，要求发泡的时间应慢一些。

在同一温度下，发泡的快慢主要取决于原料的配方。各生产厂的配方均有所不同，施工时应按原料供应厂提供的配方及操作规程等技术文件资料进行施工。为防止配方或操作错误使原料报废，应先进行试操作，以掌握正确的配方和施工操作方法，在有了可靠的保证之后，方可正式喷涂或灌注。

聚氨酯硬质泡沫塑料不宜在气温低于5℃的情况下施工，否则应对液体涂料加热，其温度以20 ~ 30℃为宜。被涂物表面应清洁干燥，可以不涂防锈层。为便于喷涂或灌注后清洗工具和脱模，在施工前可在工具和模具的内表面涂上一层油脂。调配聚醚混合液时，应随用随调，不宜隔夜，以防原料失效；异氰酸酯及其催化剂等原料，均为有毒物质，操作时应戴上防毒面具、防毒口罩、防护眼镜、橡胶手套等防护用品，以免中毒和影响健康。

5）缠包法保温。缠包法保温适用于卷状的软质保温材料（如各种棉毡等）。施工时需要将成卷的材料根据管径的大小剪裁成适当宽度（200 ~ 300mm）的条带，以螺旋状包缠到管道上，如图 7-28a 所示。也可以根据管道的圆周长度进行剪裁，以原幅宽对缝平包到管道上，如图 7-28b 所示。不管采用哪种方法，均需边缠、边压、边抽紧使保温后的密度达到设计要求。一般矿渣棉毡缠包后的密度不应小于 150 ~ 200kg/m³，玻璃棉毡缠包后的密度不应小于 100 ~ 130kg/m³，超细玻璃棉毡缠包后的密度不应小于 40 ~ 60kg/m³。

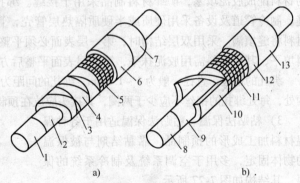

图 7-28　缠包法保温结构
a）螺旋状缠包法　b）对缝平包法
1、8—管道　2、9—防锈漆　3—镀锌钢丝
4、10—保温毡　5、11—钢丝网
6、12—保护层　7、13—防腐漆

如果棉毡的厚度达不到规定的要求，可采用两层或多层缠包。缠包时横向接缝应紧密接合，若有缝隙，应用同等材料填充。纵向搭接缝应放在管子上部，搭接宽度应大于50mm。

保温层外径小于或等于500mm 时，在保温层外面用直径为 1.0 ~ 1.2mm 的镀锌钢丝绑扎，间距为 150 ~ 200mm，禁止以螺旋状连续缠绕。当保温层外径大于500mm 时还应加镀锌钢丝网缠包，再用镀锌钢丝绑扎牢固。

6）套筒式保温。套筒式保温是将矿纤材料加工成形的保温筒直接套在管道上。这种方法施工简单、工效高，是目前冷水管道较常用的一种保温方法。施工时，只要将保温筒上的轴向切口扒开，借助矿纤材料的弹性便可将保温筒紧紧地套在管道上。为便于现场施工，在生产厂里多在保温筒的外表面涂一层胶状保护层，因此在一般室内管道保温时，可不需再设保护层。对于保温筒的轴向切口和两筒之间的横向接口，可用带胶铝箔黏合，其结构如图 7-29 所示。

（2）保温层施工的技术要求　对保温层施工的技术要求如下：

1）凡垂直管道或倾斜角度超过 45°、长度超过 5m 的管道，应根据保温材料的密度及抗压强度，设置不同数量的支承环（或托盘），一般 3～5m 设置一道，其形式如图 7-30 所示。图 7-30 中径向尺寸 A 为保温层厚度的 1/2～3/4，以便将保温层托住。

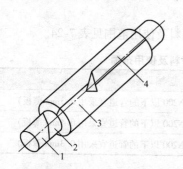

图 7-29　套筒式保温结构

1—管道　2—防锈漆　3—保温筒　4—带胶铝箔带

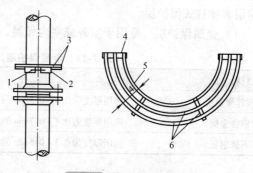

图 7-30　包箍式支承环

1、4—角钢　2、5—扁钢　3、6—圆钢

2）用保温瓦或保温后呈硬质的材料作为热力管道的保温材料时，应每隔 5～7m 留出间隙为 5mm 的膨胀缝。弯头处留间隙为 20～30mm 的膨胀缝，如图 7-31 所示。膨胀缝内应用柔性材料填塞。设有支承环的管道，膨胀缝一般设置在支承环的下部。

3）除寒冷地区的室外架空管道的法兰、阀门等附件应按设计要求保温外，一般法兰、阀门、套管伸缩器等管道附件可不保温，但两侧应留 70～80mm 间隙，并在保温层端部抹 60°～70° 的斜坡。设备和容器上的人孔、手孔或可拆卸部件附近的保温层端部，应做成 45° 斜坡。

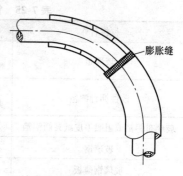

膨胀缝

图 7-31　硬质材料弯头的保温

2. 防潮层施工

对于保冷结构和敷设于室外的保温管道，需设置防潮层。

目前，防潮层的材料有两种：一种是以沥青为主的防潮材料；另一种是聚乙烯薄膜防潮材料。

以沥青为主体材料的防潮层有两种结构和施工方法：一种是用沥青或沥青玛碲脂粘沥青油毡；另一种是以玻璃丝布作胎料，两面涂刷沥青或沥青玛碲脂。沥青油毡会因过分卷折而断裂，只能用于平面或较大直径管道的防潮，而玻璃丝布能用于任意形状的粘贴，故应用广泛。聚乙烯薄膜防潮层施工时，直接将薄膜用黏结剂粘贴在保温层的表面，施工方便，但由于黏结剂价格较贵，此方法应用尚不广泛。

以沥青为主体材料的防潮层施工时，先将材料剪裁下来，对于油毡，多采用单块包裹法施工，因此油毡剪裁的长度为保温层外圆加搭接宽度（搭接宽度一般为 30～50mm），对于玻璃丝布，多采用包缠法施工，即以螺旋状包缠于管道或设备的保温层外面，因此需将玻璃丝布剪成条带状，其宽度视保温层直径的大小而定。

包缠防潮层时，应自下而上进行，先在保温层上涂刷一层 1.5～2mm 厚的沥青或沥青玛碲脂（如果采用的保温材料不易涂上沥青或沥青玛碲脂，可在保温层上包缠一层玻璃丝布，然后再涂刷），再将油毡或玻璃丝布包缠到保温层的外面。纵向接缝应设在管道的侧面，并且接口向下，接缝用沥青或沥青玛碲脂封口，外面再用镀锌钢丝绑扎，间距为 250～300mm，钢丝接头应接平，不得刺破防潮层。缠包玻璃丝布时，搭接宽度为 10~20mm，缠包时应边缠边拉紧边整平，缠至布头时用镀锌钢丝扎紧。将油毡或玻璃丝布包缠好后，在上面刷一层 2~3mm 厚的沥青或沥青玛碲脂。

3. 保护层施工

不管是保温结构还是保冷结构，都应设置保护层。用作保护层的材料很多，使用时应随使用的地点和所处的条件，经技术经济比较后决定。常用的材料分为 3 类：金属保护层、包扎式复合保温层和涂抹式保护层。

（1）金属保护层　适用于室外或室内保温，常用材料及使用范围见表 7-24。

表 7-24　金属保护层的常用材料及使用范围

材料名称	使用范围
镀锌薄钢板	选用厚度为 0.3~0.5mm 的薄板（DN200 以下的管道宜采用 0.3mm 薄板）
铝合金板	选用厚度为 0.4~0.7mm 的薄板（DN200 以下的管道宜采用 0.4mm 薄板）
不锈钢板	选用厚度为 0.3~0.5mm 的薄板（DN200 以下的管道宜采用 0.3mm 薄板）

（2）包扎式复合保温层　适用于室内、室外及地沟内保温，常用材料及其特性和应用见表 7-25。

表 7-25　常用复合保温层的常用材料及其特性和应用

材料名称	特性和应用
玻璃布	厚度为 0.1~0.16mm 的中碱平纹布，价廉、质轻、材料来源广，外涂料易变脆、松动、脱落，日晒易老化，防水性差
改性沥青油毡	用于地沟或室外架空管的防潮层，质轻价廉，材料来源广，防水性能好，防火性能差，易燃易撕裂
玻璃布铝箔或阻燃牛皮纸夹筋铝箔	可用于室外温度较高的架空管道，外形不易挺括，易损坏
玻璃钢	以玻璃布为基材，外涂不饱和聚酯树脂涂层
玻璃钢薄板	具有阻燃性能，厚度为 0.4~0.8mm
铝箔玻璃钢薄板	以玻璃钢薄板为基材与铝箔复合而成，玻璃钢本身应具有阻燃性能，厚度为 0.4~0.8mm
玻璃布乳化沥青涂层	乳化沥青采用各种阴阳离子型水乳沥青涂料（如 JG 型沥青防火涂料）
玻璃布 CPU 涂层	CPU 涂胶分 A、B 两个组分，使用时按 1:3 重量比混合，随用随配
CPU 卷材	由密纹玻璃布经处理作基布，然后用厚度为 0.2~0.3mm 的 CPU 涂料在卷用涂抹设备上生产的卷制成品

（3）涂抹式保护层　适用于室内及地沟内保温，常用材料有沥青胶泥和石棉水泥。自熄性沥青胶泥保护层配方见表 7-26。抹面层厚度：当保温层外径小于或等于 200mm 时为 15mm；外径大于 200mm 时为 20mm；平壁保温时厚度为 25mm。

表 7-26　自熄性沥青胶泥保护层配方

材料名称	质量/kg	质量分数（%）	材料名称	质量/kg	质量分数（%）
茂名 5 号沥青	1.5	26.3	四氯乙烯	1.5	26.3
橡胶粉（过 0.56mm 筛孔）	0.2	3.5	氯化石蜡	0.5	8.8
中质石棉泥	2.0	35.1			

第8章 中央空调风管施工方法与技术措施

8.1 空调工程中常用的管材及附件

空调工程中的管道按所用材料分为风管材料和风道材料。风管是指用金属板材、硬聚氯乙烯板及玻璃钢等制成的方形或圆形风管，其尺寸以外边长或外径为准。风道是指用砖、混凝土、炉渣石膏板、炉渣混凝土等制成的风管，其尺寸以内径或内边长为准。

空调工程的部件是指通风空调系统的各类风口、阀门、排气罩、风帽、检查门、测定孔和支吊架等。空调工程的配件是指通风空调系统的弯管、三通、四通、异径管、静压箱、导流片和法兰等。

8.1.1 风管常用材料

空调工程中风管常用材料有金属材料、非金属材料和复合材料三大类。其中，复合材料是近年出现的风管材料，它将保温和管道功能接合为一体。

1. 金属材料

空调工程中常用的金属材料主要有普通薄钢板（黑铁皮）、镀锌薄钢板和型钢等材料，有特殊需要时可采用不锈钢板、铝板、塑料复合钢板等。金属板面应平整、光滑、无脱皮现象，不得有裂缝、结疤及锈坑，厚薄应均匀一致，边角规则呈矩形，有较好的延展性，适宜咬口加工。

金属薄板的规格通常用短边、长边以及厚度三个尺寸表示。

（1）普通薄钢板 薄钢板用于制作风管、风管配件及部件。普通薄钢板有板材和卷材两种，具有良好的加工性能和机械强度，应用广泛。但其表面易生锈，故在使用前应刷油防腐。薄钢板厚度为0.5~2.0mm，常用规格为750mm×1800mm、900mm×1800mm、1000mm×2000mm。常用普通薄钢板分热轧板和冷轧板两种，其规格见表8-1和表8-2。

表8-1 热轧薄钢板常用规格 （单位：mm）

钢板厚度	钢板宽度								
	500	600	710	750	800	850	900	950	1000
	钢板长度								
0.6, 0.7, 0.75	500 2000	800 2000	420 2000	800 2000	1600 2000	1700 2000	1800 2000	1900 2000	1500 2000
0.8, 0.9	1000 1500	1200 1420	1420 2000	1500 1800 2000	1500 1600 2000	1500 1700 2000	1500 1800 2000	1500 1900 2000	1500 2000
1.0, 1.1, 1.2, 1.25, 1.4, 1.5, 1.6, 1.8	1000 1500 2000	1200 1420 2000	1000 1420 2000	1000 1500 1800 2000	1500 1600 2000	1500 1700 2000	1000 1500 1800 2000	1500 1900 2000	1500 2000
2.0	—	—	—	—	—	—	1000	—	—

表 8-2　冷轧薄钢板常用规格　　　　　　　（单位：mm）

钢板厚度	钢板宽度											
	500	600	700	750	800	850	900	1000	1100	1250	1400	1500
	钢板长度											
0.6	1000 1500	1800 2000	1800 2000	1800 2000	1800 2000	1800 2000	1500 1800	1500 2000	—	—	—	—
0.7、0.75	1000 1500	1200 1800 2000	1420 1800 2000	1500 1800 2000	1500 1800 2000	1500 1800 2000	1500 1800	1500 2000	—	—	—	—
0.8、0.9	1000 1500	1200 1800 2000	1420 1800 2000	1500 1800 2000	1500 1800 2000	1500 1800 2000	1500 1800	1500 2000	2000 2200	2000 2500	—	—
1.0、1.1	1000	1200	1420	1500	1500	1500	—	—	—	—	2800	2800
1.2、1.4、1.5、1.6	1500	1800	1800	1800	1800	1800			2000	2000	3000	3000
1.8、2.0	2000	2000	2000	2000	2000	2000	2000	2000	2200	2500	3500	3500

（2）镀锌薄钢板　镀锌薄钢板由普通钢板镀锌后制成，镀锌层起防锈作用，使用中一般不再刷防锈漆。镀锌薄钢板在空调工程中使用广泛。

镀锌薄钢板的规格与普通薄钢板相同，厚度一般为 0.25 ~ 2.0mm，镀锌层厚度大于或等于 0.02mm，空调工程中常用厚度为 0.5 ~ 1.5mm。镀锌薄钢板表面光滑洁净，且具有热镀锌特有的结晶花纹。

风管钢板厚度一般在设计时给定，未注明时可参考表 8-3 选用。薄钢板的理论质量见表 8-4。

表 8-3　一般送、排风风管钢板最小厚度　　　　　　　（单位：mm）

矩形风管最长边或圆形风管直径	钢板厚度		
	输送空气		输送烟气
	风管无加强构件	风管有加强构件	
<450	0.5	0.5	1.0
≥450 ~ 1000	0.8	0.6	1.5
≥1000 ~ 1500	1.0	0.8	2.0
≥1500	根据实际情况		

注：排除腐蚀性气体，风管壁厚除满足强度要求外，还应考虑腐蚀余量，风管壁厚一般大于或等于 2mm。

（3）不锈钢板　不锈钢板也叫不锈耐酸钢板。通风空调工程中所采用的是奥氏体不锈钢，它在常温下无磁性。

不锈钢板具有较高的塑性、韧性和机械强度，耐腐蚀，线胀系数大，导热性较小，焊接性强，硬度也高。其厚度大于 1mm 时，加工比较困难，需用电弧焊或氩弧焊焊接。不锈钢板常用于化工高温环境下的耐蚀通风空调系统中。风管或配件用的不锈钢板厚度见表 8-5。

为了不影响不锈钢板的表面质量，在不锈钢板加工和堆放时，应注意不使表面划伤或擦毛，避免与碳素钢接触，以保护其表面形成的钝化膜不受破坏。

表8-4　薄钢板的理论质量（每平方米）

钢板厚度/mm	理论质量/kg	钢板厚度/mm	理论质量/kg	钢板厚度/mm	理论质量/kg
0.10	0.785	0.75	5.888	2.0	15.70
0.20	1.57	0.80	6.28	2.5	19.63
0.30	2.355	0.90	7.065	3.0	23.55
0.35	2.748	1.00	7.85	3.5	27.48
0.40	3.14	1.10	8.635	4.0	31.40
0.45	3.533	1.20	9.42	4.5	35.33
0.50	3.925	1.25	9.813	5.0	39.25
0.55	4.318	1.40	10.99	5.5	43.18
0.60	4.71	1.50	11.78	6.0	47.10
0.70	5.495	1.80	14.13	7.0	54.95

表8-5　风管或配件用的不锈钢板厚度　　　　　　　　　　（单位：mm）

圆管直径或矩形管长边尺寸	板材厚度
100 ~ 500	0.5
560 ~ 1120	0.75
1250 ~ 2000	1.0

（4）铝板　铝板有纯铝板和合金铝板两种，通风空调工程中用的铝板以纯铝板居多。

铝板加工性能好，适宜咬口连接，有良好的耐蚀性能和传热性能，在摩擦时不会产生火花，常用于有防爆要求的场所。用铝板制作风管的厚度见表8-6。

铝板使用时要注意保护表面的氧化膜，避免刻划或拉毛，放样划线时不得使用划针。铝板铆接加工时必须用铝铆钉，而不能用碳素钢铆钉，防止出现电化学腐蚀。铝板风管用角钢作法兰时，必须进行防腐绝缘处理。铝板焊接后，应用热水洗刷焊缝表面的焊渣残药。

表8-6　用铝板制作风管的厚度　　　　　　　　　　　　（单位：mm）

圆管直径或矩形管长边尺寸	板材厚度
100 ~ 320	1.0
360 ~ 630	1.5
700 ~ 2000	2.0

（5）塑料复合钢板　塑料复合钢板是将普通钢板表面喷涂一层 0.2 ~ 0.4mm 厚的塑料，它既具有塑料耐蚀的特点又具有普通钢板的切断、弯曲、钻孔、铆接、咬合、折边等加工性能和强度，常用于防尘要求高的空调系统和工作温度为 −10 ~ 70℃ 的耐蚀系统。塑料复合钢板的规格见表8-7。

表8-7　塑料复合钢板的规格　　　　　　　　　　　　（单位：mm）

厚　度	宽　度	长　度
0.35、0.4、0.5、0.6、0.7	450	1800
	500	2000
0.8、1.0、1.5、2.0	1000	2000

（6）型钢　在中央空调工程中，型钢主要用于设备框架、风管法兰盘、加固圈，以及管道的支、吊、托架等。常用的型钢种类有扁钢、角钢、圆钢、槽钢和工字钢等。

1）扁钢：扁钢主要用于制作风管法兰、加固圈、抱箍和管道支架等。常用扁钢规格见表 8-8。

表 8-8　常用扁钢规格

厚度/mm	理论质量（每米）/kg																
	宽度/mm																
	10	12	14	16	18	20	22	25	28	30	32	35	40	45	50	55	60
3	0.24	0.28	0.33	0.38	0.42	0.47	0.52	0.59	0.66	0.71	0.75	0.82	0.94	1.06	1.18	—	—
4	0.31	0.38	0.44	0.50	0.57	0.63	0.69	0.79	0.88	0.94	1.01	1.10	1.26	1.41	1.57	1.73	—
5	0.39	0.47	0.55	0.63	0.71	0.79	0.86	0.98	1.10	1.18	1.25	1.37	1.57	1.73	1.96	2.16	2.36
6	0.47	0.57	0.66	0.75	0.85	0.94	1.04	1.18	1.32	1.41	1.50	1.65	1.88	2.12	2.36	2.59	2.83
7	0.55	0.66	0.77	0.88	0.99	1.10	1.21	1.37	1.54	1.65	1.76	1.92	2.20	2.47	2.95	3.02	3.30
8	0.63	0.75	0.88	1.00	1.13	1.26	1.38	1.57	1.76	1.88	2.01	2.20	2.51	2.83	3.14	3.45	3.77
9	—	—	—	1.15	1.27	1.41	1.55	1.77	1.98	2.12	2.26	2.47	2.83	3.14	3.53	3.89	4.24
10	—	—	—	1.26	1.41	1.57	1.73	1.96	2.20	2.36	2.54	2.75	3.14	3.53	3.93	4.32	4.71

注：长度通常为 3~9m。

2）角钢：角钢常用于制作风管法兰盘、各种箱体容器设备框架、管道支架等。角钢有等边角钢和不等边角钢之分，风管法兰盘和管道支架多采用等边角钢。等边角钢和不等边角钢的规格见表 8-9 和表 8-10。

表 8-9　等边角钢规格

尺　寸		理论质量（每米）/kg	尺　寸		理论质量（每米）/kg
边宽/mm	厚/mm		边宽/mm	厚/mm	
20	3	0.889	56	3	2.624
20	4	1.145	56	4	3.446
25	3	1.124	56	5	4.251
25	4	1.459	56	6	6.568
30	3	1.373	63	4	3.907
30	4	1.786	63	5	4.822
36	3	1.656	63	6	5.721
36	4	2.163	63	8	7.469
36	5	2.654	70	4	4.372
40	3	1.852	70	5	5.397
40	4	2.422	70	6	6.406
40	5	2.976	70	7	7.398
45	3	2.088	70	8	8.373
45	4	2.736	75	5	5.818
45	5	3.369	75	6	6.905
45	6	3.985	75	7	7.976
50	3	2.332	75	8	9.030
50	4	3.059	75	10	11.089
50	5	3.770	80	5	6.211
50	6	4.465	80	8	9.658

注：通常边宽为 20~40mm 时，长度为 3~9m；边宽为 45~80mm 时，长度为 4~12m。

表 8-10　不等边角钢

尺　寸			理论质量（每米）/kg	尺　寸			理论质量（每米）/kg
长边宽/mm	短边宽/mm	边厚/mm		长边宽/mm	短边宽/mm	边厚/mm	
25	16	3	0.911			5	4.795
32	20	3	1.170	75	50	6	5.688
		1	1.523			8	7.431
40	25	3	1.480	80	50	5	4.990
		4	1.937			6	5.924
45	28	3	1.681	90	56	5.5	6.172
		4	2.199			6	6.700
50	32	3	1.900			8	8.773
		4	2.489			6	7.526
56	36	3.5	2.979	100	63	7	8.704
		4	2.810			8	9.866
		5	3.462			10	12.142
63	40	4	3.173	110	70	6.5	8.985
		5	3.911			7	9.638
		6	4.033			8	10.933
		8	6.031	125	80	7	11.038
70	45	4.5	3.977			8	12.529
		5	4.391			10	15.465
						12	18.338

3）槽钢：槽钢主要用于箱柜体的框架结构、风机等设备的基座以及大风管的托架。常用的槽钢规格见表 8-11。

表 8-11　常用的槽钢规格

型号	尺　寸			理论质量（每米）/kg	备注
	高（h）/mm	宽（b）/mm	厚（d）/mm		
5	50	37	4.5	5.44	
6.3	63	40	4.8	6.63	
8	80	43	5.0	8.04	
10	100	48	5.3	10.00	
12.6	126	53	5.5	12.37	
14a	140	58	6.0	14.53	
14b	140	60	8.0	16.73	
16a	160	63	6.5	17.23	
16b	160	65	8.5	19.74	
18a	180	68	7.0	20.17	
18b	180	70	9.0	22.99	
20a	200	73	7.0	22.63	
20b	200	75	9.0	25.77	

通常长度：
5～8 号为 5～12m;
8～18 号为 5～19m;
18 号以上为 6～19m。

4）圆钢：圆钢主要用于吊架拉杆、管道支架卡环等，其规格见表 8-12。

表 8-12　圆钢规格

直径/mm	允许偏差/mm	理论质量（每米）/kg	直径/mm	允许偏差/mm	理论质量（每米）/kg
5.5	±0.2	0.186	20	±0.3	2.47
6	±0.2	0.222	22	±0.3	2.98
8	±0.25	0.395	25	±0.3	3.85
10	±0.25	0.617	28	±0.3	4.83
12	±0.25	0.888	32	±0.4	6.31
14	±0.25	1.21	36	±0.4	7.99
16	±0.25	1.58	38	±0.4	8.90
18	±0.25	2.00	40	±0.4	9.86

注：轧制的圆钢有直条和盘条两种，一般直径为 5~12mm 的圆钢为盘条；直条直径小于或等于 25mm 时，长度为
　　4~10m；直条直径大于或等于 26mm 时，长度为 3~9m。

2. 非金属材料

在通风空调工程中，风管常用的非金属材料主要有聚氯乙烯塑料板和玻璃钢。

（1）聚氯乙烯塑料板　通风空调工程中用的聚氯乙烯塑料板也叫作硬塑料板，是热塑性塑料的一种，由聚氯乙烯树脂加稳定剂和增塑剂热压加工而成。

聚氯乙烯塑料板对各种酸碱类的作用均很稳定，但对强氧化剂（如浓硝酸、发烟硫酸）、芳香族碳氢化合物以及氯化碳氢化合物是不稳定的。其强度较高，弹性好，但热稳定性差，高温时强度下降，低温时变脆易裂，一般使用温度为 −10~60℃，易于加工成形，用于加工制作风管、风机及配件。其线胀系数小，热导率不大，$\lambda = 0.15\text{W}/(\text{m·K})$。

聚氯乙烯塑料板表面应平整，无痕，不得含有气泡，厚薄均匀一致，无离层现象。聚氯乙烯塑料板材规格见表 8-13。板材连接采用焊接，所用焊条规格见表 8-14。

表 8-13　聚氯乙烯塑料板材规格

厚度/mm	宽度/mm	长度/mm	质量		厚度/mm	宽度/mm	长度/mm	质量	
			每块/kg	每立方米/kg				每块/kg	每立方米/kg
2.0	≥700	≥1200	2.5	3.0	10	≥700	≥1200	12.6	15.0
2.5			3.51	3.75	12			15.1	18.0
3.0			3.78	4.50	14			17.4	21.0
3.5			4.41	5.25	15			18.9	22.5
4.0			5.04	6.00	16			20.2	24.0
4.5			5.67	6.75	18			22.7	27.0
5			6.30	7.50	20			25.2	30.0
6			7.56	9.00	22			27.7	33.0
7			8.82	10.5	24			30.2	36.0
8			10.1	12.0	25			31.5	37.5
9			11.3	13.5	28			35.3	42.0

表 8-14　焊条规格

直径/mm		长度/mm	每根焊条质量/kg	适用焊条厚度/mm
单焊条	双焊条			
2.0	2.0	≥500	≥0.24	2～5
2.5	2.5	≥500	≥0.37	6～15
3.0	3.0	≥500	≥0.53	16～20
3.5	—	≥500	≥0.72	—
4.0	—	≥500	≥0.94	—

（2）玻璃钢　玻璃钢是由玻璃纤维与合成树脂组成的一种轻质高强度的复合材料，具有较好的耐蚀性、耐火度和成型工艺简单等优点，常用于制作冷却塔和排除带有腐蚀性气体的风管。玻璃钢强度好，但刚性差。

玻璃钢风管管段或配件采用法兰连接。一般在加工风管和配件时应连同两端法兰一起加工成形，法兰与风管轴线垂直，法兰平面的平面度公差为 2mm。常用玻璃钢风管壁厚度见表 8-15。

表 8-15　玻璃钢风管壁厚度　　　　　　（单位：mm）

钢管直径或矩形管长边尺寸	壁厚	钢管直径或矩形管长边尺寸	壁厚
≤200	1.0～1.5	800～1000	2.5～3.0
250～400	1.5～2.0	1250～2000	3.0～3.5
500～630	2.0～2.5	—	—

3. 复合材料

制作风管用复合材料主要是不燃材料面层复合保温材料板。

（1）酚醛铝箔复合板　酚醛铝箔复合板的外表面是涂层铝箔，中间层为酚醛泡沫材料，具有不燃性、热导率低、耐蚀、抗老化、吸声性能好等特点，广泛应用于通风空调管道、冷热输送管道中。酚醛铝箔复合夹芯板的技术参数见表 8-16。

表 8-16　酚醛铝箔复合夹芯板的技术参数

项　目	检　验　值	备　注
密度/(kg/m³)	45～70	
压缩强度/kPa	448	GB/T 8813—2008
质量吸水率（%）	3.7	GB/T 8810—2005
尺寸稳定性（70±2）℃（%）	0.66	GB/T 8811—2008
热导率/[W/(m·K)]	0.028	GB/T 10294—2008
平均烟气温度/℃	99（技术指标为 125℃）	检验方法（GB/T 8625—2005）
烟气毒性/(mg/L)	符合要求	检验方法（GA/T 506—2004）
烟密度等级	2（技术指标≤15）	检验方法（GB/T 8627—2007）

（2）聚氨酯铝箔复合板　聚氨酯铝箔复合板的内外表面是涂层铝箔，中间层为聚氨酯泡沫材料，具有黏结性能好、保温性能优良、耐蚀性能好、质量稳定、生产效益高等优点。聚氨酯铝箔复合保温风管板材主要技术指标见表 8-17。

（3）聚苯乙烯铝箔复合板　聚苯乙烯铝箔复合板为双面敷铝箔的硬质隔热复合板，保温层为硬制难燃 B1 级聚苯乙烯泡沫。聚苯乙烯铝箔复合板的主要技术指标见表 8-18。

表 8-17　聚氨酯铝箔复合保温风管板材主要技术指标

种　类	60μm 铝箔	80μm 铝箔
长度×宽度	4000mm×1200mm	4000mm×1200mm
厚度/mm	21	21
泡沫密度/(kg/m³)	40	40~48
泡沫质量每平方米/kg	1.2	1.4~1.7
铝箔质量每平方米/g	162	218
最低温度/℃	−30	−30
最高温度/℃	120	120

表 8-18　聚苯乙烯铝箔复合板的主要技术指标

特　性	测试方法	性能指标
表面密度/(kg/m³)	—	48
热导率/[W/(m·K)]	YS/T 63.3—2006	0.027
压缩强度/kPa	GB/T 8813—2008	250
抗弯强度/MPa	—	1.06
尺寸稳定性（%）	GB/T 8811—2008	≤2
质量吸水率（%）	GB/T 8810—2005	≤1.5
透湿系数/[ng/(m·s·Pa)]	QB/T 2411—1998	≤3
燃烧性能	GB 8624—2012	B1
热胀系数		$28.71×10^{-6}$

（4）玻璃纤维复合板　玻璃纤维复合板是制作玻璃纤维复合板风管的骨架。玻璃纤维是一种无机非金属材料，其突出特点是强度大、弹性模量高、伸长率低，同时还具有电绝缘、耐蚀等优点，通常作为复合材料中的增强材料、电绝缘材料和保温材料等。

玻璃纤维复合板将玻璃纤维无捻粗纱、布作为增强材料，与热固性、热塑性塑料制作而成。表 8-19、表 8-20 分别给出了玻璃纤维复合板材的规格和主要技术指标。

表 8-19　玻璃纤维复合板材规格

型　号	长度/mm	宽度/mm	厚度/mm
475 型	3000/4200	1200	25
800 型	3000/4200	1200	38

表 8-20　玻璃纤维复合板材主要技术指标

性　能		技术指标
最高运行温度/℃		121
最大风速/(m/s)		28
静压极限/Pa		1000
热导率/[W/(m·K)]		0.033
热阻/(m²·K/W)	475 型	0.8
	800 型	1.11
抑菌效果		抑菌率大于 99.54%
纤维脱落情况		无纤维脱落
防火等级		A 级复合（夹芯）材料
质量吸湿率（%）		0.81

8.1.2　风管类型和规格

风管是采用金属、非金属薄板或玻璃钢等材料制作而成的，用于通风与空调工程中空气流通的管道。

1. 风管类型

风管种类较多，按使用的材料可分为金属材料风管、非金属材料风管和复合材料风管；按断面形状可分为圆形风管、矩形风管和椭圆形风管等。

（1）金属材料风管　金属材料风管主要有普通薄钢板风管和镀锌薄钢板风管。镀锌薄钢板风管内壁光滑，阻力小，不燃烧，承压高和密封性强，尤其适用净化通风空调，对潮湿和腐蚀环境可以采取涂装耐蚀处理，因而应用广泛。对净化空调工程或有特殊要求的通风与空调工程，可采用塑料复合钢板、铝合金板或不锈钢板制作的风管。

图 8-1 是金属圆形风管的结构示意图。图 8-2 是金属矩形风管的结构示意图。

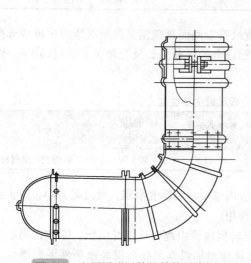

图 8-1　金属圆形风管的结构示意图

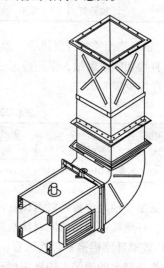

图 8-2　金属矩形风管的结构示意图

（2）非金属材料风管

1）聚氯乙烯板风管：聚氯乙烯板风管主要用于有防潮耐蚀要求的通风与空调工程。

2）玻璃钢风管：玻璃钢风管包括有机玻璃钢风管和无机玻璃钢风管。有机玻璃钢风管分为普通型和阻燃自熄型两种。普通型有机玻璃钢风管适用于潮湿或腐蚀环境，缺点是易燃烧，不防火；阻燃自熄型有机玻璃钢风管在达到一定温度时，即使没有明火，也会无焰燃烧，使产品炭化、变脆。不管是火焰燃烧，还是无焰燃烧，都会释放出有害气体，会对人身产生严重伤害，因此有机玻璃钢的应用受到限制。

无机玻璃钢风管采用玻璃纤维增强材料，以及石膏粉、菱苦土和白水泥等黏合而成。无机玻璃钢风管除具有耐潮湿和耐蚀性能外，突出的优点是不燃烧（氧指数达 99）；缺点是密度较大（200kg/cm³）。

（3）复合材料风管

1）酚醛铝箔复合板风管：酚醛铝箔复合板风管由酚醛复合夹芯板和专用法兰配件制成，具有保温性良好、消声性能佳、重量轻、安装方便、使用寿命长、外形美观、适合明装等特点。因此，酚醛铝箔复合板风管可广泛用于工业与民用建筑、酒店、医院、写字楼以及其他有特殊要求的场所。酚醛铝箔复合板风管的性能技术参数见表8-21。

表8-21 酚醛铝箔复合板风管的性能技术参数

风管风速/(m/s)		4	6	8	10	12	14	16	18
沿壁内阻/(Pa/m)		1.03	2.07	3.50	5.30	7.3	9.7	12.64	15.80
沿壁摩阻力系数		0.0238	0.0213	0.0203	0.0196	0.0188	0.0183	0.0183	0.0181
风管内静压/Pa		500		800		1000		1200	1500
漏风量 /[m³/(h·m²)]	标准值	1.00		1.36		1.57		1.77	2.04
	检验值	0.68		1.05		1.26		1.42	1.62
耐压(风管内静压) /Pa	标准值	500		800		1000		1200	1500
	检验值	532		835		1034		1257	1535
风管壁变形量 (%)	标准值	1.00		—		—		—	—
	检验值	0.37		0.47		0.53		0.6	0.7

2）聚氨酯铝箔复合板风管：聚氨酯铝箔复合板风管以两面覆盖铝箔的聚氨酯泡沫板或苯酚泡沫板直接切割或黏结，采用隐形法兰结构或加置铝合金构件补强，风管和保温材料集于一体。其主要性能见表8-22。

表8-22 聚氨酯铝箔复合板风管主要性能

表观密度 /(kg/m³)	热导率 /[W/(m·K)]	铝箔厚度 /μm	承压/Pa	质量吸水率 (%)	使用温度 /℃	氧指数
40~62	0.019~0.022	60~80	900	<1	−40~80	33.7 自熄型可燃材料

聚氨酯铝箔复合板风管有优良的保温性能，风管内壁覆盖铝箔光滑层，气流阻力小，防止湿气浸渗，外壁覆盖铝箔或同时涂敷防护漆，起保护作用。

3）玻璃纤维铝箔复合板风管：玻璃纤维铝箔复合板风管由离心玻璃纤维板、贴敷在离心玻璃纤维板外壁上的铝箔、内壁阻燃玻璃纤维布和风管特型加强框架在高温高压条件下用燃烧等级为 A 级的胶粘剂黏合而成。其集风管、保温、消声、防火和防潮于一体，重量轻，加工和安装简便，占用建筑空间小，外形美观。玻璃纤维铝箔复合板风管主要技术性能见表8-23。

（4）柔性风管 柔性风管作为一种新型材料，在工业发达国家的通风空调工程中应用已相当广泛。近年来，我国一些厂家引进专门设备生产新型柔性风管，经过实际使用，效果较好，现已逐步得到推广。

表8-23 玻璃纤维铝箔复合板风管主要技术性能

表观密度 /(kg/m³)	热导率 /[W/(m·K)]	表面粗糙度值 /μm	承压/Pa	吸水率 (%)	消声性能 (每米)/dB	胶粘剂
64	0.029	Ra1.01~1.10	1000~1200	≤1.5	3	燃烧等级为 A 级，属于不燃材料

柔性风管由金属骨料和涂覆纤维织物（或金属薄膜）壁料以缠绕方式加工成形，金属骨料为支承构架，使风管具有必需的强度；涂覆织物（或金属薄膜）以其高度柔性使风管有可弯曲、伸缩、减振、消声等特点。柔性风管主要技术参数见表8-24。

2. 风管规格

（1）风管尺寸规格 金属风管宜以外边长（或外径）为标注尺寸，非金属风管宜以内边长

（或内径）为标注尺寸。矩形风管的长边与短边之比不宜大于 4:1，圆形风管应优先选用基本系列。

表 8-24　柔性风管主要技术参数

型　号	柔管名称	额定承压/Pa	适用温度/℃	主要材料	适用范围
FAB1	空调柔性管	2990	−40 ~ 121	玻璃纤维布、铝箔、镀锌钢带	空调、通风
T/L	铝合金伸缩管	2990	−51 ~ 315	铝合金薄板带	空调、通风
T/L—G	镀锌钢伸缩管	2990	−20 ~ 426	镀锌钢薄板带	空调、通风
T/L—SS	不锈钢伸缩管	2990	−51 ~ 1150	不锈钢薄板带	高温高压通风
TYPE100	工业通风柔性管	4980	−51 ~ 121	聚酯纤维、金属带料	除尘通风
TYPE500	工业通风柔性管	4980	−34 ~ 93	聚酯乙烯纤维布、不锈钢薄板带	腐蚀气体排放

根据《通风与空调工程施工质量验收规范》（GB 50243—2002）的规定，圆形风管外径见表 8-25，矩形风管规格见表 8-26。

表 8-25　圆形风管外径　　　　　　　　　　（单位：mm）

基本系列	辅助系列	基本系列	辅助系列
100	80 90 100	500	480 500
120	110 120	560	530 560
140	130 140	630	600 630
160	150 160	700	670 700
180	170 180	800	750 800
200	190 200	900	850 900
220	210 220	1000	950 1000
250	240 250	1120	1060 1120
280	260 280	1250	1180 1250
320	300 320	1400	1320 1400
360	340 360	1600	1500 1600
400	380 400	1800	1700 1800
450	420 450	2000	1900 2000

表 8-26　矩形风管规格

外边长（长×宽）		外边长（长×宽）	
120mm × 120mm	630mm × 500mm	320mm × 320mm	1250mm × 400mm
160mm × 120mm	630mm × 630mm	400mm × 200mm	1250mm × 500mm
160mm × 160mm	800mm × 620mm	400mm × 250mm	1250mm × 630mm
200mm × 120mm	800mm × 400mm	400mm × 320mm	1250mm × 800mm
200mm × 160mm	800mm × 500mm	400mm × 400mm	1250mm × 1000mm
200mm × 200mm	800mm × 630mm	500mm × 200mm	1600mm × 500mm
250mm × 120mm	800mm × 800mm	500mm × 250mm	1600mm × 630mm
250mm × 160mm	1000mm × 320mm	500mm × 320mm	1600mm × 800mm
250mm × 200mm	1000mm × 400mm	500mm × 400mm	1600mm × 1000mm
250mm × 250mm	1000mm × 500mm	500mm × 500mm	1600mm × 1250mm
320mm × 160mm	1000mm × 630mm	630mm × 250mm	2000mm × 800mm
320mm × 200mm	1000mm × 800mm	630mm × 320mm	2000mm × 1000mm
320mm × 250mm	1000mm × 1000mm	630mm × 400mm	2000mm × 1250mm

（2）风管板材厚度

1）金属风管板材厚度

① 金属矩形风管板材厚度。钢板矩形风管板材厚度应符合表 8-27 的规定。

表 8-27　钢板矩形风管板材厚度　　　　　　　　　　（单位：mm）

风管边长（b）	一般用途风管		除尘系统风管
	中、低压系统	高压系统	
b≤320	0.5	0.75	1.5
320＜b≤450	0.6	0.75	1.5
450＜b≤630	0.6	0.75	2.0
630＜b≤1000	0.75	1.0	2.0
1000＜b≤1250	1.0	1.0	2.0
1250＜b≤2000	1.0	1.2	按设计
2000＜b≤4000	1.2	按设计	

注：1. 不适用于地下人防与防火隔墙的预埋管。
　　2. 排烟系统风管钢板厚度可按高压系统选用。
　　3. 特殊除尘系统风管钢板厚度应符合设计要求。

② 金属圆形风管板材厚度。钢板圆形风管板材厚度应符合表 8-28 的规定。

表 8-28　钢板圆形风管板材厚度　　　　　　　　　　（单位：mm）

风管直径（D）	低压风管		中压风管		高压风管	
	螺旋缝	直缝	螺旋缝	直缝	螺旋缝	直缝
D≤320	0.5		0.5		0.5	
320＜D≤450	0.5	0.6	0.5	0.75	0.6	0.75
450＜D≤1000	0.6	0.75	0.6	0.75	0.6	0.75
1000＜D≤1250	0.75	1.0	0.75	1.0	1.0	
1250＜D≤2000	1.0	1.2	1.2		1.2	
D＞2000	1.2	按设计				

③ 不锈钢板风管板材厚度。不锈钢板风管板材厚度应符合表 8-29 的规定。

④ 铝板风管板材厚度。铝板风管板材厚度应符合表 8-30 的规定。

表 8-29　不锈钢板风管板材厚度　　　　　　　　　　（单位：mm）

风管直径（D）或长边尺寸（b）	不锈钢板厚度
D（b）≤500	0.5
500＜D（b）≤1120	0.75
1120＜D（b）≤2000	1.0
2000＜D（b）≤4000	1.2

表 8-30　铝板风管板材厚度　　　　　　　　　　（单位：mm）

风管直径（D）或长边尺寸（b）	铝板厚度
D（b）≤320	1.0
320＜D（b）≤630	1.5
630＜D（b）≤2000	2.0
2000＜D（b）≤4000	按设计

2）非金属材料风管板材厚度

①硬聚氯乙烯风管板材厚度。硬聚氯乙烯风管板材厚度应符合表 8-31、表 8-32 的规定。

表 8-31　硬聚氯乙烯圆形风管板材厚度　（单位：mm）

风管直径（D）	板材厚度
$D \leqslant 320$	3.0
$320 < D \leqslant 630$	4.0
$630 < D \leqslant 1000$	5.0
$1000 < D \leqslant 2000$	6.0

表 8-32　硬聚氯乙烯矩形风管板材厚度　（单位：mm）

风管边长尺寸（b）	板材厚度
$b \leqslant 320$	3.0
$320 < b \leqslant 500$	4.0
$500 < b \leqslant 800$	5.0
$800 < b \leqslant 1250$	6.0
$1250 < b \leqslant 2000$	8.0

②玻璃钢风管板材厚度。有机玻璃钢风管板材厚度应符合表 8-33 的规定。无机玻璃钢风管板材厚度应符合表 8-34 的规定。

表 8-33　有机玻璃钢风管板材厚度　（单位：mm）

圆形风管直径（D）或矩形风管长边尺寸（b）	壁　厚
$D（b）\leqslant 200$	2.5
$200 < D（b）\leqslant 400$	3.2
$400 < D（b）\leqslant 630$	4.0
$630 < D（b）\leqslant 1000$	4.8
$1000 < D（b）\leqslant 2000$	6.2

表 8-34　无机玻璃钢风管板材厚度　（单位：mm）

圆形风管直径（D）或矩形风管长边尺寸（b）	壁　厚
$D（b）\leqslant 300$	2.5 ~ 3.5
$300 < D（b）\leqslant 500$	3.5 ~ 4.5
$500 < D（b）\leqslant 1000$	4.5 ~ 5.5
$1000 < D（b）\leqslant 1500$	5.5 ~ 6.5
$1500 < D（b）\leqslant 2000$	6.5 ~ 7.5
$D（b）> 2000$	7.5 ~ 8.5

③复合材料风管板材厚度。复合材料风管板材厚度应符合表 8-35 的规定。

表 8-35　复合材料风管板材厚度　（单位：mm）

风管类别	管板厚度
酚醛铝箔复合板风管	$\geqslant 20$
聚氨酯铝箔复合板风管	$\geqslant 20$
玻璃纤维复合板风管	$\geqslant 25$

8.1.3 风管系统附件

空调工程风管系统附件是指通风空调系统的各类风口、阀门、排气罩、风帽、检查门、测定孔和支吊架等。这里主要介绍空调系统中常用的风口、阀门等。

1. 风口

（1）风口类型 空调系统风口类型有很多，常用的有百叶风口、散流器和条缝形风口。

百叶风口是空调中常用风口，有联动百叶风口和手动百叶风口。百叶风口内可装对开式调节阀，以调节风口风量。百叶风口的外形有方形、矩形、圆形，叶片有单层和双层等。单层百叶风口可用于一般送风口或回风口，双层百叶风口用于调节风口垂直方向的气流角度。图 8-3 所示为双层百叶风口和单层百叶风口。

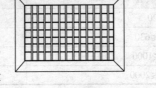
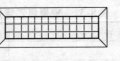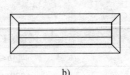

图 8-3 百叶风口
a）双层百叶风口 b）单层百叶风口

散流器外形有方形、圆形和矩形，如图 8-4 所示。

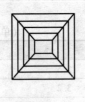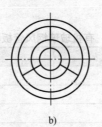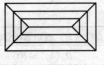

图 8-4 散流器
a）方形 b）圆形 c）矩形

条缝形风口用于空调系统中，可安装在侧墙上和天花板上。条缝形风口有单条缝、双条缝和多条缝等，如图 8-5 所示。

除此之外，还有喷口、旋流风口、孔板风口及专用风口。

图 8-5 条缝形风口

（2）风口的基本规格 风口的基本规格用颈部尺寸（与风管的接口尺寸）表示，见表 8-36 和表 8-37。

表 8-36 圆形风口基本规格 （单位：mm）

直径	100	120	140	160	180	200	220	250	280	320
规格尺寸	100	120	140	160	180	200	220	250	280	320
直径	360	400	450	500	560	630	700	800	—	—
规格尺寸	360	400	450	500	560	630	700	800	—	—

表8-37　方、矩形风口基本规格

规格代号 宽/mm 高/mm	120	160	200	250	320	400	500	630	800	1000	1250
120	120×120	160×120	200×120	250×120	320×120	400×120	500×120	630×120	800×120	1000×120	—
160	—	160×160	200×160	250×160	320×160	400×160	500×160	630×160	800×160	1000×160	1250×160
200	—	—	200×200	250×200	320×200	400×200	500×200	630×200	800×200	1000×200	1250×200
250	—	—	—	250×250	320×250	400×250	500×250	630×250	800×250	1000×250	1250×250
320	—	—	—	—	320×320	400×320	500×320	630×320	800×320	1000×320	1250×320
400	—	—	—	—	—	400×400	500×400	630×400	800×400	1000×400	1250×400
500	—	—	—	—	—	—	500×500	630×500	800×500	1000×500	1250×500
630	—	—	—	—	—	—	—	630×630	800×630	1000×630	1250×630

散流器的基本规格可按相等间距（50mm、60mm、70mm）递增。

（3）风口型号表示方法　风口型号表示方法如下：

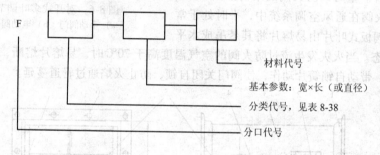

材料代号

基本参数：宽×长（或直径）

分类代号，见表8-38

分口代号

2. 阀门

通风与空调工程常用的阀门有：蝶阀、多叶调节阀（平行式、对开式）、离心式通风机圆形瓣式起动阀，以及空气处理室中的旁通阀、防火阀和止回阀等，用于关断、调节风量和风压或阻断保护。

蝶阀是通风系统中最常见的一种风阀。按断面形状不同，蝶阀分为圆形、方形和矩形三种；按调节方式不同，有手柄式和拉链式两类。

表8-38　分类代号

序号	风口名称	分类代号	序号	风口名称	分类代号
1	单层活动百叶风口	BHD	10	活动叶片条缝形风口	HT
2	双层活动百叶风口	BHS	11	旋流风口	XL
3	圆形散流器	SY	12	孔板风口	KB
4	方形散流器	SF	13	网板风口	WB
5	矩形散流器	SJ	14	椅子风口	YZ
6	盘形散流器	SP	15	灯具风口	DJ
7	圆形喷口	PY	16	篦孔风口	BK
8	矩形喷口	PJ	17	固定叶片调峰形封口	GT
9	球形喷口	PQ	18	地用百叶风口	BDY

空调工程中常用对开式多叶调节阀，分为手动式和电动式两种（见图8-6），分别通过手轮

和蜗杆进行调节，设有启闭指示装置，在叶片的一端均用闭孔海绵橡胶板进行密封。这种调节阀一般装有 2~8 个叶片，每个叶片的长轴端部都装有摇柄，连接各摇柄的连动杆与调节手柄相连。操作手柄，各叶片就能同步开或合。调整完毕，拧紧蝶形螺母，就可以固定位置。对叶片的要求为：应能贴合，间距均匀，搭接一致。

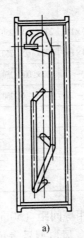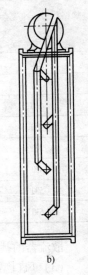

防火阀是高层建筑通风空调系统不可缺少的部件。当发生火灾时可以切断气流，防止火灾蔓延。阀板开启与否，应有信号指示，并与通风机联锁。防火阀按阀门关闭驱动方式可分为重力式防火阀、弹簧力驱动式防火阀（或称为电磁式）、电动机驱动式防火阀及气动驱动式防火阀等四种。其中，重力式防火阀是空调中常用的防火阀，其又可分为矩形和圆形两种。矩形防火阀有单板式和多叶片式两种；圆形防火阀只有单板式一种。重力式防火阀的结构如图 8-7~图 8-9 所示。防火阀在通风空调系统中，平时处于常开状态。阀门的阀板式叶片由易熔片将其悬吊成水平

图 8-6　对开式多叶调节阀

a）手动阀门　b）电动阀门

或水平偏下 5°状态。当火灾发生流过防火阀的空气温度高于 70℃时，易熔片熔断，阀板或叶片靠重力自行下落，带动自锁簧片动作，使阀门关闭自锁，防止火焰通过管道蔓延。

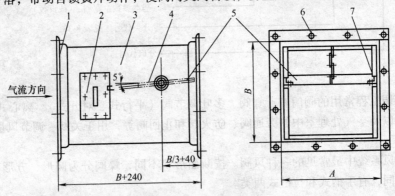

图 8-7　重力式矩形单板防火阀

1—法兰　2—检查门　3—阀体　4—手柄　5—阀板　6—易熔片　7—轴

图 8-7 所示的防火阀多用于水平气流风道中，若用于垂直气流风道，拉易熔片一端必须向下倾斜 5°，以便于下落关闭。易熔片的熔点温度可根据设计需要决定。

排烟阀安装在排烟系统中，平时呈关闭状态，发生火灾时借助于感烟器、感温器能自动开启排烟阀门。常用的排烟阀包括：排烟防火阀、远控排烟阀、远控排烟防火阀、板式排烟口、多叶排烟口、远控多叶排烟口、远控多叶防火排烟口、多叶防火排烟口及电动排烟防火阀等。

止回阀常用在通风空调系统中，以防止通风机停止运转后气流倒流。在正常情况下，通风机开动后，阀板在风压作用下会自动打开；通风机停止运转后，阀板自动关闭。止回阀根据管道形状的不同可分为圆形和矩形；根据在风管中的位置不同，分为垂直式和水平式。止回阀的阀板采用铝制，其重量轻，启闭灵活，能防火花、防爆。

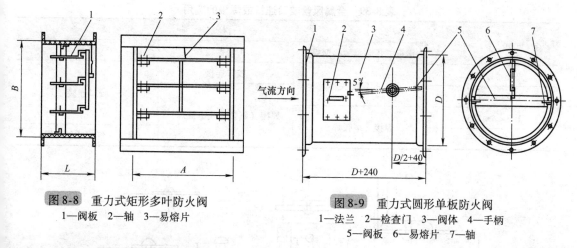

图 8-8　重力式矩形多叶防火阀
1—阀板　2—轴　3—易熔片

图 8-9　重力式圆形单板防火阀
1—法兰　2—检查门　3—阀体　4—手柄
5—阀板　6—易熔片　7—轴

8.2　风管施工与安装方法

8.2.1　风管及配件的加工

1. 风管的加工

风管和配件大部分是由平板加工而成的。从平板到成品，其基本加工工序可分为划线、剪切、成形、连接以及安装法兰等步骤。

（1）划线　按照风管或配件的外形尺寸把它的表面展成平面，在平板上依实际尺寸画出展开图，这个过程称为展开划线，也称为放样。划线正确与否直接关系到风管或配件的尺寸大小和制作质量，所以划线必须要有足够的精度，这样才能保证成品的尺寸偏差不超过规定值。制作金属风管和配件的外径或外边长小于或等于 300mm 的，允许尺寸偏差为 1mm；外径或外边长大于 300mm 的，允许尺寸偏差为 2mm。常用划线方法有平行线法、放射线法、三角形法等。

（2）剪切　金属薄板的剪切就是按划线的形状进行裁剪下料。板材剪切时必须按划线形状进行裁剪，注意留出接口留量（如咬口、翻边留量），并做到切口整齐、直线平直、曲线圆滑、角度准确。剪切分为手工剪切和机械剪切。

（3）折方和卷圆成形　折方用于矩形风管和配件的直角成形。手工折方时，先将厚度小于 1.0mm 的钢板放在方垫铁上（或用槽钢、角钢）打成直角，然后用硬木方尺进行修整，打出棱角，使表面平整；机械折方时则使用扳边机压制折方。

制作圆形风管时，卷圆的方法有手工卷圆和机械卷圆两种。手工卷圆一般只能卷厚度在 1.0mm 以内的钢板。将打好咬口边的板材在圆垫铁或圆钢管上压弯曲，卷接成圆形，使咬口互相扣合，并把接缝打紧合实，最后再用硬木尺均匀敲打找正，使圆弧均匀成正圆。机械卷圆利用卷圆机进行，适用于厚度在 2.0mm 以内、板宽在 2000mm 以内的板材卷圆。

（4）板材的连接　通风空调工程中制作风管和各种配件时，必须将板材进行连接。金属薄板的连接通常有三种方式，即咬口连接、铆钉连接和焊接。金属风管咬口连接或焊接的选用见表 8-39。

板厚小于或等于 1.2mm 时，主要采用咬口连接。咬口缝外观要求平整，并能够提高风管的刚度。咬口方法有手工咬口和机械咬口两种。

风管、部件或配件与法兰连接常采用铆接。铆接是将连接的板材翻边搭接，用铆钉穿连并铆合在一起，如图 8-10 所示。

表 8-39　金属风管咬口连接或焊接的选用

板厚 (δ)/mm	材质		
	钢板（不包括镀锌钢板）	不锈钢板	铝板
$\delta \leqslant 1.0$	咬口连接	咬口连接	咬口连接
$1.0 < \delta \leqslant 1.2$		焊接（氩弧焊或电弧焊）	
$1.2 < \delta \leqslant 1.5$	焊接（电弧焊）		
$\delta > 1.5$			焊接（气焊或氩弧焊）

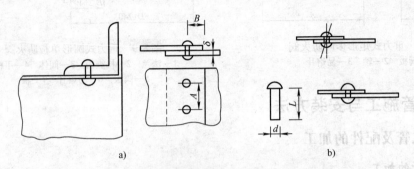

图 8-10　铆钉连接

a）法兰铆钉连接　b）风管铆钉连接

当普通（镀锌）钢板厚度大于 1.2mm（或 1.0mm），不锈钢板厚度大于 1.0mm，铝板厚度大于 1.5mm 时，应采用焊接。焊接焊缝表面应平整均匀，不应有烧穿、裂缝、结瘤等缺陷。

（5）制作　风管与风管之间、风管与部件和配件之间的连接通常采用法兰连接。圆形风管法兰用料规格见表 8-40，矩形风管法兰用料规格见表 8-41。

表 8-40　圆形风管法兰用料规格　　　　　　　　　（单位：mm）

圆形风管直径	法兰用料规格	
	扁钢	角钢
≤140	−20×4	—
150～280	−25×4	—
300～500	—	∟25×3
530～1250	—	∟30×4
1320～2000	—	∟40×4

表 8-41　矩形风管法兰用料规格　　　　　　　　　（单位：mm）

矩形风管大边长	法兰用料规格
≤630	∟25×3
800～1250	∟30×4
1600～2000	∟40×4

2. 风管部件的加工

（1）风口的加工

1）风口规格应以颈部外径或外长边为准，其尺寸的允许偏差值应符合表 8-42、表 8-43 的规定。

表8-42　圆形风口尺寸允许偏差　　（单位：mm）

直径	≤250	>250
允许偏差	-2～0	-3～0

表8-43　矩形风口尺寸允许偏差　　（单位：mm）

边长	<300	300～800	>800
允许偏差	-1～0	-2～0	-3～0
对角线长度	<300	300～500	>500
两对角线之差	≤1	≤2	≤3

2）风口外表装饰面应平整光滑，其平面度允许偏差应符合表8-44的规定。

表8-44　风口平面度允许偏差　　（单位：mm）

表面积/m²	<0.1	0.1～0.3	0.3～0.8
平面度允许偏差/mm	1	2	3

采用板材制作的风口外表装饰面拼接的缝隙应小于或等于0.2mm，采用铝型材制作的应小于或等于0.15mm。

3）风口外表面不得有明显的划伤、压痕与花斑，颜色应一致，熔核应光滑。

4）风口的转动调节部分应灵活，叶片应平直，同边框不得碰擦，定位后应无松动现象。

5）百叶风口的叶片间距应均匀，两端轴的中心应在同一直线上。叶片中心线直线度允许偏差为3/1000，叶片平行度允许偏差为4/1000。手动式风口叶片与边框铆接应松紧应适当。

6）散流器的扩散环和调节环应同轴，径向间距分布应匀称。

7）风口在安装前和安装后都应扳动一下调节柄或杆。因为在运输和安装过程中，风口都有可能变形，即使是最小的变形也能影响调节的灵活性。

在安装风口时，应注意风口与房间内的顶线和腰线协调一致。安装风管时，风口应服从房间的线条。吸顶安装的散流器应与顶面平齐。散流器的每层扩散圈应保持等距。散流器与总管的接口应牢固可靠。

（2）风阀的加工　风阀的加工应满足下列规定：

1）阀门应牢固，调节和制动装置应准确、灵活、可靠，并标明阀门启闭方向和调节角度。

2）电动调节风阀与气动调节风阀的执行机构及连动装置的动作应可靠，其调节范围及指示角度应与阀板开启角度一致。

3）保温调节风阀的连杆设置在阀体外侧时，应加设防护罩。

4）安装阀门时，应注意将阀门调节装置设置在便于操作的部位；对于安装在高处的阀门，也要使其操作装置处于离地面或平台1～1.5m处。在将阀门安装完毕后，应在阀体外部标出开和关的方向及开启程度。对保温的风管系统，应在保温层外设法制作标记，以便于调试和管理。

① 蝶阀的加工：手柄式蝶阀由短管、阀板和调节装置三部分组成，如图8-11所示。

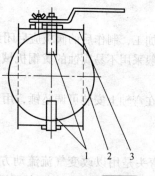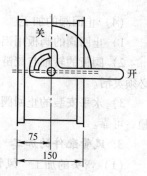

图8-11　手柄式蝶阀
1—调节装置　2—阀板　3—短管

短管用厚度为 1.2~2mm 的钢板（最好与风管壁厚相同）制成，长度为 150mm。加工穿轴的孔洞时，应在展开时精确划线、钻孔，钻好后再卷圆焊接。短管两端为便于连接风管，应分别设置法兰。

阀板可用厚度为 1.5~2mm 的钢板制成，直径较大时，可用扁钢进行加固。阀板的直径应略小于风管直径但不宜过小，以免漏风。

手柄用 3mm 厚的钢板制成，其扇形部分开有 1/4 圆周弧形的月牙槽，圆弧中心开有和轴相配的方孔，使手柄可按需要位置开关或调节阀板位置。手柄通过焊在垫板上的螺栓和翼形螺母固定开关位置，垫板可焊在风管上固定。

组装蝶阀时，应先检查零件尺寸，然后把两根半轴穿入短管的轴孔，并放入阀板，用螺栓把阀板固定在两个半轴上，使阀板在短管中绕轴转动，在转动灵活无卡阻情况时，垫好垫圈。在短管外铆好螺栓的垫板和下垫板，再把手柄套入，并用螺母和翼形螺母固定。蝶阀轴应严格放平，阀门在轴上应转动灵活，手柄位置应能明确标明阀门的开或关。

② 多叶调节阀的加工：在制作时，宜在原标准图基础上，增设法兰并加强刚度。组装后，调节装置应准确、灵活、平稳。其叶片间距应均匀，关闭后叶片能互相贴合，搭接尺寸应一致。对于大截面的多叶调节风阀，应加强叶片与轴的刚度，适宜分组调节，均应标明转动方向的标志，阀件均应进行耐蚀处理。

（3）防火阀、排烟阀的加工　防火阀、排烟阀应符合下列要求：

1）阀体外壳、叶片用钢板制作，板厚必须大于或等于 2mm，严防火灾时变形失效。

2）转动部件在任何时候都应转动灵活，并应采用耐蚀的材料（如黄铜、不锈钢和镀锌铁件等金属材料）制作，并应转动灵活。

3）易熔件应为消防部门批准并检验合格的正规产品，检验以在水中测试为准，其熔点温度应符合设计要求，允许偏差为 -2℃，易熔件应设在阀板迎风侧。

4）阀板关闭时应严密，能有效地阻隔气流。

5）阀门动作应可靠，其允许漏风量分别应符合表 8-45 的规定。

表 8-45　防火阀、排烟阀允许漏风量

阀门类型	两端压差/Pa	允许漏风量/[m³/(h·m²)]
防火阀	300	≤700
排烟阀	300	≤700
板式排烟口	250	≤150

（4）止回阀的加工

1）止回阀的阀板用铝板加工，制作后的阀板应启闭灵活，关闭严密。

2）阀板的转轴与铰链一般采用不易腐蚀的黄铜机械加工而成，加工精度应符合要求，转动必须灵活。

3）水平安装的止回阀，在弯轴上安装可调坠锤，用于平衡和调节阀板的关启。坠锤应该平稳、可靠。

3. 风管配件的加工

（1）弯头的加工　风管弯头是用以改变气流流动方向的管件。根据弯管截面形状的不同，弯头分为圆形弯头和矩形弯头；根据弯头使用位置的不同，有 90°弯头、60°弯头、45°弯头、30°弯头等。矩形弯头分为内外弧弯头、内弧形弯头及内斜线弯头。

圆形弯头的弯曲半径 R 一般为弯管直径 D 的 $1 \sim 1.5$ 倍。矩形弯头的形式和曲率半径如图 8-12 所示。内弧形矩形弯头和内斜线矩形弯头的外边长 $A \geqslant 500\text{mm}$ 时，为改善气流分布的均匀性，弯头内应设导流片。

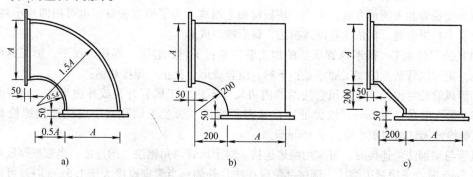

图 8-12 矩形弯头的形式和曲率半径
a）内外弧形矩形弯头　　b）内弧形矩形弯头　　c）内斜线矩形弯头

对于圆弯头，把剪切下来的端节和中节先进行纵向接合的咬口折边，再卷圆咬口成各个管节，然后在管节两侧以手工或机械的方式加工立咬口的折边，进而把各管节组合成弯头。对于弯头的咬口，要求咬口严密一致，各节的纵向咬口应错开，成形的弯头应与要求的角度一致。

当弯头采用焊接方式加工时，先将各管节焊好，再次修整圆度后，进行节间组对定位焊，使其形成弯管并整形，经检查合格后再进行焊接。定位焊点应沿弯头圆周均匀分布，按管径大小确定点数，但最少不少于 3 处。施焊时应防止弯管两面及周长出现受热集中现象。焊缝应采用对接焊缝。

矩形弯头可用转角咬口和联合咬口连接。为防止法兰套在弯头的圆弧上，可放出法兰余量，其余量为法兰角钢的边宽加 10mm 的翻边量。矩形弯头的加工可参考圆形弯头的加工步骤。

（2）三通的加工　圆形三通主管及支管下料后，即可进行整体组合。主管和支管接合缝的连接，可以咬口、插条或焊接方式连接。

当采用咬口连接时，采用覆盖法咬接。先把主管和支管的纵向咬口折边放在两侧，把展开的主管平放在支管上，套好咬口缝，再用手将主管和支管扳开，把接合缝打紧打平，最后把主管和支管卷圆，并分别咬好纵向接合缝，打紧打平纵向咬口，进行主、支管的整圆修整。

当用插条连接时，主管和支管可分别经咬口、卷圆加工成独立的部件，然后把对口部分放在平钢板上检查是否贴实，再进行接合缝的折边工作。折边时主管和支管均为单平折边，如图 8-13 所示。

用加工好的插条在三通的接合缝处插入，并用木锤轻轻敲打。在将插条插入后，用小锤和衬铁将其打紧打平。

当采用焊接使主管和支管连接时，先用对接焊缝把主管和支管的接合缝焊好，经板料平整消除变形后，将主、支管分别卷圆，再分别对缝焊接，最后进行整圆的修整。

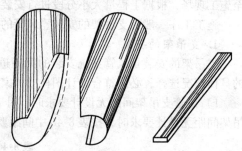

图 8-13 三通的插条法加工

矩形三通可参照矩形风管的加工方法进行咬口连接。当采用焊接时，矩形风管和三通可按要求采用角焊缝、搭接角焊缝或扳边角焊缝。

（3）变径管的加工　圆形变径管下料时，咬口留量和法兰翻边留量应留得合适，否则会出现大口法兰与风管不能紧贴，小口法兰套不进去等现象。为防止出现这种现象，下料时可将相邻的直管剪掉一些，或将变径管高度减少，将减少的部分加工成正圆短管，套入法兰后再翻边。为使法兰顺利套入，下料时可将小口稍微放小一些，把大口稍微放大一些，从上边穿大口法兰，翻边后，再套入上口法兰进行翻边。

矩形变径管和天圆地方管，可用一块板材加工制成。为了节省板材，也可用四块小料拼接，即先咬合小料拼合缝，再依次卷圆或折边，最后咬口成形。

（4）法兰的加工 圆形风管法兰的加工顺序是：下料、卷圆、焊接、找平、加工螺栓孔及铆钉孔。矩形风管法兰的加工顺序是：下料、组合成形、找正、焊接和钻孔。

圆形风管法兰内径或矩形风管法兰的内边尺寸不得小于风管外径或外边尺寸，允许偏差为 ±2mm，平面度误差为 2mm，以保证连接紧密不漏风。法兰上钻孔直径应比连接螺栓直径大 2mm，螺栓及铆钉的间距不应大于 150mm。

风管与扁钢法兰连接时，可采用翻边连接。对于风管与角钢法兰的连接，当管壁厚度小于或等于 1.5mm 时，采用翻边铆接，铆接部位应在法兰外侧；当管壁厚度大于 1.5mm 时，可采用翻边定位焊或沿风管的周边将法兰满焊，如图 8-14 所示。

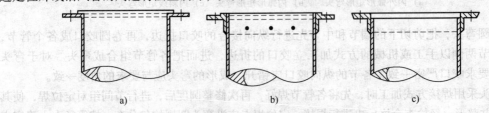

图 8-14　法兰与风管的连接
a）翻边　b）铆接　c）焊接

当通风或空调系统采用法兰连接时，所有直风管、风管配件在加工后均应同时将两端的法兰装配好。

8.2.2　空调风管的安装

在安装风管系统前，应进一步核实风管及送回（排）风口等部件的标高是否与设计图样相符，并检查土建预留的孔洞、预埋件的位置是否符合要求。将预制加工的支吊架、风管及部件运至施工现场，根据工程量大小分段进行安装。

施工工序一般为支吊架的安装、风管的安装及连接、部件的安装。

1. 支吊架的安装

支吊架的安装是风管系统安装的第一道工序。支吊架的形式应根据风管截面的大小及工程的具体情况选择，必须符合设计图样或国家标准图的要求。

1）风管支吊架间距无设计要求时，对于不保温风管应符合表 8-46 要求。对于保温风管，支吊架间距无设计要求时，按表 8-46 中间距要求值乘以 0.85。螺旋风管的支吊架间距可适当增大。

表 8-46　支吊架的间距

圆形风管直径或矩形风管长边尺寸/mm	水平风管间距/m	垂直风管间距/m	最少支吊架数/副
≤400	≤4	≤4	2
≤1000	≤3	≤3.5	2
>1000	≤2	≤2	2

矩形保温风管的支架、吊架、托架宜设在保温层外部，不得损坏保温层。

风管转弯处两端加支架。穿楼板和穿屋面处，因竖风管支架只起导向作用，所以穿楼板处应加固定支架。

2）安装支吊架时应注意，对于矩形风管，安装标高应从管底算起，而圆形风管应从风管中心计算。当圆形风管的管径由大变小时，为保持风管中心线水平，托架的标高应按变径的尺寸相应地提高。输送空气湿度较大的风管，为排除管内凝结水，安装风管时应保证设计要求的 1% ~ 1.5% 的坡度，托架标高也应按风管的要求坡度安装。安装在托架上的圆形风管，宜设托座。

3）对于相同管径的支架、吊架、托架应等距离排列，但不能将支架、吊架、托架设置在风口、风阀、检视门及测定孔等部位，否则将影响系统的使用效果。矩形保温风管不能直接与支架、吊架、托架接触，应垫上坚固的隔热材料，其厚度与保温层相同，防止产生"冷桥"，造成冷（热）量损失。

4）矩形风管抱箍支架应紧贴风管，折角应平直，连接处应留有螺栓收紧的距离；圆形风管抱箍圆弧应均匀，且应与风管外径相一致，抱箍应能箍紧风管。

5）支吊架上的螺孔应采用机械加工，不得用气割开孔。

6）支架、吊架、托架的预埋件或膨胀螺栓的位置应正确，安装牢固可靠。支架埋入砌体或混凝土中应去掉油污（不得喷涂油漆），以保证接合牢固。填塞的水泥砂浆应稍低于墙面，以便土建修饰墙面时补平。为防止圆形风管安装后变形，应在风管支吊架接触处设置托座。

7）安装吊架时应根据风管中心线找出吊杆敷设位置。单吊杆在风管中心线上，双吊杆按托架角钢的螺孔间距或风管中心线对称安装，但吊架不能直接吊在风管法兰上。在楼板上固定吊杆时，应尽量放在预制楼板的板缝中，当位置不合适时，可用锤子、尖錾或电锤打孔，但不要破坏土建质量。

8）安装立管卡环时应先在卡环半圆弧的中心划线，按风管位置和埋墙深度将最上半个卡环固定好，再用线坠吊正，在保证垂直度的情况下再将下半个卡环固定。

9）用于不锈钢、铝板风管的支架、抱箍应按设计要求做好耐蚀绝缘处理，防止电化学或晶间腐蚀。

2. 风管的连接

风管之间的连接方法包括法兰连接和无法兰连接两大类。无法兰连接形式有插接式、插条式、抱箍式等。风管与部件之间的连接一般采用软管连接。在风管连接时，不允许将可拆卸的接口处装设在墙或楼板内。

（1）风管法兰的连接　按设计要求装填垫料后，把两个法兰先对正，穿上几个螺栓并戴上螺母，暂时不要紧固，待所有螺栓都穿上后，再把螺栓拧紧。为了避免螺栓滑扣，坚固螺栓时应按十字交叉法，对称均匀地拧紧。连接好的风管，应以两端法兰为准，拉线检查风管连接是否平直。例如，在 10m 长的范围内，法兰和线的差值在 7mm 以内，每副法兰相互间的差值在 3mm 以内时为合格。

同时应注意以下问题：连接法兰的螺母应在同一侧；法兰若有破损（开焊、变形等），应及时更换、修理；不锈钢风管法兰连接的螺栓，宜用同材质的不锈钢制成，若用普通碳素钢标准件，应按设计要求喷涂涂料；铝板风管法兰连接应采用镀锌螺栓，并在法兰两侧垫镀锌垫圈；聚氯乙烯风管法兰应采用镀锌螺栓或增强尼龙螺栓连接，螺栓与法兰接触处应加镀锌垫圈。

在法兰连接中，法兰垫料的厚度，通风空调系统为 3 ~ 5mm，空气洁净系统不能小于 5mm。对于法兰垫料，当设计无明确规定时，可按表 8-47 要求选用。

表 8-47　风管法兰垫料

风 管 类 型	法 兰 垫 料
输送空气温度低于 70℃ 的风管	橡胶板或闭孔海绵橡胶板
输送空气或烟气温度高于 70℃ 的风管	石棉绳或石棉橡胶板
输送含有腐蚀性介质气体的风管	耐酸橡胶板或软聚氯乙烯板
输送产生凝结水或含有蒸汽的潮湿空气的风管	橡胶板或闭孔海绵橡胶板
除尘系统的风管	橡胶板
输送洁净空气的风管	橡胶板或闭孔海绵橡胶板

　　法兰垫料要尽量减少接头，接头必须采用楔形或榫形连接，并涂胶粘牢。法兰均匀压紧后的垫料宽度，应与风管内壁取平。

　　（2）风管无法兰连接　风管采用无法兰连接时，接口处应严密、牢固，矩形风管四角必须有定位及密封措施，风管连接的两平面应平直，不得错位和扭曲。螺旋风管一般采用无法兰连接。

　　1）抱箍式连接：将每一管段的两端轧制成鼓肋，并使其一端缩为小口。安装时按气流方向把小口插入大口，外面用钢制抱箍将两个管端的鼓肋抱紧连接，最后用螺栓穿在耳环中固定拧紧，如图 8-15a 所示。

　　2）插接式连接：主要用于矩形或圆形风管的连接。先制作连接管，然后插入两侧风管，再用自攻螺钉或拉铆钉将其紧密固定，如图 8-15b 所示。

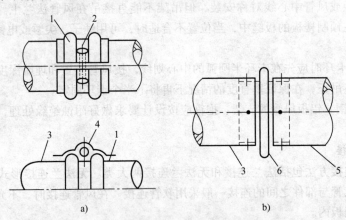

图 8-15　无法兰连接形式
a）抱箍式连接　b）插接式连接
1—外抱箍　2—连接螺栓　3—风管　4—耳环　5—自攻螺钉　6—内接管

　　3）插条式连接：插条式连接主要用于矩形风管连接。将不同形式的插条插入风管两端，然后压实。其形状和接管方法如图 8-16 所示。

　　（3）软管式连接　软管式连接主要用于风管与部件（如散流器、静压箱侧送风口等）的相连。安装时，软管两端套在连接管外，然后用特制软卡把软管箍紧。

　　3. 风管的安装

　　风管应按顺序进行安装，先干管后支管，垂直风管一般从下向上安装。根据施工现场情况，可以在地面连成一定长度，然后采用吊装的方法就位，也可以把风管一节一节放在支架上逐节连接。风管的具体安装方法参照表 8-48 和表 8-49。

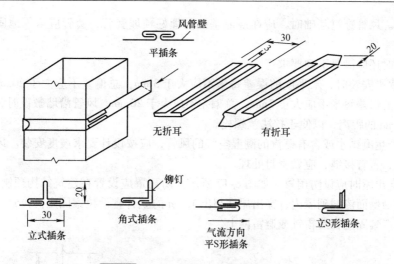

图 8-16　插条式连接的形状和接管方法

表 8-48　水平风管的安装方式

建筑物	（单层）厂房，礼堂，剧场，（多层）厂房，建筑			
	风管标高小于或等于 3.5m	风管标高大于 3.5m	走廊风管	穿墙风管
主风管	整体吊装 （升降机、倒链）	分节吊装 （升降机、脚手架）	整体吊装 （升降机、倒链）	分节吊装 （升降机、高凳）
支风管	分节吊装 （升降机、高凳）	分节吊装 （升降机、脚手架）	分节吊装 （升降机、高凳）	分节吊装 （升降机、高凳）

注：括号内为每种安装方式对应的安装机具。

表 8-49　立风管的安装方式

风管标高	≤3.5m	>3.5m
室内	分节吊装（滑轮、高凳）	分节吊装（滑轮、脚手架）
室外	分节吊装（滑轮、脚手架）	分节吊装（滑轮、脚手架）

注：括号内为每种安装方式对应的安装机具。

风管吊装应遵循以下步骤：

1）吊装前，应根据现场的具体情况，在梁、柱的节点上挂好倒链或滑轮。

2）用绳索将风管捆绑结实。塑料风管、玻璃钢风管或复合材料管需整体吊装时，绳索不得直接捆绑在风管上，应用长木板托住风管底部，四周有软性材料做垫层，方可起吊。

3）起吊时，先慢慢拉紧起重绳，当风管离地 200～300mm 时，应停止起吊，检查滑车的受力点和所绑扎的麻绳、绳扣是否牢固，风管的重心是否正确。在检查并确认没问题后，再继续起吊到安装高度，把风管放在支吊架上，并加以稳固后，方可解开绳扣。

4）水平安装的风管，可以用吊架的调节螺栓或在支架上加调整垫块的方法来调整水平。风管安装就位后，可以用拉线、水平尺和吊线的方法来检查风管是否横平竖直。

5）对于不便悬挂滑轮，或受场地限制不能进行整体吊装时，可将风管分节用绳索拉到脚手架上，然后再抬到支架上对正法兰逐节进行安装。

6）风管采用地沟敷设时，在地沟内进行分段连接。地沟内不便操作时，可在沟边将风管连接，用麻绳绑好后慢慢将风管放到支架上。风管甩出地面或穿楼层时甩头不少于 200mm。敞口应做临时封堵。风管穿过基础时，应在浇灌基础前埋好预埋套管，套管应牢固地固定在钢筋骨架上。

风管安装时还应满足下列要求：

1）风管水平安装时，水平度的误差每米不应大于 3mm，总偏差不应大于 20mm。风管垂直安装，垂直度的误差每米不应大于 2mm，总偏差不应大于 20mm。风管沿墙敷设时，管壁到墙面至少保留 150mm 的距离，以便于拧法兰螺栓。

2）输送产生凝结水或含有蒸汽的潮湿空气的风管，应按设计要求坡度安装。风管底部不宜设置纵向接缝，若有接缝，应做密封处理。

3）风管穿出屋时应设防雨罩，如图 8-17 所示。防雨罩应设置在建筑结构预制的井圈外侧，以使雨水不能沿壁面渗漏到屋内；穿出屋面超出 1.5m 的立管宜设拉索固定。拉索不得固定在风管法兰上，且严禁固定在避雷针或避雷网上。

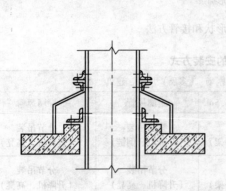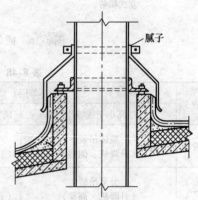

图 8-17　风管穿过屋面时的防雨防漏措施示意图

4）钢制套管的内径尺寸，应以能穿过风管的法兰及保温层为准，其壁厚不应小于 2mm。套管应牢固地预埋在墙、楼板（或地板）内。

5）输送易燃、易爆气体或处于该环境下的风管应设接地，并且尽量减少接口，当通过生活间或辅助间时不得设有接口。

6）不锈钢风管安装在碳素钢支架上时，接触处应按设计要求喷刷涂料，或在支架与风管间垫以橡胶板、塑料板等非金属块，或垫上零碎的不锈钢板下脚料。

7）玻璃钢类风管树脂不得有破裂、脱落及分层现象，安装后不得扭曲。

8）空气洁净系统的风管在安装前应进行擦拭，满足风管内表面无油污、无浮尘的要求。施工完毕或暂停施工时，应将管开口处封闭，防止灰尘进入。空气洁净系统风管安装后必须检漏，以检查系统的严密性。

4. 铝板风管的安装

1）铝板风管法兰的连接应采用镀锌螺栓，并在法兰两侧垫以镀锌垫圈，防止铝法兰被螺栓刺伤。

2）铝板风管的支架、抱箍应镀锌或按设计要求做防腐处理。

3）铝板风管采用角钢法兰连接时，应翻边连接，并用铝铆钉固定。采用的角钢法兰，其用料规格应符合相关规定，并应根据设计要求做防腐处理。

5. 非金属风管的安装

非金属风管的安装与金属风管的安装基本相同，但是由于塑料风管的力学性能和使用条件与金属风管有所不同，因此还应注意以下几点：

1）塑料风管较重，加之塑料风管受温度和老化的影响，所以支架间距一般为 2 ~ 3m，一般以吊架为主。支架的相关数据见表 8-50。

表 8-50　聚氯乙烯风管的支架

矩形风管的长边或圆形管道的直径/mm	承托角钢规格	吊环螺栓直径/mm	支架最大间距/m
≤500	∟ 30mm × 30mm × 4mm	8	3.0
510 ~ 1000	∟ 40mm × 40mm × 5mm	8	3.0
1010 ~ 1500	∟ 50mm × 50mm × 6mm	10	3.0
1510 ~ 2000	∟ 50mm × 50mm × 6mm	10	2.0
2010 ~ 3000	∟ 60mm × 60mm × 7mm	10	2.0

2）支架、吊架、托架与风管的接触面较大，这是因为硬聚氯乙烯管质脆且易变形。在接触面处应垫厚度为 3 ~ 5mm 的塑料垫片，并使其黏结在固定的支架上。

3）硬聚氯乙烯线胀系数大，因此支架抱箍不能将风管固定过紧，应当留有一定间隙，以便伸缩。当塑料风管长度大于 20m 时，应安装伸缩节。

4）塑料风管与热力管道或发热设备应有一定的距离，防止风管受热变形。

5）风管上所采用的金属附件，如支架、螺栓和保护套管等，应根据防腐要求涂刷防腐材料。

6）风管的法兰垫料应采用 3 ~ 6mm 厚的耐酸橡胶板或软聚氯乙烯塑料板。螺栓可用镀锌螺栓或增强尼龙螺栓。在螺栓与法兰接触处应加垫圈增加其接触面，并防止螺孔因螺栓的拉力而受损。

7）水平安装的凝结水排除管，应有 1% ~ 1.5% 的坡度。

8）塑料风管穿墙和穿楼板时应安装金属套管保护。钢套管的壁厚不应小于 2mm。如果套管截面积大，其用料厚度也应相应增大。预埋时，钢制套管外表面不应刷涂料，但应除净油污和锈蚀。套管外应配有肋板，以便牢固地固定在墙体和楼板上。套管风管间应留有 5 ~ 10mm 的间隙或者能穿过风管法兰，使塑料风管可以自由沿轴向移动。套管端应与墙面齐平，预埋在楼板中的套管要高出楼地面 20mm。穿墙金属套管如图 8-18a 所示。

9）塑料风管穿过屋面时，应由土建设置保护圈（见图 8-18b），以防止雨水渗入，并防止风管受到冲击。

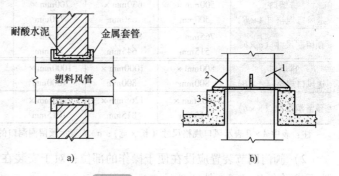

图 8-18　塑料风管保护套管
a）过墙套管　b）保护圈
1—塑料风管　2—塑料支撑　3—混凝土结构

10）硬聚氯乙烯风管与法兰连接处应该加焊三角支承。

11）室外风管的壁厚宜适当增加，外表涂刷两道铝粉漆或白油漆，防止太阳辐射使塑料老化。

12）塑料风管穿出屋面时，在 1m 处应加拉索，拉索的数量不少于 3 根。

13）支管的重量不得由干管承担，所以干管上要接较长的支管时，支管上必须设置支架、吊架或托架，以免干管承受支管的重量而造成破裂现象。

8.2.3　空调系统部件的安装

空调系统中的常用部件有风口、阀门、风帽、吸排气罩等。部件与风管大多采用法兰连接。

1. 风口的安装

1) 对于矩形风口，要控制两对角线之差小于或等于 3mm，以保证四角方正；对于圆形风口，则控制其直径，一般取其中任意两互相垂直的直径，使两者的偏差小于或等于 2mm。

2) 风口表面应平整、美观，与设计尺寸的偏差不应大于 2mm。在整个空调系统中，风口是唯一外露于室内的部件，故对它的外形要求要高一些。

3) 多数风口是可调节的，有的甚至是可旋转的，凡是有调节、旋转部分的风口，都要保证活动件轻便灵活，叶片应平直，同边框不应碰擦。

4) 在安装风口时，应注意风口与所在房间内线条协调一致。尤其当风管暗装时，风口应服从房间的线条。吸顶的散流器应与平顶平齐。散流器的扩散圈应保持等距。散流器与总管的接口应牢固可靠。

除满足上述要求外，百叶风口在风管上安装时直接固定在风管壁上，在墙上安装时应预留洞，预留洞的尺寸见表 8-51。散流器安装在吊顶上时，支管应用斜三通接出；每个散流器只能占据一块吊顶装饰板的位置，且居中安装；安装时由上向下安装，不得另加装饰；散流器重量可由风管承担，也可由吊顶承担；散流器与风管连接时，应使风管法兰处于不铆接状态，待散流器按正确位置安装后，再准确定出风管法兰的安装位置，然后将法兰与风管铆接牢固。

2. 风阀的安装

(1) 安装风阀时应遵循的规定

1) 阀门应牢固，调节和制动装置应准确、灵活、可靠，并标明阀门启闭方向。

表 8-51　排烟口、送风口预留洞的尺寸

排烟口、送风口规格 （$A \times B$）	500mm × 500mm	630mm × 630mm	700mm × 700mm	800mm × 630mm	1000mm × 630mm	1250mm × 630mm
预留洞尺寸 （$a \times b$）	765mm × 515mm	895mm × 645mm	965mm × 715mm	1065mm × 645mm	1265mm × 645mm	1515mm × 645mm
排烟口、送风口规格 （$A \times B$）	800mm × 800mm	1000mm × 800mm	1000mm × 1000mm	1250mm × 1000mm	1600mm × 1000mm	—
预留洞尺寸 （$a \times b$）	1065mm × 815mm	1265mm × 815mm	1265mm × 1015mm	1515mm × 1015mm	1865mm × 1015mm	—

注：表中 $A \times B$ 表示风口规格尺寸（长×宽）；$a \times b$ 表示预留洞洞口的尺寸（长×高）。

2) 阀门调节装置应设在便于操作的部位；对于安装在高处的阀门，要使其操作装置处于离地面或平台 1～1.5m 处。

3) 阀门在安装完毕后，应在阀体外部明显地标出"开"和"关"方向及开启程度。对于保温系统，应在保温层外面设法做标记，以便于调试和管理。

4) 斜插板阀一般多用于除尘系统，安装阀门时应考虑不积尘，因此水平管上的斜插板阀应顺气流安装，而在垂直管（气流向上）安装时，斜插板阀就应逆气流安装。

5) 止回阀的阀轴必须灵活，阀板关闭应严密，铰链和转动轴应采用不易锈蚀的材料制作。

6) 防爆系统的部件必须严格按照设计要求制作，所用的材料严禁代用。

(2) 防火阀安装的种类　风管中的防火阀大致可分为直滑式、悬吊式、百叶式三种。

安装防火阀时除了满足一般要求外，还需满足下列特殊要求：

1) 易熔件必须是经过有关部门批准的正规产品，不允许随便代用。易熔件应在安装工作完毕后再装,安装前应试验阀板关闭是否灵活和严密。

2)防火阀门有水平安装和垂直安装之分,除此之外还有左式和右式之分,在安装时务必注意不能装反。

① 防火阀楼板吊架和钢支座的安装如图 8-19 和图 8-20 所示。

② 风管穿越防火墙时防火阀的安装如图 8-21 所示。要求防火阀单独设吊架,安装后应在墙洞与防火阀间用水泥砂浆密封。

③ 变形缝处防火阀的安装如图 8-22 所示。要求穿墙风管与墙之间保持 50mm 的距离,并用柔性非燃烧材料充填密封。

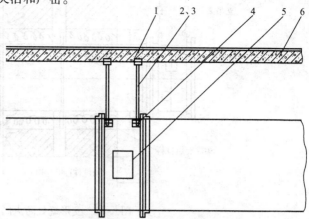

图 8-19 防火阀楼板吊架的安装
1—楼板吊点 2、3—吊杆和螺母 4—吊耳 5—防火阀 6—楼板

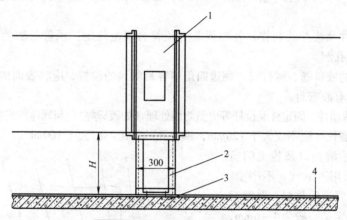

图 8-20 防火阀楼板钢支座安装
1—防火阀 2—钢支座 3—膨胀螺栓 4—楼板

④ 风管穿越楼板时防火阀的安装如图 8-23 所示。要求穿越楼板的风管与楼板的间隙用玻璃棉或矿棉填充,外露楼板上的风管用钢丝网和水泥砂浆抹保护层。

(3)止回阀的安装 止回阀宜安装在风机的压出管段上,开启方向必须与气流一致。水平安装时,坠锤的位置在侧面,不能在上面或下面。坠锤摆动的角度为 45°左右,摆幅不够可能由卡阻或坠锤配重有问题引起,应查明原因加以纠正。垂直安装时,气流只能由下而上。止回阀的阀板靠风力推动开启,无风时或风向相反时阀板靠重力回落封闭风道,阀上没有重锤,不能与水平安装的止回阀混用。

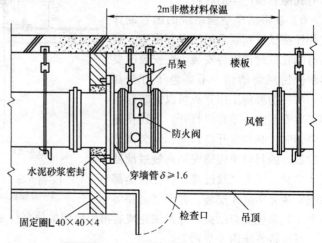

图 8-21 防火墙处的防火阀安装示意图

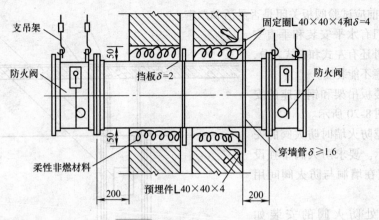

图 8-22　变形缝处防火阀的安装

3. 洁净系统的安装

空气洁净系统在施工过程中除了要求清洁外，还必须保持严密。为了保证系统的严密性，主要注意以下几点：

1）风管、配件及法兰的制作，各项误差必须符合规范规定。风管与法兰连接的翻边应均匀、平整，不得有孔洞。

2）对于风管的咬口缝、铆钉缝、翻边四角等容易漏风的位置，应将表面的杂质、油污清除干净，然后涂密封有胶密封。

3）风管上的活动件、固定件及拉杆等应做防腐处理（如镀锌等），与阀体的连接处不得有缝隙。

4）风管法兰螺栓孔距不应大于 120mm，铆钉孔的间距不应大于 100mm。

5）法兰连接、清扫口及检视门所用的密封垫料应选用不漏气、不产尘、弹性好并具有一定强度的材料，厚度根据材料弹性大小决定，一般为 4~6mm，严禁使用乳胶海绵、泡沫塑料、厚纸板、石棉绳、铅油、麻丝以及油粘纸等含有孔隙和易产尘的材料。

6）在将洁净空调系统的风管制作完并经擦拭达到要求的洁净程度后，将所有的孔口封住以待安装。在安装时要尽量保持风管清洁，不要急于打开封口，待一切准备工作完成可以安装时再将需要安装的一端封口打开。当连接施工停顿时，必须将开口封闭，安装高效过滤器处的封口也应待安装高效过滤器时才启封，因为高效过滤器往往在全部系统安装完毕后才安装，甚至有时要等

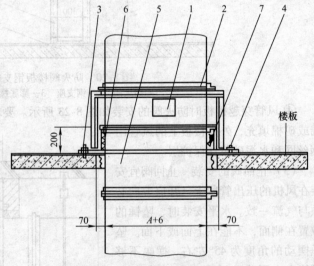

图 8-23　风管穿越楼板时防火阀的安装
注：图中 A 指的是风管的边长。
1—防火阀　2—固定支座　3—膨胀螺栓　4—螺母
5—穿楼板风管　6—玻璃棉或矿棉　7—保护层

整个工艺系统安装结束，并调试完成后再由使用单位自行安装，所以高效过滤器不宜早启封，这样才可保持系统内少受污染。

7）在将净化空调系统风管安装完成之后，在保温之前应进行漏风检查。当设计对漏风检查和评定标准有具体要求时，应按设计要求进行漏风检查。

8.3　风管节能技术措施

8.3.1　常用绝热材料

绝热材料的质量应符合下列规定：

1）用作保冷层的绝热材料及其制品，当其平均温度小于300K（27℃）时，热导率不得大于0.064W/(m·K)。绝热层材料应有随温度变化的热导率方程式或图表。

2）用于保冷的绝热材料及其制品，其密度不得大于220kg/m³。

3）用于保冷的硬质绝热制品，其抗压强度不得小于0.15MPa。

4）绝热材料及其制品应具有耐燃性能、膨胀性能和防潮性能的数据或说明书，并应符合使用要求。

5）绝热材料及其制品的化学性能应稳定，对金属不得有腐蚀作用。

6）用于充填结构的散装材料，不得混有杂物及尘土。纤维类绝缘材料中大于或等于0.5mm的渣球含量，矿渣棉小于10%，岩棉小于6%，玻璃棉小于0.4%。不宜使用直径小于0.3mm的多孔性颗粒类绝热材料。

常用保温材料及其性能见表8-52。

表 8-52　常用保温材料及其性能

材料名称	密度/（kg/m³）	热导率/［W/(m·K)］	规格
矿渣棉	120~150	0.044~0.052	散装
沥青矿渣棉毡	120	0.041~0.047	1000mm×750mm×（30~50）mm
玻璃棉	100	0.035~0.058	散装
沥青玻璃棉毡	60~90	0.035~0.047	5000mm×900mm×（25~50）mm
沥青蛭石板	350~380	0.081~0.105	500mm×250mm×（50~100）mm
软木板	250	0.060	1000mm×500mm×（25、38、50、65）mm
脲醛泡沫塑料	20	0.025	1050mm×530mm
防火聚苯乙烯塑料	25~30	0.035	500mm×500mm×（30~50）mm
甘蔗板	180~230	0.070	1000mm×500mm×（25~50）mm
牛毛毡	150	0.035~0.058	—
玻璃纤维板	90~120	0.030~0.040	—
水玻璃膨胀珍珠岩板	200~300	0.048~0.060	—
水泥膨胀珍珠岩板	250~350	0.060~0.070	—
玻璃纤维缝毡	80~110	0.040	—
超细玻璃棉毡	15~20	0.024~0.030	—

1. 石棉板

石棉板是用石棉和黏结材料制成的板状材料，在通风空调工程中常用于电加热器前后风管的保温。石棉板的规格和质量标准见表8-53。

表 8-53　石棉板的规格

厚度/mm	1.6	3.2	4.8	6.4	8	9.6	11.2	12.7	14.3	15.9
宽度/mm					1000					
长度/mm					2000					
每平方米质量/kg	1.85	3.75	5.55	7.4	9.25	11.10	12.95	14.80	16.65	18.50

2. 岩棉及岩棉制品

岩棉是一种新型的保温、隔热及吸声材料。岩棉板的规格和技术性能如表 8-54 所列。

表 8-54　岩棉板的规格

表观密度/(kg/m³)	规格		
	长度/mm	宽度/mm	厚度/mm
80	1000	910	30、50、60、70、80、100、120
100	1000	910	30、50、60、70、80、100、120
120	1000	910	30、50、60、70、80、100、120
150	1000	910	30、50、60、70、80、100、120
200	1000	910	30、50、60、70、80、100、120

注：岩棉板适用于风管、热交换器等部位的保温、绝热及消声。

3. 玻璃棉及玻璃棉制品

玻璃棉及玻璃棉制品是一种高效能的轻质、耐久的保温材料。玻璃纤维按形态和长度分类，可分为连续纤维（又叫纺织纤维）、定长纤维、玻璃棉等。

（1）玻璃棉及其制品　玻璃棉的性能见表 8-55。

表 8-55　玻璃棉的性能

名称	纤维直径/μm	表观密度/(kg/m³)	常温热导率/[W/(m·K)]	耐热度/℃	吸声系数（厚度为50mm；频率为500~4000Hz）	使用特性
普通玻璃棉	<15	80~100	0.0523	≤300	—	使用温度不能超过300℃，耐蚀性差
普通超细玻璃棉	<5	20	0.0348	≤400	≥0.75	一般使用温度不超过300℃
无碱超细玻璃棉	<2	4~15	0.0325	≤600	≥0.75	一般使用温度为 -120~600℃，耐蚀性强
高硅氧棉	<4	95~100	当温度为262~413℃时，高温热导率为0.0678~0.10269	≤1000	≥0.75	耐高温，耐蚀性强
中级纤维棉	15~25	80~100	≤0.058	≤300	≥0.75	一般使用温度不能超过300℃，耐蚀性较差

（2）普通玻璃棉制品　普通玻璃棉制品的主要技术指标见表 8-56。

表 8-56　普通玻璃棉制品的主要技术指标

技术性能		中级纤维淀粉黏结制品	中级纤维酚醛树脂制品	玻璃棉沥青胶粘剂制品
纤维直径/μm		10~25	10~25	10~13
密度/（kg/m³）		100~130	120~150	75~135（生产） 100~170（安装）
质量含湿率（%）		≤1	≤1	≤0.5
直径大于 0.5mm 渣球的含量（%）		≤1	≤1	≤3.5
常温热导率 /［W/(m·K)］		0.0397~0.0467	0.0409~0.0467	0.0409~0.0584
使用温度/℃		-35~300	-35~350	-20~250
尺寸误差（%）	长度	±3		
	宽度	±5		
	厚度	±2		
	内径	-1，+3		

玻璃棉采用酚醛树脂作胶粘剂，当加热温度超过 200℃时，在受热面一侧胶粘剂会发生分解，易产生变形、脱层和下沉现象。因此，树脂制品不但要控制胶粘剂用量（1%~8%），而且产品出厂前应进行耐热性检验。

（3）超细玻璃棉制品　玻璃纤维的使用温度取决于化学成分内碱金属氧化物的含量，因受热时，碱将发生剧烈的热裂化现象，降低耐热性和化学稳定性。普通玻璃纤维及超细玻璃棉的总含量应限制在 15% 以内。无碱玻璃棉的总含碱量则应在 2% 以内。超细玻璃棉制品对皮肤无刺激感，具有优良的绝热吸声性能和吸附过滤作用，在工程中应用较广泛。

超细玻璃棉制品的主要技术指标见表 8-57。表 8-57 中的超细棉无脂毡和缝合垫允许加入胶粘剂，但不应多于 1%，其纵向断裂荷载不应小于表 8-58 的规定。

表 8-57　超细玻璃棉制品的主要技术指标

技术性能		超细棉无脂毡和缝合垫	超细棉树脂制品
平均纤维直径/mm		≤4	≤4
密度/（kg/m³）		40~60（生产） 60~80（安装）	60~80
直径大于 0.25mm 的渣球含量（%）		<0.4	<0.4
质量含湿率（%）		≤1	≤1
抗折强度/MPa		—	0.15~0.2
常温热导率/［W/(m·K)］		≤0.035	0.04
使用温度/℃		-120~400	-120~300
尺寸误差（%）	长度	±3	±3
	宽度	±5	±5
	厚度	±2	±2
	厚度负侧内偏差率	≤20	≤20

表 8-58　超细棉无脂毡和缝合垫力学性能

试样平均质量/g	5 ~ 6	6 ~ 8	8 ~ 10	10 ~ 12	12 ~ 14
平均纵向断裂载荷/N	4	8	12	16	20

缝合垫是采用镀锌钢丝网双面或单面缝合，或采用中碱玻璃丝布贴面缝合成的制品。

中碱或低碱（含碱金属氧化物总量为 2% ~ 6%）超细玻璃棉制品可用于不受水湿的中低温工程。对于易燃部位和可能有油脂渗漏的部位，不应使用普通超细棉及其制品。

（4）无碱超细玻璃棉制品　无碱超细玻璃棉制品是采用碱金属氧化物总含量小于 2% 的超细玻璃纤维，加入耐高温的胶粘剂或不加胶粘剂而直接成形的无树脂制品。其技术指标见表 8-59。

表 8-59　无碱玻璃棉制品的主要技术指标

技术性能	无碱超细玻璃棉无脂毡和缝合垫				
纤维平均直径/μm	≤4				
使用密度/(kg/m³)	40 ~ 60				
安装密度/(kg/m³)	60 ~ 80				
直径大于 0.25mm 渣球的含量（%）	<0.4				
质量含湿率（%）	<1				
试样平均质量/g	5 ~ 6	6 ~ 8	8 ~ 10	10 ~ 12	12 ~ 14
平均断裂载荷/N	≥4	≥8	≥12	≥16	≥20
常温热导率/[W/(m·K)]	≤0.035				
使用温度/℃	-120 ~ 600				

4. 矿渣棉及矿渣棉制品

矿渣棉是利用矿渣为主要原料，经熔化、高速离心法或喷吹法等工序制成的棉丝状保温无机纤维材料。它具备保温材料的性能。

矿渣棉有松散的和用沥青或酚醛树脂为胶粘剂加压成形而制成的各种规格的板、毡、管壳等。其技术指标和规格见表 8-60 ~ 表 8-62。

表 8-60　矿渣棉的技术指标和规格

技术指标				杂质含量			规格
表观密度/(kg/m³)	热导率/[W/(m·K)]	渣球含量（%）	烧结温度/℃	水分（%）	沥青或矿物油含量（%）	含硫量（%）	纤维直径/μm
一级 <100	<0.044	<6	800	<3	<1	<1	<6
二级 <150	<0.046	<10	800	<3	<1	<1	<8
114.3 ~ 130	0.0324 ~ 0.0407	2.63 ~ 7.5	780 ~ 820	—	—	—	3.63 ~ 4.2

表 8-61　沥青矿渣棉毡的技术指标和规格

技术指标										规格（长×宽×厚）
表观密度/(kg/m³)	热导率/[W/(m·K)]	抗拉强度/MPa	相对恢复系数（%）	质量吸湿率（%）	使用温度/℃	烧结温度/℃	纤维平均直径/μm	渣球含量（%）	沥青含量（%）	
一级：100	0.044	≥0.012	65 ~ 85	1.07	≤250	—	—	<25	3 ~ 5	1000mm × 750mm × (3 ~ 50) mm
二级：120	0.0465	≥0.008	65 ~ 85	1.07	≤250	—	—	<28	3 ~ 5	
135 ~ 160	0.048 ~ 0.052				650 ~ 700		8.97	19.5	7.74	1000mm × 750mm × (3 ~ 50) mm

表 8-62 酚醛树脂矿棉制品的性能及规格

产品名称	产品性能						规格
	表观密度 /(kg/m³)	抗拉强度 /MPa	热导率 / [W/(m·K)]	质量 吸湿率（%）	使用温度 /℃	含水量 （%）	
酚醛树脂矿棉板	<150 <200	0.20 0.15	≤0.0465 ≤0.0523	0.8~1.0 0.8~1.0	<300 <300	<3 <3	750mm×500mm× （40、50、60）mm
酚醛树脂 矿棉管壳	<150 <200	0.2 0.15	≤0.0465 ≤0.0523	0.8~1.0 0.8~1.0	<300 <300	<3 <3	φ50mm、φ76mm、 φ83mm、φ89mm φ108mm、φ133mm φ159mm、φ219mm φ245mm、φ273mm φ325mm、φ377mm

5. 泡沫塑料

（1）聚氨酯泡沫塑料　聚氨酯泡沫塑料按所用原料的不同，可分为聚醚型和聚酯型；按塑料的软硬程度，可分为软质和硬质两种。它是以聚醚树脂或聚酯树脂为基料，与甲苯二异氰酸酯、水、催化剂、泡沫稳定剂等按一定比例混合搅拌，进行发泡，制成开孔（或闭孔）的泡沫塑料。

硬质聚氨酯泡沫塑料是闭孔结构，常用于保冷隔热，也可在施工现场发泡喷涂（或灌注），能自粘于金属、木材、水泥等基材上。软质聚氨酯泡沫塑料是开孔结构的富有弹性的泡沫体，除用于保冷隔热外，还可用于生活用品。

聚氨酯泡沫塑料可以在工厂中制造，也可以在施工现场喷涂或手工浇注成型。聚氨酯泡沫塑料的主要技术指标见表 8-63。

表 8-63 聚氨酯泡沫塑料主要技术指标

技术指标	硬质	软质
密度/(kg/m³)	30~50	30~42
压缩10%时的抗压强度/MPa	>0.2	
常温热导率/ [W/(m·K)]	0.0366~0.055	0.0233~0.047
质量吸水率（%）	0.2~0.3	
体积吸水率（%）	0.03	
使用温度/℃	-80~100	-50~100
防火性	可燃，离火2s自熄	
化学稳定性	耐机油、20%盐酸、45%氢氧化钠侵蚀24h无变化	

（2）聚氯乙烯泡沫塑料　聚氯乙烯泡沫塑料是将聚氯乙烯树脂与甲基丙烯酸甲酯（增塑剂）、偶氮异丁腈（引发剂或同时作发泡剂）、碳酸铵及碳酸氢钠（发泡剂）磨细混合均匀，装入密闭的压模内，在高温及高压作用下使聚合物软化膨胀，并分解出气体，形成半胶凝体（整块毛坯），再使冲压模上升，使半胶凝体处于自由状态，用蒸汽、热水或热空气再度加热，毛坯继续发泡膨胀和熔合，而后冷却到室温，即得密度小的高弹性泡沫塑料制品。它具有较高的抗压强度、刚度及表面不易破损的优点。它的吸水率和吸油率均小于软木板，故可用作寒带建筑的保温材料、各种冷水作业材料、一般化工设备及管道的防蚀和绝热材料。其规格和技术指标见表 8-64。

表 8-64　聚氯乙烯泡沫塑料板的规格和技术指标

名称	规　格	技　术　指　标						
		抗压强度 /MPa	表观密度 /（kg/m³）	线收缩率 （%）	吸水性 /（kg/m³）	耐寒性 /℃	可燃性	使用温度 /℃
硬质聚氯乙烯泡沫塑料板	480mm×480mm×50mm， 510mm×510mm×75mm， 520mm×520mm×75mm， 610mm×510mm×45mm	≥0.18		≤4	≤0.2	−35	—	—
	480mm×480mm×65mm（<0.79kg/块） 500mm×500mm×70mm（<0.85kg/块） 520mm×520mm×75mm（<0.94kg/块） 570mm×570mm×75mm（<1.15kg/块）	≥0.15	40～50	≤4	<0.2	−35	—	—
	550mm×450mm×（30，45，55，65）mm 580mm×480mm×（30，45，55，65）mm 610mm×510mm×（30，45，55，65）mm	≥0.18		≤2	≤0.2	−50	—	—
	500mm×500mm×80mm 620mm×620mm×（30，75）mm	≥0.18	4.5	≤2	≤0.15	−35	—	—
	（450～550）mm×（200～300）mm× （20～55）mm	≥0.15		1.0	0.02	—	—	—
	500mm×500mm× （15，20，25，30，35，40，45， 50，55，60，65，70）mm	≥0.25	40～50	<4	<0.2	−35	—	—
软质聚氯乙烯泡沫塑料板	600mm×300mm×（10～30）mm	0.5～1.5	≤27	体积收缩率≤15	≤0.5	—	离开火源后10s自熄	±60
	450mm×450mm×17mm，500mm× 500mm×（55，65）mm	抗拉强度≥0.1	—	≤15	≤1	—	—	热导率为0.052 W/(m·K)

（3）可发性聚苯乙烯泡沫塑料　可发性聚苯乙烯泡沫塑料的技术指标见表 8-65。

表 8-65　可发性聚苯乙烯泡沫塑料主要技术指标

技术指标	数据（板、管壳）
密度/（kg/m³）	20～50
抗压强度（压缩10%）/MPa	0.12～0.18
抗拉强度/MPa	0.4
常温热导率/［W/(m·K)］	0.032～0.046
比热容/［kJ/(kg·K)］	1.47
蒸汽渗透系数/［g/(m²·h·Pa)］	$1×10^{-5}～1.35×10^{-5}$
质量吸水率（%）	0.11～0.40
体积吸湿率（置于相对湿度为95%的空气中90天）（%）	0.035
防火性	易燃，但离火即熄
使用温度/℃	−80～+75（在此温度下仍具有弹性）
化学稳定性	对水、海水、浓盐酸、浓硫酸、磷酸、50%氢氧化钾（钠）的侵蚀均稳定，仅溶解于丙酮、苯、混合汽油、香蕉水、乙醚等
制品加工性	易于切割，可用于聚酯酸乙烯乳、环氧树脂、酚醛树脂、聚氨酯预聚体等的黏结

6. 软木制品

软木制品按其生产工艺的不同，可分为黏合型、炭化（焙烤法）型及蒸汽热压型等软木板、管制品。软木制品的技术指标见表 8-66。

表 8-66　软木制品的技术指标

制品种类 技术指标	板　型		管　型	
	Ⅰ	Ⅱ	Ⅰ	Ⅱ
密度/（kg/m³）	≤180	≤240	≤200	≤204
常温热导率/［W/（m·K）］	0.058	0.081	0.07	0.081
抗压强度/MPa	0.4	0.4	—	—
质量吸水率（%）	<3	<5	<5	<6
防火性	炭化软木制品着火点为 410℃，与乙炔火焰接触，仅接触部分穿孔而不燃烧，为难燃烧材料 热压软木制品在 1093℃ 火焰温度下烧 0.5h，炭化层厚度仅为 38.1mm			

软木管型制品的使用温度取决于成形工艺。若为黏合型制品，使用温度不超过 60℃；若为烘烧、蒸压型制品，则使用温度可达到 130℃。

8.3.2　风管保温结构与施工

与水管相同，风管的保温结构也由防锈层、保温层、防潮层（对保冷结构而言）、保护层、防腐蚀及识别标志层等构成，所用材料也基本相同。

1. 保温施工方法

（1）绑扎法保温　绑扎法保温是我国广泛采用的结构类型。它是将多孔材料或矿纤材料等制成的保温板、管壳、管筒或弧形块直接包覆在设备和管道上的一种保温方法。

矩形风管的板材绑扎式保温结构如图 8-24 所示。其保温厚度按设计规定。

（2）木龙骨保温　木龙骨保温结构常用的保温材料有脲醛泡沫塑料、沥青矿棉毡、玻璃纤维缝毡、超细玻璃棉毡、聚氯乙烯泡沫塑料板（自熄性）。

木龙骨保温的标准结构如图 8-25 和图 8-26 所示。

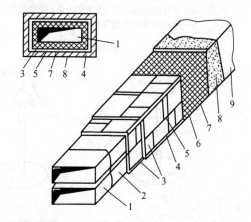

图 8-24　矩形风管的板材绑扎式保温结构
1—风管　2—红丹防锈漆　3—保温板　4—角形铁垫片
5—绑件　6—细钢丝　7—镀锌钢丝网
8—保护壳　9—调和漆

（3）黏结法保温　黏结法保温的特点是取消了保温结构外表常用的钢丝网和抹面层，使用胶粘剂代替对缝灰浆。黏结的保温结构保护层可采用金属护壳或包缠玻璃丝布，玻璃丝布表面再涂刷银粉漆或其他涂料。

（4）涂抹法保温　涂抹法保温是采用不定型保温材料（如膨胀珍珠岩、膨胀蛭石、石棉白云石粉、石棉纤维、硅藻土熟料等），加入胶粘剂（如水泥、水玻璃、耐火黏土等），或再加入保凝剂（氟硅酸钠或霞石安基比林），选定一种配方，加水搅拌均匀，使其成为塑性泥团，徒手或用工具涂抹到保温管道或设备上的施工方法，又称为涂抹法保温或泥饼保温。这种保温方法是一种传统的保温结构和操作工艺，它便于接岔施工和填灌孔洞，不需支模，整体性好，所以至今仍然在使用。涂抹法保温不适用于露天或潮湿地点。

（5）钉贴法保温　钉贴法保温是矩形风管采用较多的一种保温方式。它用保温钉代替黏结剂将泡沫塑料保温板固定在风管表面上。这种方法操作简便、工效高。

使用的保温钉形式较多，有铁质的，有尼龙的，有用一般垫片的，有用自锁垫片的，还用镀锌铁皮现场制作的，如图 8-27 所示。

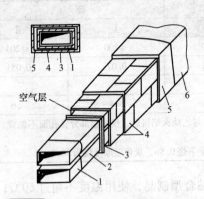

图 8-25 木龙骨保温的标准结构（一）
1—风管 2—红丹防锈漆 3—木龙骨 4—保温材料
5—胶合板或硬纸板 6—调和漆

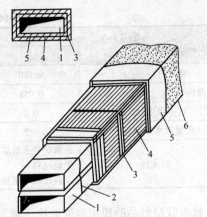

图 8-26 木龙骨保温的标准结构（二）
1—风管 2—防锈漆 3—木龙骨 4—保温材料
5—胶合板或硬纸板 6—调和漆

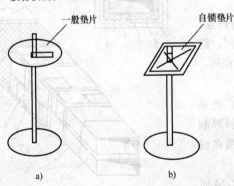

图 8-27 保温钉
a) 铁质保温钉 b) 铁质或尼龙保温钉 c) 镀锌铁皮保温钉

施工时，先用黏结剂将保温钉粘贴在风管表面上。粘贴的间距一般为：顶面每平方米不少于 4 个，侧面每平方米不少于 6 个，底面每平方米不少于 12 个/m²。保温钉粘上后，只要用手或木方轻轻拍打保温板，保温钉便穿过保温板而露出，然后套上垫片，将外露部分扳倒（自锁垫片压紧即可），即将保温板固定。钉贴法保温结构如图 8-28 所示。这种方法的最大特点是省去了黏结剂。为了使保温板牢固地固定在风管上，外表也可用镀锌铁皮带或尼龙带包扎。

（6）风管内保温 风管内保温是将保温材料置于风管的内表面，用黏结剂和保温钉将其固定，是粘贴法和钉贴法联合使用的一种保温方法。其目的是加强保温材料与风管的接合力，以防止保温材料在风力作用下脱落，如图 8-29 所示。

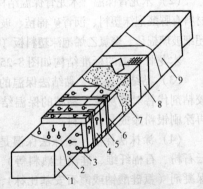

图 8-28 钉贴法保温结构
1—管道 2—防锈漆 3—保温钉
4—保温板 5—铁垫片 6—包扎带
7—黏结剂 8—玻璃丝棉 9—防腐漆

风管内保温主要用于高层建筑因空间狭窄不便安装消声器，而对噪声要求又较高的大型舒适性空调系统。这种保温方法有良好的消声作用，并能防止风管外表面结露。保温施工在加工厂内进行，保温做好后再运至现场安装。这样既保证了保温质量，又实现了装配化施工，提高了安装进度。但是，采用内保温减小了风管的有效断面，大大增加了系统的阻力，增加了铁板的消耗量和系统日后的运行费用。另外，系统容易积尘，对保温的质量要求也较高，并且不便于进行保温操作。

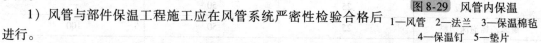

图 8-29　风管内保温
1—风管　2—法兰　3—保温棉毡
4—保温钉　5—垫片

2. 保温施工的要求

保温施工的顺序一般为先做保温层，再做防潮层，然后做保护层。

1）风管与部件保温工程施工应在风管系统严密性检验合格后进行。

2）风管和管道的保温应采用不燃或难燃材料，其材质、密度、规格与厚度应符合设计要求。当采用难燃材料时，应对其难燃性进行检查，合格后方可使用。

3）下列场合必须使用不燃保温材料：电加热器前后 800mm 的风管和保温层；穿越防火隔墙两侧 2m 范围内的风管、管道和保温层。

4）输送介质温度低于周围空气露点温度的管道，当采用非闭孔性保温材料时，防潮层必须完整且封闭良好。

5）位于洁净室内的风管及管道，不应采用易产尘的材料（如玻璃纤维、短纤维矿棉等）保温。

6）风管系统部件的保温不得影响其操作功能。

7）保温材料层应密实，无裂缝、空隙等缺陷；表面应平整，当采用卷材或板材时，误差为 5mm，采用涂抹或其他方式时，误差为 10mm。防潮层（包括保温层的端部）应完整，且封闭良好，其搭接缝应顺水。

8）管道阀门、过滤器及法兰部位的保温结构应能单独拆卸。

9）管道保温层的施工应符合下列规定：

① 保温产品的材质和规格应符合设计要求，管壳的粘贴应牢固，敷设应平整，绑扎应紧密，无滑动、松弛与断裂现象。

② 硬质或半硬质保温管壳的拼接缝隙，保温时不应大于 5mm，保冷时不应大于 2mm，并用黏结材料勾缝填满；纵缝应错开，外层的水平接缝应设在侧下方。当保温层的厚度大于 100mm 时，应分层敷设，层间压缝。

③ 硬质或半硬质保温管壳应用金属丝或难腐蚀织带捆扎，间距为 300～350mm，且每节至少捆扎 2 道。

④ 松散或软质保温材料应按规定的密度压缩，疏密应均匀。毡类材料在管道上包扎时，搭接处不应有空隙。

10）管道防潮层的施工应符合下列规定：

① 防潮层应紧密粘贴在保温层上，封闭良好，不得有虚粘、气泡、褶皱、裂缝等缺陷。

② 立管的防潮层应由管道的低端向高端敷设，环向搭接的缝口应朝向低端，纵向的搭接缝应位于管道的侧面并顺水。

③ 卷材防潮层采用螺旋缠绕的方式施工时，卷材的搭接宽度宜为 30～50mm。

11）金属保护壳的施工应符合下列规定：

① 应紧贴保温层，不得有脱壳、褶皱、强行接口等现象。接口的搭接应顺水，并有凸肋加强，搭接尺寸为 20～25mm。采用自攻螺钉固定时，螺钉间距应匀称，并不得刺破防潮层。

② 户外金属保护壳的纵、横向接缝应顺水，其纵向接缝应位于管道的侧面。金属保护壳与外墙面或屋顶的交接处应加设泛水。

3. 保温层的厚度

一般风管保温层的厚度见表 8-67。

表 8-67　风管保温层的厚度　　　　　　　　　　　　（单位：mm）

材　料	室内平顶内风管	机房内风管	室外风管
铝箔玻璃毡	25	50	—
石棉保温板	25	50	—
聚苯乙烯泡沫塑料	25	50	100
矿渣棉毡	25	50	—
软木	—	50	100

第9章 中央空调制冷机组及机房施工方法与技术措施

9.1 制冷机房施工概述

9.1.1 制冷机房设计的一般要求

《民用建筑供暖通风与空气调节设计规范》（GB 50736—2012）规定，制冷机房应符合下列要求：

1）制冷机房位置尽可能靠近冷负荷中心。

2）宜设置值班室或控制室，根据使用需求也可设置维修及工具间。

3）机房内应有良好的通风设施；地下机房应设置机械通风设施，必要时设置事故通风设施；值班室或控制室的室内设计参数应满足工作要求。

4）机房应预留安装孔、洞及运输通道。

5）机组制冷剂安全阀泄压管应接至室外安全处。

6）机房应设电话及事故照明装置，照度不宜小于100lx，测量仪表集中处应设局部照明。

7）机房内的地面和设备机座应采用易于清洗的面层；机房内应设置给水与排水设施，满足水系统冲洗、排污要求。

8）当冬季机房内设备和管道中存水或不能保证完全放空时，机房内应采取供热措施，保证房间温度达到5℃以上。

9.1.2 机房内设备布置的规定

制冷机房内制冷设备的布置必须符合制冷工艺流程，流向应通畅，连接管路要短，以便于安装和操作管理，并应留有适当的设备部件拆卸检修所占用的面积。尽可能地使设备安装紧凑，并充分利用机房空间，以节约建筑面积，降低建筑费用。制冷机房的主要操作通道宽度应视机器的型号而定，但必须满足设备运输和安装方面的要求。

1）机组与墙之间的净距应大于或等于1m，与配电柜的距离应大于或等于1.5m。

2）机组与机组或其他设备之间的净距应大于或等于1.2m。

3）宜留有应大于或等于蒸发器、冷凝器或低温发生器长度的维修距离。

4）机组与其上方管道、烟道或电缆桥架的净距应大于或等于1m。

5）机房主要通道的宽度应大于或等于1.5m。

制冷机房内采用大、中型制冷机时，应考虑设备检修用的起重吊钩或吊环。视制冷设备的具体情况，在必要的条件下也可设置起重机。起重机的起重能力，可按制冷机的活塞或某重要零部件确定。起重机的形式，应视厂房和制冷设备的具体情况确定。需要吊装的设备应布置在起重机吊钩的工作范围之内。

9.2 制冷机组的施工与安装方法

9.2.1 制冷机组布置的一般要求

1）制冷机房内布置的制冷机组一般不少于2台，多则不宜超过6台，但大型制冷机房则可按具体情况处理。在允许制冷机组停机修理而不影响生产工艺的情况下，也可安装单台制冷机组。

2）考虑到维修、运行和管理上的方便，多台机组的制冷型号应尽量统一。

3）制冷机组的所有压力表、温度计和其他仪表，均应设置在便于观察的地方，通常情况下，应使其面向主要操作通道，高度宜设置在 1.5m 以下，超过此高度时，应在制冷机组旁设置便于操作的台阶。

4）制冷机房内有多台制冷机组时，应将其布置成对称或有规律的形式，使设备布置紧凑，节省建筑面积，易于形成主要操作面，便于操作运行和维护管理，使设备整齐美观。

5）制冷机组的基础，除工艺上有特殊要求外，一般均采用混凝土基础。

9.2.2　制冷机组的安装

对于大型的中央空调机组，由于已经将压缩机、蒸发器、冷凝器、储液器等部件集成在一个模块内，只需要将整个机组安装在基座上固定并接上冷冻水管、冷却水管、各种电缆即可。但各种中小型的制冷机组或工业上用的制冷机组，也许还需要单独安装各部件或制冷剂本身的各种管道。

中央空调制冷机组安装原则如下：

1）机组必须安装在通风散热良好的场所，并考虑适当的维修和配管空间，放置在平坦的基础上并加减振器。

2）水冷螺杆式冷水机组要安装在室内并用螺栓固定。

3）水泵设置在进水口处，水泵的两端要采用软接头。

4）膨胀水箱设在水泵的入口处并处于整个系统的最高处（高出 1~3m）。

5）冷却塔要安装在开放的露天场所，空气能够自由流动不受阻的地方，并考虑适当的维修和配管空间。

《通风与空调工程施工质量验收规范》（GB 50243—2002）规定，制冷设备与制冷附属设备的安装应符合下列规定：

1）制冷设备和制冷附属设备的型号、规格、技术参数必须符合设计要求，并具有产品合格证书、产品性能检验报告。

2）设备的混凝土基础必须进行质量交接验收，合格后方可安装。

3）设备安装的位置、标高和管口方向必须符合设计要求。用地脚螺栓固定的制冷设备或制冷附属设备，其垫铁应放置正确、接触紧密，螺栓必须拧紧，并有防松动措施，且必须全数检查。

9.2.3　活塞式制冷机组的安装

1. 活塞式制冷主体设备的安装

制冷机安装在混凝土基础上，为了防止振动和噪声通过基础和建筑结构传入室内，影响周围环境，应设置减振基础（见图 9-1）或在机器的脚底下垫隔振垫。

活塞式制冷压缩机的安装步骤如下：

1）安装前，先在浇筑好的基础面上，按照图样要求的尺寸，画压缩机的纵横中心线、地脚螺孔中心线及设备底座边缘线等（见图 9-2），并在螺栓孔两旁放置垫铁。在放置垫铁之前，先将基础面处打磨平整，并在垫铁之外的基础面上打凿小坑，使二次浇筑层结合牢固，清除预留孔内的赃物。

将压缩机搬运到基础旁，准备好设备就位的起吊工具。正确选择绳索结孔位置，绳索与设备表面接触处应垫软木或破布，以免擦伤表面油漆，然后将压缩机起吊到基础上方一定的高度，穿上地脚螺栓，使压缩机对准基础上事先画好的纵横中心线，下落到基础上，将地脚螺栓装入基础上的地脚螺栓孔内。

2）压缩机就位后，应进行找平。目前，我国生产的新系列压缩机均带有公共底座，机器在制造厂组装时已经有较高的水平，所以安装时只需在底座上表面找水平即可。通过调整垫铁用水平仪进行校正，其水平偏差每米为 0.1mm，并要求基础与压缩机底座支承面均匀接触。

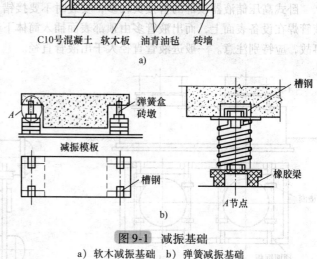

图 9-1　减振基础
a) 软木减振基础　b) 弹簧减振基础

3）找平后，将 1∶1 的水泥砂浆及时灌入地脚螺栓孔内，并填满底座与基础之间的空隙。灌浆工作不能间断，要一次完成。待水泥砂浆干后，将基础外露部分抹光，隔两三天后重新校正机器的水平、垂直度，以及联轴器的同心度和垂直度。

4）在安装压缩机的同时，应注意电路、水路及阀门的连接，以免出现返工。

5）对于一般活塞式制冷机的拆卸与清洗问题，一般认为在技术文件规定的期限内，若外观完整、机体无损伤和锈蚀等情况，则不必全面拆洗，仅要求拆卸缸盖，清洗油塞、气缸内壁、连杆、吸排气阀，以及打开曲轴箱盖，清洗油路系统，更换箱内润滑油等。

2. 活塞式制冷机辅助设备的安装

（1）冷凝器及储液器的安装

1）立式冷凝器的安装。立式冷凝器下面通常设有钢筋混凝土集水池，并兼作基座用。它的安装方式大体上有以下三种：

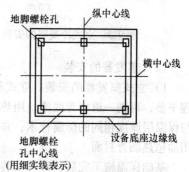

图 9-2　基础放线

① 将冷凝器安装在有池顶的集水池上，即在池顶上按照冷凝器筒身的直径开孔，并预埋底板的地脚螺栓，待吊装就位及找正后，拧紧螺母即可。

② 将冷凝器安装在工字钢或槽钢上。首先将工字钢或槽钢搁置在水池上口，用池口上事先预埋的螺栓加以固定，然后将冷凝器吊装并用螺栓固定在它上面。注意，不要将工字钢或槽钢放在预埋钢板上，待冷凝器安装完毕后将型钢与预埋钢板焊牢，如图 9-3 所示。在安装过程中，工字钢或槽钢可左右移动，便于校正，较灵活。

2）卧式冷凝器与储液器的安装。卧式冷凝器与储液器一般安装于室内。为满足两者高差要求，卧式冷凝器可用型钢支架安装于混凝土基础上，也可以直接安装于高位混凝土基础上。为节省机房面积，通常的方法是将卧式冷凝器与储液器一起安装于钢架上，如图 9-4 所示。对于卧式冷凝器与储液器一起安装于钢架上后的水平度，焊接钢架的横向型钢时，要求用水平仪进行检测。因为型钢不是机器加工面，仅测一处，误差较大，所以应多选几处进行测量，取其平均值。

卧式冷凝器与储液器对水平度的要求：一般情况下，当集油罐在设备中部或无集油罐时，设备应水平安装，偏差不应大于 1:1000；当集油罐在一端时，设备应设 0.1% 的坡度，坡向集油罐。

冷凝器与储液器之间都有一定的高度差要求，安装时应严格按照设计要求进行，不得任意更改高度。一般情况下，冷凝器的出液口应比储液器的进液口至少高 200mm。

卧式高压储液器顶部的管接头较多，安装时不要接错，特别是进、出液管更不得接错，因进液管焊在设备表面上，而出液管多由顶部表面插入筒体下部，接错时不但不能供液，而且会发生事故，应特别注意。一般进液管直径大于出液管直径。

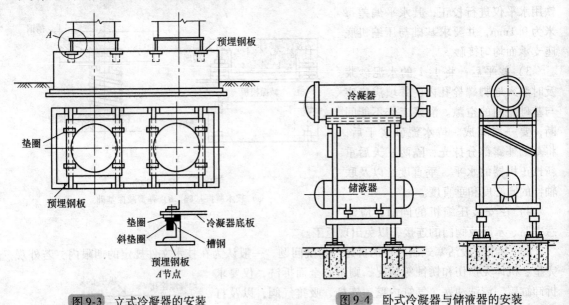

图 9-3　立式冷凝器的安装　　　　图 9-4　卧式冷凝器与储液器的安装

（2）蒸发器的安装

1）立式蒸发器的安装。立式蒸发器一般安装于室内保温基础上。安装时，先将基础表面清理平整，再刷一道沥青底漆，用热沥青将油毡铺在基础上，在油毡上每隔 800～1200mm 放一根与保温层厚度相同的防腐枕木，并以 0.1% 的坡度坡向泄水口，枕木之间用保温材料填满，最后用油毡热沥青封面。

基础保温施工完后，即可安装水箱。水箱就位前应做渗透试验，具体做法是：将水箱各处管接头堵死，灌满水，经 8～12h 不渗透为合格。吊装水箱时，为防止水箱变形，可在水箱内支承方木或其他支承物。

水箱就位后，将各排蒸发管组吊入水箱内，并用集水管和供液管连成一个大组，然后垫实固定。要求每排管组间距相等，并以 0.1% 的坡度坡向集油器。

安装立式搅拌器时，应先将刚性联轴器分开，取下电动机轴上的平键，用细砂布、汽油或煤油对其内孔和轴进行仔细地除锈和清洗，清除干净后再用刚性联轴器将搅拌器和电动机连接起来，用手转动电动机轴以检查两轴同心度。转动时搅拌器不应有明显的摆动，然后调整电动机的位置，使搅拌器叶轮外圆和导流筒的间隙一致。调整好后将安装电动机的型钢与蒸发器水箱焊接固定。

由制造厂供货的立式蒸发器均不带水箱盖板，为减少冷损失，必须设置盖板，通常的方法是用 50mm 厚经过刷油防腐的木板做成活动盖板。

2）卧式蒸发器的安装。卧式蒸发器一般安装于室内的混凝土基础上，用地脚螺栓与基础连接。为防止"冷桥"的产生，蒸发器支座与基础之间应垫以 50mm 厚的防腐枕木，枕木的面积不得小于蒸发器支座的面积。

卧式蒸发器的水平度要求与卧式冷凝器及高压储液器相同。可用水平仪在筒体上直接检测，一般在筒体的两端和中部共测三点（见图 9-5），取三点的平均值。不符合要求时用平垫铁调整，平垫铁应尽量与枕木的方向垂直。

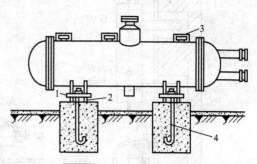

图 9-5　卧式蒸发器的安装
1—平垫铁　2—垫木　3—水平仪　4—地脚螺栓

（3）油分离器的安装　油分离器多安装于室内的混凝土基础上，用地脚螺栓固定，用垫铁调整，如图 9-6 所示。安装油分离器时，应弄清油分离器的形式（洗涤式、离心式或填料式），进、出口接管位置，以免将管接口接错。对于洗涤式油分离器，安装时应特别注意与冷凝器的相对高度，一般情况下，洗涤式油分离器的进液口应比冷凝器的出液口低 200～250mm，如图 9-7 所示。

油分离器应垂直安装，误差不得大于 1.5/1000，可用吊垂线的方法进行检测，也可直接将水平仪放置在油分离器顶部接管的法兰盘上检测，符合要求后拧紧地脚螺栓将油分离器固定在基础上，然后将垫铁焊接固定，最后用混凝土将垫铁留出的空间填实。

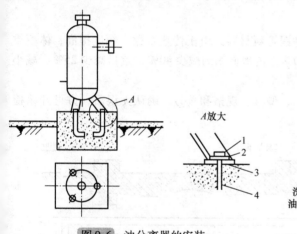

图 9-6　油分离器的安装
1—螺母　2—弹簧垫圈　3—垫块　4—地脚螺栓

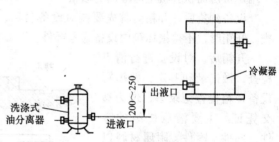

图 9-7　洗涤式油分离器与冷凝器的安装

（4）空气分离器的安装　目前常用的空气分离器有立式和卧式两种，一般安装在距地面 1.2m 左右的墙壁上，用螺栓与支架固定，如图 9-8 所示。

安装方法：先制作支架，然后在安装位置放好线，打出埋设支架的孔洞，将支架安在墙壁上，待埋设支架的混凝土达到强度后，将空气分离器用螺栓固定在支架上。

（5）集油器及紧急泄氨器的安装　集油器一般安装于地面的混凝土基础上，其高度应低于系统各设备，以便收集各设备中的润滑油。其安装方法与油分离器相同。

紧急泄氨器一般垂直安装于机房门口便于操作的外墙壁上，用螺栓、支架与墙壁连接。其安装方法与立式空气分离器相同。

紧急泄氨器的阀门高度一般不应超过 1.4m。进氨管、进水管、排水管径均不得小于设备的接管直径。排水管必须直接通入下水管中。

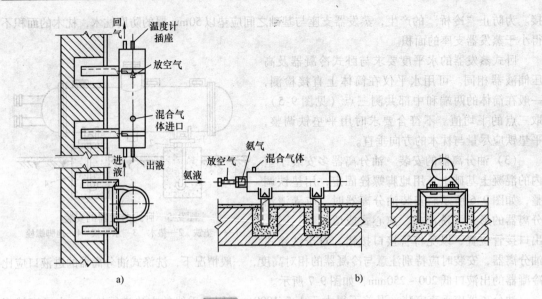

图 9-8　空气分离器的安装

a) 立式空气分离器的安装　b) 卧式空气分离器的安装

9.2.4　溴化锂吸收式制冷机组的安装

溴化锂吸收式制冷机组采用高效强化传热铜管新材料，由于传热系数大幅度提高，体积重量可大幅度减小，机组比原产品体积约减小 50%，占地面积约减少 40%，重量减少 25%，减小了用户机房面积和机组溶液的充填量。

设备到货后，开箱前首先要核对设备名称、型号、规格和箱号，确认无误后，方可开箱检查。开箱时，不得损坏箱内设备或零部件。

开箱后，对设备进行清点检查，做记录和鉴定，并填写设备开箱检查记录单，作为移交凭证。主要清点机组的零件、部件、附件、附属材料以及设备的出厂合格证和技术文件是否齐全，若发现缺陷、损坏、锈蚀、变形、缺件等情况，应填入记录单中，并进行研究和处理。

根据设备实际尺寸，检查基础制作得是否符合要求，在

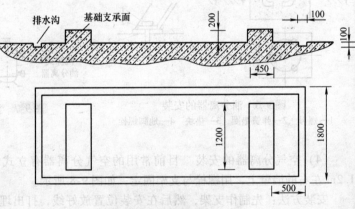

图 9-9　机组基础尺寸

基础上画出设备就位的纵横基准线。机组基础尺寸如图 9-9 所示。

机组在搬运及安装时，要注意不要碰坏设备上的阀门、管线及电气箱等部件。

图 9-10 所示为我国某冷冻机厂生产的高效传热 SXZ 系列溴化锂吸收式冷水机组外形尺寸及配管。

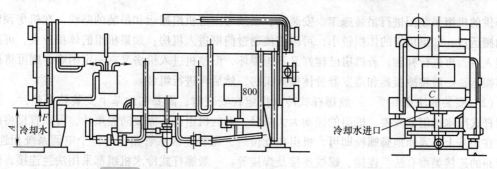

图 9-10　SXZ 系列溴化锂吸收式冷水机组外形尺寸及配管

9.2.5　螺杆式制冷机组的安装

1. 螺杆式制冷机组类型的选择

螺杆式制冷机组分为开启式、半封式、全封闭式三种。

开启式机组的主要优点如下：

1) 压缩机与电动机分离，使压缩机的适用范围更广。

2) 同一台压缩机可以适用不同的制冷剂，除了采用卤代烃制冷剂外，通过更改部分零件的材质，还可采用氨作制冷剂。

3) 可根据不同制冷剂和使用工况条件，配用不同功率的电动机。

开启式机组的主要缺点如下：

1) 轴封易泄漏。轴封是用户需经常维护的对象。

2) 配用的电动机高速旋转，气流噪声大，加上压缩机本身噪声也较大，影响环境。

3) 需要配置单独的油分离器、油冷却器等复杂的油系统部件，机组体积庞大，使用维护不便。

与开启式机组相比，半封闭式机组及封闭式机组的优点如下：

1) 机组结构紧凑，体积小。

2) 日常维护管理内容少。

3) 机组噪声小。

但就目前的半封闭机组及封闭式机组来说，其缺点也很明显，如：

1) 适用范围窄，其额定功率一般较小。

2) 如果机组损坏，维修工作较开启式要复杂。

所以，螺杆式制冷机组类型的选择主要取决于机组的额定功率，在小功率（10～100kW）或对噪声控制要求严的情况下，如民用住宅区等，一般选用半封闭式机组或全封闭式机组，在大功率的状况下，一般选用开启式机组。

2. 螺杆式制冷机组的安装

(1) 安装前的准备工作　安装前的准备工作关系到安装工程能否全面地、高质量地完成，贯穿于安装工程的整个过程。安装前的准备工作包括：设备搬运（机组在运输的过程中，应该防止机组发生损伤）、开箱检查、在机房中将准备安装设备的地方进行划线定位、了解安装工程的特点、工程的总进度要求、设备基础的交付时间、设备材料供应到货情况、现场安装条件、技术的复杂程度，以及人力、机具的部署等，并以此为基础定出可行的施工方案。将机组搬运到安装现场后，应将其存放在库房，当无库房而必须露天存放时，应在机组底部适当垫高，防止浸水。设备木箱上必须加防雨设施进行遮盖，以免雨水淋坏机组。在吊装机组时，必须严格按照厂方提供的机组吊装图进行吊装施工。安装前，必须考虑好机组搬运和吊装的路线。在机房预留适当的搬运口，如果机组的体积较小，可以直接通过门框进入机房；如果机组的体积较大，可待设备搬入后，再进行补砌。若机房已建好又不想损坏，而整机进入机房又有一定困难，则可将机组分体搬运，一般将冷凝器和蒸发器分体搬入机房，然后再进行组装。

（2）安装的注意事项 一般螺杆式冷水机组在安装时，需要在地基上安装防振垫片。但随着螺杆式冷水机组的发展，机组的振动大大减轻，有的机组已不需要防振垫片，可以直接将机组安装在地基上，紧固地脚螺栓即可。机组在就位后，需要连接水管路，与整个空调系统相连接。水管路的连接类型有法兰连接、螺纹连接及焊接等。一般螺杆式冷水机组都采用法兰连接，但也有的采用焊接。有的小制冷量的机组，由于水管接口较小，也可以采用螺纹连接。与机组连接的水管建议采用软管，防止由于机组振动或移动而对水管路带来损伤。

9.2.6 离心式制冷机组的安装

离心式制冷压缩机因单机制冷量大、结构紧凑，采用叶轮进口导流叶片和叶轮出口扩压器宽度可调的双重调节方法，使制冷量可在 10%～100% 范围内连续调节，因而在高层建筑物中央空调中得到广泛应用。但若在运行中若操作、管理不善，其会频繁出现故障，导致制冷量下降甚至停机，造成能耗增加、房间内温湿度波动较大，影响人体舒适度。

《通风与空调工程施工质量验收规范》（GB 50243—2002）规定：整体安装的制冷机组，其机身纵、横向水平的允许偏差为 1/1000，并应符合设备技术文件的规定。

大型离心式制冷机组和其他类型的制冷机组安装步骤基本一致，具体可参考前述的安装方法和相关技术手册。

9.3 水泵的安装与施工方法

9.3.1 水泵的拆装检查

水泵在安装前要根据有关规范要求进行拆装检查。水泵的拆装检查要按水泵本身结构，采取正确的拆装顺序，一般是先拆水泵的附件（如辅助管线、循环冷却水系统等），再拆主机部分。拆装检查的主要内容包括：检查压填料或机械密封情况，如轴套、压盖、底套、减压环、封油环、口环、隔板、衬套等密封的间隙是否合乎要求，属于轴瓦结构的要测定间隙；要测定水泵体各部件的间隙；进行轴的弯曲情况检查，校验压力表、阀，检查润滑油水泵、封油水泵、冷却器、过滤器及管线等；检查活塞连杆机构。图 9-11 所示为典型的单吸单级水泵结构。

9.3.2 水泵基础的安装

水泵基础的配筋、混凝土的标号及配合比应严格按照设计图施工，基础减振的设置应严格按照设计图进行。在水泵机组安装前，还应对基础进行复查。混凝土基础的强度必须符合要求，基础表面平整，不得有凹陷、蜂窝、麻面、空鼓等缺陷。基础的大小、位置、标高应符合设计要求。底脚螺栓的规格、位置、露头应符合设计或水泵机组安装要求，不得有偏差，否则应重新施工基础。对于有减振要求的基础，应符合减振设计要求。

9.3.3 水泵地脚螺栓和垫铁的安装要点

1）地脚螺栓的垂直度误差不应超过 10/100。

2）地脚螺栓任一部分离灌孔壁应大于 15mm。

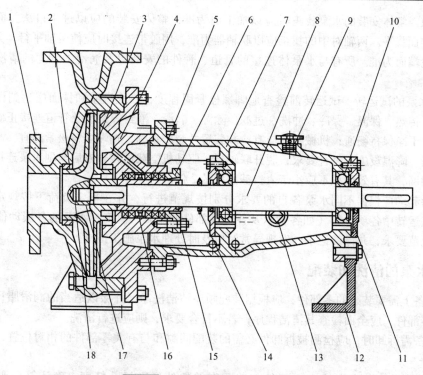

图 9-11 典型的单吸单级水泵结构

1—泵体　2—密封环　3—叶轮　4—泵盖　5—轴套　6—填料压盖　7—悬架　8—轴
9—气孔盖　10—轴承　11—轴承端盖　12—支架　13—油标　14—挡水圈　15—O 形圈
16—填料环　17—止退垫圈　18—叶轮螺母

3）螺栓底端不应碰孔底。

4）地脚螺栓上的油脂和污垢应清除干净，但与水泵相连的螺纹部分应涂油脂。

5）螺母与垫圈和垫圈与设备底座间的接触应良好。

6）拧紧螺母后，螺栓必须露出螺母，其露出长度宜为螺栓直径的 1/3～2/3。

7）拧紧地脚螺栓，应在预留孔中的混凝土达到设计强度的 75% 以上时进行，各螺栓的拧紧力应均匀。

8）承受主要负荷和较强连续振动的垫铁组，宜使用平垫铁。

9）每一垫铁组应尽量减少垫铁的块数，且不宜超过 5 块，并少用薄垫铁。放置平垫铁时，最厚的放在下面，最薄且厚度大于或等于 2mm 的放在中间，并应将各垫铁相互间定位焊牢，但铸铁垫铁可不焊。

10）每一垫铁组应放置整齐平稳，接触良好，设备找平后每一垫铁组均应被压紧，并可用 0.25kg 锤子逐组轻击听音检查。

11）设备找平后，垫铁端面应露出设备底面外缘，平垫铁应露出 10～30mm，斜垫铁宜露出 10～50mm。垫铁组伸入设备底座底面的位置应超过设备地脚螺栓的中心。

9.3.4　水泵的安装和试运转

本节主要介绍中央空调中常用的水泵，如离心水泵、蒸汽往复水泵、电动往复水泵、电动柱塞水泵、螺杆水泵、齿轮水泵、计量水泵等，故本节工序主要适用于以上水泵的安装工程。

（1）水泵的安装　复测基础尺寸、位置、标高。进行机械外观检查，不应有缺件、损坏和锈蚀等现象。解体安装的水泵找正时应以加工面为准，整体安装的应以进出口法兰面或其他水平加工基准面找平。两轴对中的找正应以联轴器为准，用胶带连接时应使两轴平行，其轴向位置应以两带轮端面为准。所有与水泵体连接的管道、管件的安装以及润滑油管道的清洗均应符合有关规定。

（2）水泵的试运转 试运转前检查地脚螺栓紧固程度，二次灌浆和抹面应达到设计强度要求；冷却、传热、保温、保冷、冲洗、过滤、除湿、润滑、液封等系统及管道连接正确无泄漏现象，并冲洗干净保持畅通；机械密封应有冷却装置并装配正确，轴端填料松紧适宜，高温高压下填料的减压、降温设施应符合要求；脱开联轴器，驱动机空载试转合格后与副水泵连接；在水泵入口处加滤网，其有效面积不应小于入口截面积的 2 倍。

水泵的起动应根据不同水泵各自的要求分别按规范进行，并在额定负荷下按规定时间、步骤运转。试运转中各项参数（如各轴承及各运动部件的温升、温度，水泵的各振动值等）均应符合相应规范要求，并详细记录。发现异常时应及时处理水泵施工措施。

9.3.5 水泵的清洗和装配

1）设备上需要装配的零部件，应根据装配顺序清洁洗净，并涂以适当的润滑脂；设备上原已装好的零部件，应全面检查其清洁程序，若不符合要求，则应进行清洗。

2）设备需拆卸时，应检测被拆卸件必需的装配间隙和与有关零部件的相对位置，并做标记和记录。

3）在设备装配前应先检查零部件与装配有关的外形和尺寸精度，确认符合要求后方可装配。

9.3.6 水泵的调试

（1）水泵就位前应做的复查

1）基础尺寸位置、标高符合设计要求。

2）设备不应有缺件、损坏和锈蚀等情况，管口保护物和堵盖应完好。

3）盘车应灵活，无阻滞现象，无异常声音。

（2）出厂前的调试 已装配调试完善的部分不应随意拆卸，确需拆卸时，应会同有关部门研究后再拆卸。拆卸和复装应按设备技术文件规定执行。

（3）水泵的找平应符合的要求 整体安装的水泵的纵向安装水平偏差不应大于 0.1/1000，横向安装水平偏差不应大于 0.2/1000，并应在水泵的进出口法兰面或其他水平面上测量；解体安装的水泵纵横向安装水平偏差均不应大于 0.05/1000，并应在水平中分面、轴的外露部分、底座的水平加工面上测量。

（4）水泵的找正应符合的要求

1）主动轴与从动轴以联轴器连接时，两半联轴器的径向位移、端面间隙、轴线倾斜度均应符合设备技术文件的规定。

2）在将电动机与水泵连接前，应先单独试验电动机的转向，确认无误后再连接。

3）主动轴与从动轴找正连接后，应盘车检查是否灵活。

4）水泵与管路连接后，应复核找正情况，若因管路连接而使找正情况不正常时，应调整管路。

（5）管道的安装应符合的要求

1）管道内部和管端应洁净，密封面和螺纹不应损坏。

2）管道与水泵连接后，应复检水泵的原找正精度，当发现因管道连接而引起偏差时，应调整管道。

3）管路与水泵连接后，不应再在其上进行焊接和气割。当需焊接和气割时，应拆下管路和采取必要的措施，以防焊渣进入水泵内，损坏水泵的零件

9.3.7　水泵安装的注意事项

1）水泵在试运转前，应满足下列要求：

① 电动机的转向应符合水泵的转向要求。

② 各紧固连接部位不应松动。

③ 润滑油脂的规格、质量、数量应符合设备技术文件的规定，有预润滑要求的部位应按设备技术文件的规定进行预润滑。

④ 预润滑、水封、轴封、密封冲洗、冷却、加热、液压、气动等附属系统管路应干净，保持畅通。

⑤ 安全、保护装置应灵敏、可靠。

⑥ 盘车应灵活正常。

⑦ 在水泵起动前，水泵的入口阀门应全开，出口阀门应全闭（离心水泵）。

2）水泵的试动转应在各独立的附属系统试动转正常后进行。

3）水泵的起动和停止应按设备技术文件的规定执行。

4）在离心水泵起动前，平衡盘冷却水管路应畅通，吸入管路必须充满输送液体，排尽空气，不得在无液体情况下起动，自吸水泵的吸入管路可不充满液体。

5）离心水泵转速正常后应打开出口管路的阀门，当出口管路阀门关闭起动时，关闭时间不宜超过3min，并将水泵调节到设计工况，不得在性能曲线上的驼峰处运转。

6）水泵在额定工况点连续运转不应少于2h，并符合下列要求：

① 附属系统运转正常，压力、流量、温度和其他要求符合设备技术文件的规定。

② 运转中无不正常的声音。

③ 各静密封部分不泄漏。

④ 各紧固连接部分不松动。

⑤ 滚动轴承的温度不高于80℃，滑动轴承的温度不高于70℃，特殊轴承的温度符合设备技术文件的规定。

⑥ 填料的温升正常，在无特殊要求的情况下，填料密封的泄漏量满足相关标准要求，机械密封的泄漏量不宜大于5mL/h。图9-12所示为水泵的填料轴封结构。

⑦ 电动机的电流不超过额定值。

⑧ 水泵的安全保护装置安全、灵敏。

⑨ 振动符合设备技术文件的规定。

⑩ 其他特殊要求符合设备技术文件的规定。

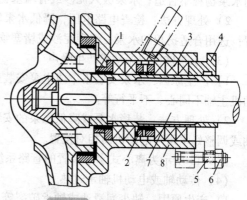

图9-12　水泵的填料轴封结构

1—填料套　2—填料环　3—填料　4—压盖
5—长扣双头螺栓　6—螺母　7—泵轴　8—泵体

7）水泵安装工程验收时，应具备下列有关资料：

① 按实际完成情况注明修改部分的施工图。

② 修改设计的有关文件。

③ 主要材料和用于重要部位的材料的出厂合格证和验收记录或试验资料。

④ 各工序的检验记录。

⑤ 试运转记录。

⑥ 其他有关资料。

9.3.8 水泵的安装要点及常见故障

1. 水泵的安装要点

水泵的安装位置应满足允许吸上真空高度的要求。基础必须水平、稳固，以保证动力机械的旋转方向与水泵的旋转方向一致。水泵和电动机采用轴连接时，要保证轴心在同一直线上，以防机组运行时产生振动及轴承单面磨损；若采用胶带传动，则应使轴心相互平行，胶带轮对正。若同一机房内有多台机组，则机组与机组之间，机组与墙壁之间都应有 800mm 以上的距离。水泵吸水管必须密封良好，且尽量减少弯头和闸阀，加注引水时应排尽空气，运行时管内不应积聚空气，要求吸水管微呈上斜与水泵进水口连接，进水口应有一定的淹没深度。水泵基础上的预留孔应根据水泵的尺寸浇注。

2. 水泵常见故障分析及处理方法

不同类型的水泵，其故障的表现形式不一样，但概括起来，有以下几个共同特点：

（1）流量不足

1）产生原因：吸水管漏气，底阀漏气；进水口堵塞；底阀入水深度不足；水泵转速太低；密封环或叶轮磨损量过大；吸水高度超标等。

2）处理方法：检查吸水管与底阀，堵住漏气源；清理进水口处的淤泥或堵塞物；确保底阀入水深度大于进水管直径的 1.5 倍；检查电源电压，提高水泵转速，更换密封环或叶轮；降低水泵的安装位置，或更换高扬程水泵。

（2）功率消耗过大

1）产生原因：水泵转速太高；水泵主轴弯曲或水泵主轴与电动机主轴不同心或不平行；选用水泵扬程不合适；水泵吸入泥沙或有堵塞物；电动机滚动轴承损坏等。

2）处理方法：检查电路电压，降低水泵转速；校正水泵主轴或调整水泵与电动机的相对位置；选用合适扬程的水泵；清理泥沙或堵塞物；更换电动机的滚动轴承。

（3）水泵体剧烈振动或产生噪声

1）产生原因：水泵安装不牢或水泵安装过高；电动机滚动轴承损坏；水泵主轴弯曲或与电动机主轴不同心、不平行等。

2）处理方法：装稳水泵或降低水泵的安装高度；更换电动机滚动轴承；校正弯曲的水泵主轴或调整好水泵与电动机的相对位置。

图 9-13 所示为离心式水泵装置的管路系统。

（4）传动轴或电动机轴承过热

1）产生原因：缺少润滑油或轴承破裂等。

2）处理方法：加注润滑油或更换轴承。

（5）水泵不出水

1）产生原因：水泵体和吸水管没灌满引水；动水位低于水泵滤水管；吸水管破裂等。

2）处理方法：排除底阀故障，灌满引水；降低水泵的安装位置，使滤水管在动水位之下，或等动水位升过滤水管再抽水；修补或更换吸水管。

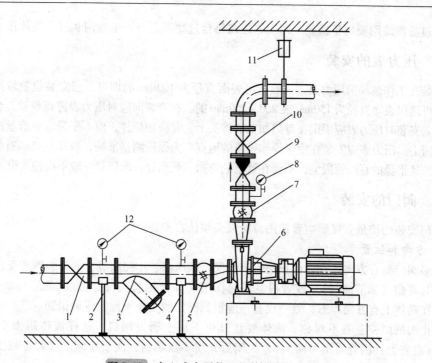

图 9-13　离心式水泵装置的管路系统

1、10—阀门　2、4—弹性托架　3—Y 形过滤器　5、7—可曲挠头　6—离心泵（包括电动机）
8、12—压力表　9—止回阀　11—弹性吊架

9.4　制冷机房附属设备的安装

9.4.1　Y 形过滤器的安装与维护

Y 形过滤器是在中央空调水系统管路中，利用带有冲孔或编织网孔的滤网阻隔固体污物的装置。为了保证出口设备的正常运行，一般在水泵、风机盘管、仪表、电磁阀等其他传感设备前都要安装过滤器。

1. 安装

Y 形过滤器的结构如图 9-14 所示。安装 Y 形过滤器前要认真清洗所有管道的螺纹连接表面，使用的管道密封胶或特氟龙（聚四氟乙烯）带要适量。末端螺纹不做处理，以避免密封胶或特氟龙带进入管路系统。Y 形过滤器可以水平安装或垂直向下安装。

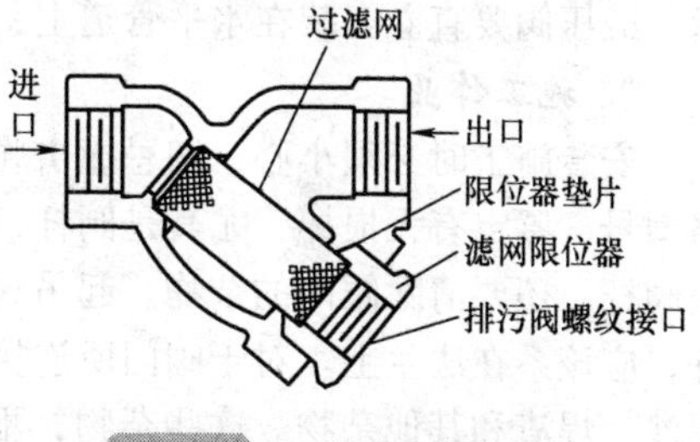

图 9-14　Y 形过滤器的结构

安装 DN32 或更大口径的承插焊 Y 形过滤器时，应注意这类过滤器的垫片是非金属材质的，容易因过热而损坏。因此，应缩短焊接时间，并在焊接完成后对过滤器进行冷却。如果焊接前需要预热或焊接后需要继续加热，建议先将垫片拆下再加热。

2. 运行及维护

系统最初工作一段时间后（一般不超过一周），应进行清洗，以清除系统初始运行时积聚在滤网上的杂质污物。此后，必须定期清洗，清洗次数依据工况条件而定。若 Y 形过滤器不带排污丝堵，则清洗时要将滤网限位器以及滤网拆下。

每次维护、清洗前，应将 Y 形过滤器与带压系统隔离。清洗后，重新安装时要使用新的密封垫。过滤器滤网要每年检查一两次，建议每台过滤器要有一个滤网和三个垫片作为备件。

9.4.2 压力表的安装

安装在工作现场的压力表，一般选用表面直径为 100mm 的即可，当安装位置较高，照明条件差时，可选用表面直径为 150mm 或 200～250mm 的。在安装前应对压力表进行校验，合格后才能安装使用。安装时压力表应固定在专门加工的接头上，并应加垫片，而不要采取缠麻丝的方式或直接装到阀门上。压力表应安装在便于操作维修的地点。为保证测量准确，取压点必须有代表性，如应选择在流速平稳的直线管段上，不要在管道的弯曲、死角处，取压管一般不得伸入设备和管道内。

9.4.3 阀门的安装

阀门安装的质量直接影响着使用，所以必须认真安装。

1. 方向和位置

许多阀门具有方向性，如截止阀、节流阀、减压阀、止回阀等，如果装倒装反，就会影响使用效果与寿命（如节流阀），或者根本不起作用（如减压阀），甚至造成危险（如止回阀）。一般阀门在阀体上有方向标志，万一没有，应根据阀门的工作原理，正确识别。

截止阀的阀腔左右不对称，流体要让其由下而上通过阀口，这样流体阻力小（由形状决定），开启省力（因介质压力向上），关闭后介质不压填料，便于检修。这就是截止阀为什么不可装反的道理。其他阀门也有各自的特性。

阀门安装的位置必须方便于操作，即使安装暂时困难一些，也要为操作人员的长期工作着想。最好阀门手轮与胸口取齐（一般离操作地坪 1.2m），这样开闭阀门会比较省劲。落地阀门手轮要朝上，不要倾斜，以免操作不方便。靠墙机靠设备的阀门，也要留出操作人员站立余地。要避免仰天操作阀门，尤其是输送酸碱、有毒介质等的管道，否则很不安全。

闸阀不要倒装（即手轮向下），否则会使介质长期留存在阀盖空间，容易腐蚀阀杆，同时更换填料极不方便。

明杆闸阀不要安装在地下，否则会因潮湿而腐蚀外露的阀杆。对于升降式止回阀，安装时要保证其阀瓣垂直，以便升降灵活。对于旋启式止回阀，安装时要保证其销轴水平，以便旋启灵活。减压阀要直立安装在水平管道上，各个方向都不要倾斜。

2. 施工作业

安装施工时必须小心，切忌撞击脆性材料制作的阀门。安装前，应对阀门进行检查，核对规格型号，鉴定有无损坏，尤其是阀杆，还要转动几下，看是否歪斜，因为在运输过程中，最易撞歪阀杆。还要清除阀内的杂物。起吊阀门时，不要将绳子系在手轮或阀杆上，以免损坏这些部件，应该系在法兰上。对于阀门所连接的管路，一定要清扫干净，可用压缩空气吹去氧化铁屑、泥沙、焊渣和其他杂物。这些杂物，不但容易擦伤阀门的密封面，而其中的大颗粒杂物（如焊渣）会堵死小阀门，使其失效。

安装螺口阀门时，应将密封填料（线麻加铅油或聚四氟乙烯生料带）包在管子螺纹上，不要弄到阀门里，以免在阀内存积，影响介质流通。

安装法兰阀门时，要注意对称均匀地拧紧螺栓。阀门法兰与管子法兰必须平行，间隙合理，以免阀门产生过大压力，甚至开裂。这一点对于脆性材料和强度不高的阀门尤其要注意。

必须与管子焊接的阀门，应先进行定位焊，再使关闭件全开，然后焊死。

3. 保护设施

有些阀门还必须有外部保护措施，这就是保温和保冷。保温层内有时还要加热蒸汽管线。什么样的阀门应该保温或保冷，要根据生产要求而定。原则上来说，凡阀内介质降低温度过多，会影响生产效率或冻坏阀门，就需要保温，甚至伴热；凡阀门裸露，对生产不利或引起结霜等不良现象时，就需要保冷。保温材料有石棉、矿渣棉、玻璃棉、珍珠岩、硅藻土、蛭石等；保冷材料有软木、珍珠岩、泡沫、塑料等。

长期不用的水阀门、蒸汽阀门必须放掉积水。

4. 旁路和仪表

有的阀门，除了必要的保护设施外，还要有旁路和仪表。安装旁路后会便于疏水阀的检修。其他阀门也有安装旁路的。是否需要安装旁路，要根据阀门状况、重要性和生产上的要求而定。

5. 更换填料

库存阀门，有的填料已不好使，有的与使用介质不符，这就需要更换填料。阀门制造厂由于无法知晓使用单位使用的是哪类介质，因此在填料函内总是装填普通盘根，但使用时，必须让填料与介质相适应。在更换填料时，要一圈一圈地压入，每圈接缝以 45° 为宜，圈与圈接缝错开180°。填料高度既要使压盖有继续压紧的余地，又要让压盖下部压入填料室适当深度，此深度一般可为填料室总深度的 10% ~ 20%。对于要求高的阀门，接缝角度为 30°，圈与圈之间接缝错开120°。除上述填料之外，还可根据具体情况，采用橡胶 O 形环（天然橡胶耐 60℃ 以下弱碱，丁腈橡胶耐 80℃ 以下油品，氟橡胶耐 150℃ 以下多种介质腐蚀）、三件叠式聚四氟乙烯圈（耐200℃ 以下强腐蚀介质腐蚀）、尼龙碗状圈（耐 120℃ 以下氨、碱腐蚀）等成形填料。在普通石棉盘根外面，包一层聚四氟乙烯生料带，能提高密封效果，减轻阀杆的电化学腐蚀。在压紧填料时，要同时转动阀杆，以保持四周均匀，并防止压得太死。拧紧压盖时要用力均匀，不可倾斜。

6. 阀门的维护与保养

1）阀门应存于干燥通风的室内，通路两端必须堵塞。

2）对于长期存放的阀门，应定期检查，清除污物，并在加工面上涂防锈油。

3）安装后，应定期进行检查，主要检查项目如下：

① 密封面磨损情况。

② 阀杆和阀杆螺母的梯形螺纹磨损情况。

③ 填料是否过时失效，若已失效，应及时更换。

④ 阀门检修装配后，应进行密封性能试验。

9.4.4　机房管路的安装

中央空调管路的安装原则如下：

1）管子、管件和阀门必须完好无变形且内壁干净。

2）管道的布置必须符合设计要求，并要整齐美观，做到横平竖直。

3）阀门、压力表、温度计的安装要正确并考虑操作方便。

4）管道的最高处要设排气管（阀），最低处设排水阀。

5）管道的保温要完整无缝隙。

6）凝结水管应有 1% 左右的坡度，并不应有积水的部位。

7）管道的支吊架应牢固，支吊架的间距应为 2 ~ 3m，管道不应有下垂现象。

8）管道的接口处应密封牢固，无松动、泄漏等现象，整个系统完成后要对管道进行冲洗、试漏。

9）风管的规格、尺寸应符合设计要求，折角应平直，圆弧应均匀，两端面应平行。

第10章 中央空调冷却塔施工方法与技术措施

冷却塔是一种广泛应用的热力设备,其作用是通过热质交换将高温冷却水的热量散入大气,从而降低冷却水的温度。冷却塔系统一般包括淋水填料装置、配水系统、收水器(除水器)、通风设备、空气分配装置五个部分。它广泛应用于空调循环水系统和工业用循环水系统中。在一定水处理情况下,冷却效果是冷却塔的重要性能之一。在选用冷却塔时,主要考虑冷却程度、冷却水量、湿球温度是否有特殊要求,冷却塔通常安装在通风比较好的地方。

10.1 冷却塔的类型

冷却塔的种类很多,按不同的分类方式可分为不同的类型。

10.1.1 按通风方式分类

按通风方式可将冷却塔分为自然通风冷却塔、机械通风冷却塔、混合通风冷却塔。自然通风冷却塔又称为风筒式冷却塔或双曲线型冷却塔。它利用塔内外的空气密度差造成的通风抽力使空气流通(自然通风)。其冷却效果稳定,运行费用低,故障少,易维护,风筒高,飘滴和雾气对环境影响小。其缺点在于空气内外密度差小,通风抽力小,不宜用在高温高湿地区。

机械通风冷却塔是空调、冷藏制冷系统中常用的设备,其又分为抽风式和鼓风式,分别利用抽风机或鼓风机强制空气流动。它的冷却效率高,稳定,占地面积小,基建投资少,但运行费用高。其中,抽风式冷却塔内呈负压状态,有利于水蒸发,鼓风式冷却塔的情况则相反。鼓风式冷却塔主要用于小型冷却塔或水对风机有侵蚀性的冷却塔中。

10.1.2 按接触方式分类

按热水和空气的接触方式可将冷却塔分为湿式冷却塔、干式冷却塔、干湿式冷却塔。在湿式冷却塔中,空气和水直接接触进行热质交换。其热质交换效率高,冷却水的极限温度为空气湿球温度。其缺点在于冷却水存在蒸发损失和飘散损失,并且水蒸发后盐度增加,需要补水。

在干式冷却塔中,水或蒸汽与空气间接接触进行热交换,不发生质交换。它主要用于缺水地区及特殊场合,热交换效率一般比较低,并且投资大,耗能高。

10.1.3 按流动方式分类

按热水和空气的流动方向可将冷却塔分为逆流式冷却塔、横流(交流)式冷却塔、混流式冷却塔和喷射式冷却塔。逆流式冷却塔中的水自上而下流动,空气自下而上流动。按照集水池(盘)的深度不同逆流式冷却塔分为普通型和集水型。图10-1是逆流式冷却塔结构示意图。

横流式冷却塔中的水自上而下流动,空气从水平

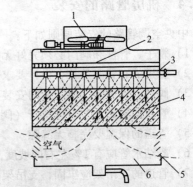

图10-1 逆流式冷却塔结构示意图
1—风机 2—收水器 3—配水系统 4—填料
5—百叶窗式进风口 6—冷水储槽

方向流入，并根据水量大小设置多组风机；塔体的高度低，配水比较均匀；热交换效率不如逆流式；相对来说，噪声较低。

喷射式冷却塔的工作原理与前两种不同，不用风机而利用循环泵提供的扬程，让水以较高的速度通过喷水口射出，从而引射一定量的空气进入塔内与雾化的水进行热交换，使水得到冷却。与其他类型的冷却塔相比，喷射式冷却塔的噪声低，但设备尺寸偏大，造价较贵。

10.1.4　其他分类形式

冷却塔也可以按其他方式分类，如按冷却的温差，冷却塔又可分为低温差（5℃左右）冷却塔和中温差（10℃左右）冷却塔两种；按结构方式，冷却塔可分为方形冷却塔、圆形冷却塔和矩形冷却塔；按用途，冷却塔可分为一般空调用冷却塔、工业用冷却塔、高温型冷却塔。按噪声级别，冷却塔又可分为普通型冷却塔（噪声小于65dB）、低噪声型冷却塔（60～65dB）、超低噪声型冷却塔（小于60dB）、超静音型冷却塔。冷却塔的特点及适用范围见表10-1。

表 10-1　冷却塔的特点及适用范围

分类		形式	结　构　特　点	性　能　特　点	适用范围
湿式机械通风型	逆流式（圆形、方形）（抽风式、鼓风式）	普通型	空气与水逆向流动，进出风口高差较大 圆形塔比方形塔气流分布好；适合单独布置、整体吊装，大塔可现场拆装；塔稍高，湿热空气回流影响小 方形塔占地面积较小，适合多台组合，可现场拆装 当循环水对风机的侵蚀性较强时，可采用鼓风式	逆流式冷效率优于其他形式，噪声较大，空气阻力较大，检修空间小，维护困难，喷嘴阻力大，水泵扬程大，造价较低	工矿企业和对环境噪声要求不太高的场所
		低噪声型	冷却塔采用降低噪声的结构措施	噪声值比普通型低4～8dB；空气阻力较大；检修空间小，维护困难；喷嘴阻力大，水泵扬程大	对环境噪声有一定要求的场所
		超低噪声型	在低噪声型基础上增加减噪措施	噪声比低噪声型低3～5dB；空气阻力较大；检修空间小，维护困难；喷嘴阻力大，水泵扬程大	对环境噪声有较严格要求的场所
		阻燃型	阻燃型在玻璃钢中掺加了阻燃剂	阻燃型自熄作用氧指数不低于28，造价比低噪声型贵30%左右	阻燃型对防火有一定要求的建筑
	横流式（抽风式）	普通型、低噪声型	空气沿水平方向流动，冷却水流垂直于空气流向；与逆流式相比，进出风口高差小，塔稍矮；维修方便；长方形，可多台组装，运输方便；占地面积较大	冷效率比逆流式差，回流空气影响稍大 有检修通道，日常检查、清理、维修更便利 布水阻力小，水泵所需扬程小，能耗小 进风风速低、阻力小、塔高小、噪声低	建筑立面和布置有要求的场所
引射式	横流式	无风机型	高速喷水引射空气进行换热；取消风机，设备尺寸较大	噪声、振动较低，省水，故障少；水泵扬程高，能耗大；喷嘴易堵，对水质要求高；造价高	对环境噪声要求较严的场所
干式机械通风型	密闭式	蒸发型	冷却水在密闭盘管中进行冷却，循环水蒸发冷却对盘管间接换热	冷却水全封闭，不易被污染；盘管水阻大，冷却水泵扬程高，电耗大，为逆流塔的4.5～5.5倍；质量重，占地大	要求冷却水很干净的场所，如小型水环热泵

10.2 冷却塔的选型

冷却塔的塔型，应根据气候条件、运行的经济性、设备材料的供应情况、场地布置与施工条件等因素，通过技术经济比较后确定。

10.2.1 冷却塔的选型原则

中央空调工程的选型虽然由设计方决定，但是，作为施工方，如果设计选型不对，也应向业主提出。一般来说，冷却塔的选型应遵守以下几点：

1）按照被冷却水的温度选择：高温塔、中温塔、常温塔。

2）按照安装位置的现状及对噪声的要求选择：横流塔与逆流塔。

3）按照冷水机组的冷却水量选择，原则上冷却塔的水量要略大于冷水机组的冷却水量。

4）选用多台水塔时尽量选择同一型号。

10.2.2 冷却塔选型的注意事项

1）塔体结构材料要稳定、经久耐用、耐腐蚀，组装配合精确。

2）配水均匀，壁流较少，喷溅装置选用合理，不易堵塞。

3）淋水填料的类型符合水质、水温要求。

4）风机匹配，能够保证长期正常运行，无振动和异常噪声，而且叶片耐水侵蚀性好并有足够的强度。风机叶片安装角度可调，但要保证角度一致，且电动机的电流不超过电动机的额定电流。

5）电耗低、造价低，中小型钢骨架玻璃冷却塔还要求质量轻。

6）冷却塔应尽量避免布置在热源、废气和烟气发生点、化学品堆放处和煤堆附近。

7）冷却塔之间或塔与其他建筑物之间的距离，除了考虑塔的通风要求，塔与建筑物相互影响外，还应考虑建筑物防火、防爆的安全距离及冷却塔的施工及检修要求。

8）冷却塔的进水管方向可按 90°、180°、270°旋转。

9）冷却塔的材料可耐 –50℃低温，但对于最冷月平均气温低于 –10℃ 的地区在订货时应予以说明，以便采取防结冰措施。冷却塔造价约增加 3%。

10）布水系统是按名义水量设计的，若实际水量与名义水量相差 ±15% 以上，则在订货时应予以说明，以便修改设计。

11）冷却塔零部件在存放运输过程中，其上不得压重物，不得暴晒，且注意防火。冷却塔安装、运输、维修过程中不得运用电弧焊、气焊等明火，附近不得燃放爆竹烟花。

12）圆塔多塔设计，塔与塔之间净距离应大于或等于 0.5 倍塔体直径。横流塔及逆流方塔可并列布置。

13）选用水泵应与冷却塔配套，保证流量、扬程等工艺要求。

14）当选择多台冷却塔的时候，尽可能选用同一型号。

10.3 冷却塔的施工组织设计

施工组织设计是安排施工的技术经济性文件，是指导工程施工的主要依据之一。在工程建设的主要组成部分中，施工与安装是建设工程中最基本、最活跃的部分，它是在一定的客观条件下，有计划地对劳动力、材料、机具进行综合使用过程的全面安排。编制施工组织设计是为了多快好省地进行建设，精密地计算人力、物力，采用技术先进、经济合理的施工方法和技术组织措施，选定最有效的施工机具和劳动组织，按照最合理的施工程序，保证在合理的工期内将工程建成投产。

10.3.1　冷却塔施工组织设计编制的依据

1）主管机构、建设单位、监理单位对工程的要求。

2）国家现行的有关施工规范、标准、规程、定额等。

3）设计文件、施工图、安装说明书、标准图、图样会审记录。

4）工程承包合同。

5）施工组织总设计的要求。

6）施工企业的机具水平、施工队伍素质和技术水平。

7）施工材料、成品、半成品供应情况。

8）施工现场条件，如地形、气象、场地、交通运输、水电供应和土建条件等。

9）类似工程的施工组织设计资料。

10）施工机械、精密量具、特殊材料等技术手册。

10.3.2　冷却塔施工组织设计的内容

施工组织设计分为单位工程施工组织设计、单位工程群施工组织设计、全工地施工组织设计和区域性施工组织设计。

单位工程是指单个构筑物或管道工程。以给排水工程为例，泵房、水塔、水池、给水管道、排水管道等均称为单位工程。多个单位工程结合在一起则称为单位工程群。冷却塔工程施工是单位工程。单位工程或单位工程群施工组织设计，是根据施工图设计阶段的设计图样和有关说明编制的，其内容一般包括以下几方面：

1）根据管道工程的特点和工程量，选择最佳的施工方法及组织技术措施，进行施工方案的技术经济比较，确定最佳方案。

2）根据建设单位的工期要求，确定施工延续时间和开工与竣工日期，确定合理的施工顺序，安排施工进度计划。

3）进行施工任务量计算，确定施工所需的劳动力、材料、成品或半成品的数量，以及施工机械、施工现场保管方法。

4）施工工地的平面布置。确定材料的堆放、机具的安装、人员的休息等地点。冷却塔施工具有工序衔接紧，预制、现浇、吊装交叉作业，高空作业量大，施工人员和机具集中等特点。因此，在进行施工平面布置时，只有统筹安排，才能避免施工中出现混乱。布置原则是：在满足施工要求的前提下，尽量布置紧凑，少建临时设施，缩短材料和构件的运输距离，有利于现场管理和文明施工，并符合现场安全技术要求。

5）工程施工预算。根据上述内容，冷却塔施工组织设计一般应由下述文件组成：工程概述，施工单位的施工力量及技术资源情况分析，工程量一览表，施工顺序、施工进度计划和施工方法，劳动力需求计划，材料、成品、半成品的需求计划，施工机械、设备、工具需求计划，施工用水、电和其他能源的需求计划，主要技术组织措施，技术经济指标，施工平面图等。

施工组织设计是根据人们对施工与安装客观事物的认识，在施工之前进行编制的。由于事情总在不断变化，当施工组织设计与施工实际不符合时，应根据施工情况随时对施工组织设计进行必要的调整。

10.3.3 冷却塔施工组织设计编制的原则

为满足施工要求，针对冷却塔施工的特点，编制的施工组织设计应解决施工中的关键问题。编制过程中应考虑以下几点：

1）要遵守合同规定的开、竣工期限。

2）合理安排施工程序，大力缩短施工周期。

3）采用工厂化、预制化、装配化施工方法，提高工作效率。

4）制订技术、组织措施要切合实际，讲究实效，有利于现场管理和文明施工。

5）充分考虑协调施工和均衡施工，减少高峰期。

6）制订有力的安全措施，减少事故发生，符合现场安全技术要求。

7）落实季节性施工安排，保证全年施工的连续性。

10.3.4 冷却塔施工组织设计编制的程序

1）施工组织设计编制的程序如图 10-2 所示。

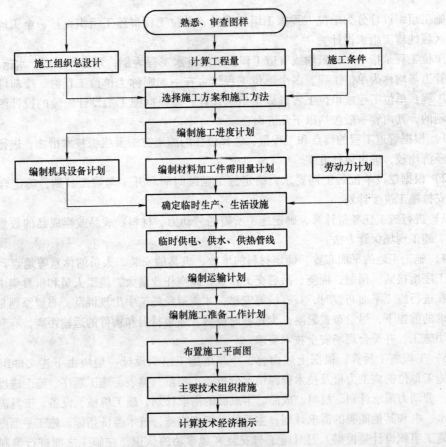

图 10-2 施工组织设计编制的程序

2）施工组织设计用图表，应方便使用，直观简明，尽量减少文字说明。常用的是一图、一表、一案，即施工平面布置图、综合进度计划表及施工方案。

10.4　冷却塔的安装

10.4.1　冷却塔安装时应具备的条件

冷却塔安装前应进行检查，具备下列条件方能安装：

1）冷却塔应安装在通风良好的部位，其进风口与周围的建筑物应保持一定的距离，保证新的空气能进入冷却塔，应避免安装在通风不良和湿空气回流的场合。

2）冷却塔应避免安装在变电所、锅炉等有热源的场所，也应避免安装在粉尘飞扬场所的下风口，且不能布置在煤炭、化学品堆放处，塔体要远离明火。

3）冷却塔的混凝土基础的位置应符合设计要求，其养护的强度应达到安装承重的要求。基础的预埋钢板或预留的地脚螺栓孔洞的位置应正确。冷却塔各基础的标高应符合设计要求，其允许偏差为 ±20mm。

4）冷却塔入风口与相邻建筑物之间的最短距离应大于或等于 1.5 倍塔高，不宜装在腐蚀性气体存在的地方，如烟囱旁及温泉地区等。

10.4.2　冷却塔的安装和施工方法

冷却塔有高位安装和低位安装两种安装形式，安装的具体位置应根据冷却塔的形式及建筑物的布置而定。冷却塔的高位安装是指将其安装在冷冻站建筑物的屋顶上。冷库或高层民用建筑的空调制冷系统普遍采用冷却塔高位安装，这样可减少占用面积。补水过程一般由蓄水池或冷却塔的集水盘中的浮球阀自动控制。

冷却塔的低位安装是指将其安装在冷冻站附近的地面上。其缺点是占地面积较大，一般常用于混凝土或混合结构的大型工业冷却塔。

冷却塔按照不同的规格，又可分为整体安装和现场拼装两种形式。

1. 冷却塔的整体安装

玻璃钢中小型冷却塔一般进行整体安装，在安装过程中应注意下列事项：

1）冷却塔的基础要按设备技术文件要求做好预留、预埋工作，基础表面要求水平，平面度不超过 5/1000。

2）吊装冷却塔时不要使玻璃钢外壳受力，吊装用钢丝绳与冷却塔的接触点应垫上木板。

3）冷却塔就位后应对正找平并安装稳固，注意冷却塔出水管口等部件的方位正确。

4）布水器的孔眼不能堵塞或变形，放置部件需灵活，喷水出口应为水平方向。

5）安装冷却塔的集水池时，安装人员应踩在其加强肋上面，以免损坏集水池。

6）在安装冷却塔的外壳、集水池时，应先穿上螺栓，然后对称地拧紧螺母，防止壳体变形。

在一切都安装就位并确认无变形后，将集水池壳体与螺栓之间的缝隙用环氧树脂密封，防止使用时漏水。另外，由于各种类型的冷却塔填料多采用塑料制品，所以在安装施工中要切实做好防火工作。

2. 冷却塔的现场分装

大型的冷却塔只能现场分装。现场拼装的冷却塔在安装时由三部分组成，即主体的拼装、填料的填充及附属部件的安装。

（1）主体的拼装　冷却塔的主体拼装包括塔支架、托架的安装，以及塔下体、上体的拼装两大部分。拼装时应注意下列事项：

1) 塔体主柱脚与基础预埋钢板或地脚螺栓连接，并找平找正，使之牢固稳定。各连接部位的紧固件应采用热镀锌或不锈钢螺栓和螺母。

2) 各连接部位的紧固件的紧固程度应一致，达到接缝严密、表面平整。集水盘拼缝处应加密封垫片或糊同质材料以保证严密无渗漏。

3) 冷却塔安装后，单台的水平度、垂直度允许偏差为 2/1000。钢构件在安装中所有焊接处应做防腐处理。冷却塔的主体安装过程中的焊接，要有防火安全技术措施，特别是填料装入后应禁止焊接。

(2) 填料的填充　填料片要求亲水性好、安装方便、不易阻塞、不易燃烧。若使用塑料填料片，宜采用阻燃性良好的改性聚氯乙烯。

填料安装时要求间隙均匀，上表面平整，无塌落和叠片现象，填料不得有穿孔破裂现象。填料片最外层应与冷却塔内壁紧贴，片体之间无空隙。

下面介绍几种常用的薄膜式填料的安装方法：

1) 蜂窝填料可直接架在角钢或扁钢支架上，也可直接架于混凝土支架上。

2) 点波填料的安装方法有框架穿针法和黏结法两种。框架穿针法是用铜丝或镀锌钢丝正反穿连点波片，组成一个整体后再装入角钢制成的框架内，并以框架为一个安装单元。黏结法是将过氯乙烯清漆涂于点波片的点上，再点对点粘好，每粘 40~50 片用重物压 1~1.5h 方可粘牢。组成的框架单元可直接架在支撑梁、架上。

3) 斜交错填料的安装方法与点波填料相同，其单元高度为 300~400mm，安装总高度为 800~1200mm。

(3) 附属部件的安装　冷却塔附属部件包括布水装置、通风设备、收水器及消声装置等。布水装置安装的总原则是做到有效布水和均匀布水。

冷却塔的出水管、喷嘴的方向及位置应正确，布水系统的水平管路安装应保持水平，连接的喷嘴支管应垂直向下，并保证喷嘴底面在同一水平面内。安装布水装置还应注意下列事项：采用旋转布水器布水时，应保证布水管正常运转，布水管管端与塔体间隙为 50mm，布水管与填料间隙大于或等于 20mm，水管开孔方向正确，孔口光滑，旋转时无明显摆动。采用喷嘴布水时，要减少中空现象。横流冷却塔采用池式布水，配水槽应水平，孔口应光滑，最小积水深度为 50mm。

安装冷却塔通风设备时应注意以下事项：

1) 安装轴流风机时应保证风筒的圆度和喉部尺寸。

2) 在安装风机齿轮箱和电动机前，应先检查各部件是否损坏，安装时必须对底座进行找平。

3) 应对各部件的连接件、密封件进行检查，不应有松动现象。

4) 对于可调整角度的叶片，其角度必须一致，而且叶片顶端与风筒内壁的径向间隙应均匀。

10.4.3　安装冷却塔时应注意的问题

安装冷却塔时应注意以下问题：

1) 按施工设计选择冷却塔的型号，按厂家样本的基础尺寸进行基础施工。基础标高应符合设计的规定，允许误差为 ±20mm。

2) 冷却塔安装应平稳，地脚螺栓的固定要牢固，各连接部件应采用热镀锌或不锈钢螺栓，其紧固力应一致、均匀。冷却塔安装应水平，单台冷却塔安装水平度和垂直度允许偏差为 2/1000。同时，安装冷却水系统的多台冷却塔时，各台冷却塔内的水面高度应一致，高差不应大于 30mm。

3）安装中央进水管时，一定要保证布水管位于冷却塔的中心，进水管要垂直，这样才能保证布水管处于水平位置。

4）冷却塔的出水管口及喷嘴的方向和位置应正确，集水盘应严密无渗漏现象，布水应均匀。带转动布水器的冷却塔，其转动部分必须灵活，喷水出口宜向下与水平面成 30°角，且方向一致，不应垂直向下。

5）玻璃钢冷却塔和采用塑料制品作填料的冷却塔，安装时应严格执行防火规定。

6）冷却塔风机叶片端部与塔体四周的径向间隙应均匀。对于可调整角度的叶片，叶片角度应一致。

10.5　冷却塔的调试和试运转

10.5.1　冷却塔起动前的检查与准备工作

在冷却塔停用时间较长，准备重新使用前（如在冬、春季不用，夏季又开始使用），或是在全面检修、清洗后重新投入使用，起动前应进行必要的检查与准备工作。准备起动前应检查以下内容：

1）冷却塔整台安装是否牢固，检查所有连接螺栓的螺母是否松动，特别是风机系统部分。

2）冷却塔均放置在室外暴露场所，而且出风口和进风口都很大，难免会有杂物在停机时从进、出风口进入冷却塔内，因此要予以清除。开启水泵排污阀门，扫清下塔体集水盘内的泥尘、污物等杂物；冲洗进水管道及塔体各部件，以免杂物堵塞水孔。

3）检查布水器转动是否灵活，布水管锁紧螺母是否拧紧。拨动风机叶片，检查其旋转是否灵活，是否与其他物件相碰，叶片与塔体内壁的间隙是否均匀一致，各连接螺栓是否松动。调整风机，使风机叶片角度一致，与塔体外壳间隙均匀。在风机转动时，检查电动机转动是否灵活，电动机接线是否防水密封，检查电源是否正常，防止使用时超过电动机的额定工作电流。

4）开启手动补水管的阀门，与自动补水管一起将冷却塔集水盘（槽）中的水尽量注满（达到最高水位），因冷却塔填料由干燥状态到正常润湿工作状态需耗大量的水。自动浮球阀的动作水位应调整到低于集水盘（槽）上沿边 25mm（或溢流管口 20mm）处，或按集水盘（槽）的容积为冷却水总流量的 1%～1.5%确定最低补水水位，在此水位时能自动控制补水。

5）如果使用带减速装置，要检查带的张紧度是否合适，几根带的张紧度是否相同；如果使用齿轮减速装置，要检查齿轮箱内润滑油是否充满到规定的油位，如果油不够，要补加到位。

6）检查集水盘（槽）是否漏水，各手动水阀是否开关灵活并设置在要求的位置上。

7）起动时，应点动风机，看其叶片在俯视时是否为顺时针转动，风是否为由下向上吹，如果方向不对，应调整。然后，短时间起动水泵，看圆形塔的布水装置（又叫配水、洒水装置）在俯视时是否为顺时针转动，转速是否在冷却水量所对应的范围之内，因为转速过快会降低转头的寿命，而转速过慢又会导致洒水不均匀，影响散热效果，如果不在相应的范围就要进行调整。布水管上出水孔与垂直面的角度是影响布水装置转速的主要原因之一，通常该角度为 5°～10°，通过调整该角度即可改变转速。此外，出水孔的水量（速度）也会影响转速。根据作用与反作用原理，出水量（速度）大，则反作用力就大，因而转速就高，反之转速就低。

8）短时间起动水泵时还要注意检查集水器（槽）内的水是否会出现抽干现象。因为冷却水塔在间断了一段时间再使用时，洒水装置流出的水首先要使填料润湿，使水层达到一定厚度后，才能汇流到塔底部的集水盘（槽）。在下面的水陆续被抽走，上面的水还未落下的短时间内，集水盘（槽）中的水不能干，以保证水泵不发生空吸现象。

10.5.2　冷却塔的试运转

在试运转前应做以下准备工作：

1）清扫冷却塔内的夹杂物和尘垢，并用清水冲填料中的灰尘和杂物，防止冷却水管或冷凝器等堵塞。

2）冷却塔和冷却水管路系统供水时先用水冲洗排污，直到系统无污水流出。在冲洗过程中不能将水通入冷凝器中，应采用临时的短路措施，待管路冲洗干净后，再将冷凝器与管路连接。管路系统应无漏水现象。

3）检查自动补水阀的动作状态是否灵活准确。

4）对冷却塔内的补给水、溢水的水位进行校验，使之达到准确无误，防止水源损失。

5）将横流式冷却塔配水池的水位以及逆流式冷却塔旋转布水器的转速等，应调整到进水量适当，使喷水量和吸水量达到平衡的状态。

6）确定风机的电动机绝缘情况及风机的旋转方向，必须达到电动机的控制系统动作正确。

冷却塔试运转时，应检查风机的运转状态和冷却水循环系统的工作状态，并记录运转情况及有关数据，若无异常现象，连续运转时间不应少于 2h。

1）检查喷水量和吸水量是否平衡，并观察补给水和集水池的水位等运行状况，应达到冷却水不跑、不漏的良好状态。

2）检查布水器的旋转速度和布水器的喷水量是否均匀，若发现布水器运转不正常，应暂停运转，待故障排除后再运转进行考核。

3）测定风机的电动机起动电流和运转电流值，并将运转电流控制在额定电流范围内。

4）运行时，冷却塔本体应稳固无异常振动，若有振动，则应查出使冷却塔产生振动的原因。用声级计测量冷却塔的噪声，其噪声应符合设备技术文件的规定。

5）测量冷却塔出入口冷却水的温度。如果冷却塔与空调制冷设备联合运转，可由冷却塔出入口冷却水的温度分析冷却塔的冷却效果。

6）测量风机轴承的温度，应符合设备技术文件的要求和验收规范对风机试运行的规定。

7）检查喷水的偏流状态。

8）检查冷却塔正常运转后的飘水情况，若有较大的水滴出现，应查明原因。

在冷却塔试运转过程中，管道内残留的及随空气带入的泥沙、尘土会沉积到集水池底部，因此试运转工作结束后，应清洗集水池，并清洗水过滤器。冷却塔试运转后若长期不使用，应将循环管路及集水池中的水全部放出，防止形成污垢和或气温低时冻坏设备。

10.5.3　冷却塔的维护管理

冷却塔长期在室外条件下运行，工作环境差，加强其运行管理不仅可以提高冷却塔的热湿交换效果，而且对实现冷却塔节电、节水的经济运行和延长其使用寿命有重要意义。

1. 排污

开放式冷却塔使用多年后，热交换材料之间的堵塞是风量降低和冷却能力降低的原因。当空气流过水膜充填材料的水流表面时，水被蒸发浓缩，在表面产生不纯物；水质等原因也会在其表面上产生水垢等，将堵塞空气通道，增加空气阻力，降低空气流量。堵塞的程度与循环水的水质与温度，补水的质与量，所使用水处理剂的情况，清扫（含药品洗净）的次数和阳光的照射等有关。当空调冷却塔采用不处理的市政水作为循环水和补水时，运行 11 年后，冷却水温度的升高将会使制冷机高压升高，降低制冷能力。

保持规定风量是使冷却塔性能不变的必要条件。防止风量降低的措施是对冷却塔进行维护管理，包括冷却水的水处理和排污等水质管理。排污的方式大致上可分为与水质无关，将排污量控制到一定值的方式，以及通过电导率、pH 值调节器等传感器连续地检测水质，从而适应水质要求的自动排污方式。定量排污存在水的无效利用的溢流浪费、排污不够和不能根据运行条件改变而变化等问题。自动排污能解决以上问题。冷却塔的排污方法见表 10-2。

表 10-2　冷却塔的排污方法

序号	项　　目	方　　法
1	溢流排污	从溢流排污管排污，且人为地进行补水
2	安装排污管	在水槽或冷却塔内安装排污管连续排污
3	安装排污开关	在循环泵的排水管上安装压力开关进行排污
4	安装时间开关和电磁阀	在冷却水管道上安装排污管和电磁阀，与时间开关连动间歇排污
5	采用电导率调节器的自动排污	通过能连续地检测冷却水水质的电导率调节器进行自动排污的方式
6	采用 pH 值调节器的自动排污	将冷却水的 pH 值设置在某范围内，通过 pH 值调节器进行自动排污的方式
7	采用 pH 值、电导率调节器的自动排污	5 项和 6 项的结合
8	其他	包括自动排污装置、防腐剂自动注入装置等连动装置

2. 冷却塔的保养检修

冷却塔的保养检修内容包括检查并清洁喷淋头，清洗风扇电动机的叶轮、叶片，整理填料等。

（1）冷却塔喷淋头（喷嘴）的检修保养　冷却塔喷淋头的检修清洗方法有两种。一种为手工清洁，其方法是：将喷嘴拆开，把卡在喷嘴芯里的杂物取出来，用清水洗刷后再组装成套。在操作中要小心，不要损伤螺纹。第二种方法是化学清洗，其方法是：将喷嘴浸入 20% ~30% 的硫酸水溶液中，浸泡 60min，喷嘴中的水垢和污垢可全部清除，然后再用清水对喷嘴清洗两次，直到清水的 pH 值为 7 时为止，以防冷却水将喷嘴中酸性物质带入系统而造成管道的腐蚀加剧。

化学清洗后废酸液不可直接排入地沟，应向废酸液中加入碳酸钠进行中和，使其 pH 值接近 6.5 ~7.5 时再进行排放。

在清洗、检修喷嘴的同时，也应进行喷淋管的清洁和防腐处理，其方法是：每年停机后应立即对其进行除锈涂装，尤其对装配喷嘴的丝头，可采用喷明漆涂刷，不能用油脂，以防油脂污染冷却水。在每年的维修保养工作中切不可忽视对喷嘴丝头的防腐处理，否则，一两年以后，在运行期间喷嘴会脱落，使喷淋水呈柱状倾泻而下，把填料砸成碎片，落入冷却水中，严重时会堵塞冷却水管道。

（2）冷却塔风机叶轮、叶片的检修保养　由于冷却塔风机叶轮、叶片长期工作在高湿环境下，因此，其金属叶片腐蚀严重。为了减缓腐蚀，每年停机后应立即将叶轮拆下，彻底清除腐蚀物，并做静平衡校验后，均匀涂刷防锈漆和酚醛漆各一次。检修后应将叶轮装回原位，以防变形。

在机组停机期间，冷却风机的大直径玻璃钢叶片很容易变形，尤其是在冬季，大量积雪会使叶片变形严重。解决这个问题的方法是：停机后将叶片旋转 90°，使叶片垂直于地面。若将叶片拆下分解保存，应分成单片平放，切不可堆置。

在冬季冷却塔停止使用期间，有可能发生冰冻现象时，要将冷却塔集水盘（槽）和室外部分的冷却水系统中的水全部放光，以免冻坏设备和管道。

10.5.4　冷却塔在安装与运行过程中常见问题分析

冷却塔在运行过程中的常见问题及其原因分析与排除方法见表 10-3。

表 10-3　冷却塔在运行过程中的常见问题及其原因分析与排除方法

常见故障	原因分析		排除方法
出水温度过高	1. 循环水量过大 2. 布水管部分出水孔堵塞造成偏流 3. 进出空气不畅或短路 4. 通风量不足 5. 进水温度过高 6. 吸排空气短路 7. 填料部分堵塞造成偏流 8. 室外湿球温度过高		1. 调整阀门到合适水量或更换容量匹配的冷却塔 2. 清除堵塞物 3. 查明原因，进行改善 4. 参见本表"通风量不足"栏 5. 检查冷水机组方面的原因 6. 改善空气循环流动为直流 7. 清除堵塞物 8. 减小冷却水量
通风量不足	风机转速降低	1. 传动带松动 2. 轴承润滑不良	1. 调整电动机位使传动带张紧或更换带 2. 加油或更换轴承
	1. 风机叶片角度不合适 2. 风机叶片破损 3. 填料部分堵塞		1. 调至合适角度 2. 修复或更换叶片 3. 清除堵塞物
集水盘溢水	1. 集水盘出水口堵塞 2. 浮球阀失灵，不能自动关闭 3. 循环水量超过冷却塔额定容量		1. 清除堵塞物 2. 修复 3. 减少循环水量或更换容量匹配的冷却塔
集水盘中水位偏低	1. 浮球阀开度偏小，造成补水量小 2. 补水压力不足，造成补水量小 3. 管道系统有漏水的地方 4. 冷却过程失水过多 5. 补水管径偏小		1. 将浮球阀开大到合适开度 2. 查明原因，提高压力或加大管径 3. 查明漏水处，堵漏 4. 参见"集水盘溢水"栏 5. 更换补水管
布配水不均匀	1. 布水管部分出水孔堵塞 2. 循环水量过小		1. 清除堵塞物 2. 加大循环水量或更换容量匹配的冷却塔
配水槽中有水溢出	1. 配水槽的出水孔堵塞 2. 供水量过大		1. 清除堵塞物 2. 调整合适水量或更换容量匹配的冷却塔
有异常噪声或振动	1. 风机转速过高，通风量过大 2. 轴承缺油或损坏 3. 风机叶片与其他部件碰撞 4. 有些部件紧固螺栓的螺母松动 5. 风机叶片螺钉松动 6. 带与防护罩摩擦 7. 齿轮箱缺油或齿轮组磨损 8. 隔水袖与填料摩擦		1. 降低风机转速或调整风机叶片角度，也可更换合适风量的风机 2. 加油或更换轴承 3. 查明原因，排除故障 4. 紧固 5. 紧固 6. 张紧带，紧固防护罩 7. 加够油或更换齿轮组 8. 调整隔水袖或填料
滴水声过大	1. 填料下水偏流 2. 冷却水量过大		1. 查明原因，使其均流 2. 减小冷却水量或集水盘中加装吸声垫

第11章　中央空调防排烟措施与施工技术

11.1　防排烟的意义

现代化的高层民用建筑内，可燃陈设较多，还有相当多的高层建筑使用了大量塑料建材、化纤地毯和用泡沫塑料填充的家具。各种塑料以及其他化工建材等易燃材料作为建筑装饰材料应用，一旦发生火灾，这些可燃物在燃烧过程中就会产生大量的有毒烟气和热，同时还要消耗大量的氧气，易使人窒息、中毒死亡。日本、英国对火灾中造成人员伤亡的原因的统计资料表明，火灾中引起人员伤亡的重要原因之一是热和燃烧产物的毒性作用。一氧化碳中毒致死或被有毒烟气熏死者一般占火灾总死亡人数的40%～50%，最高达65%以上；被火烧死的人当中，也多数是先中毒窒息晕倒后被烧死的。烟气致死人数的比例呈显著增加的趋势，英国对此做过比较：1956年英国火灾死亡人数中仅有20%死于烟气窒息，计110人，1966年上升为40%左右，到1976年则高达50%以上，计480人，20年间所占比例增加了1.5倍。我国也有数起烟气造成群死群伤的案例，这些火灾造成大量人员伤亡的严重后果，无不是由于室内有大量可燃物，燃烧时产生大量浓烟和有毒气体并迅速蔓延，加上没有采取有效的通风排烟技术措施而造成的。

由此可见，火灾中烟气已成为人生命安全最大的威胁因素，提高中央空调防排烟措施具有重要的意义。

11.2　烟气在建筑物内蔓延的规律

要在建筑物内实施有效的防排烟技术措施，必须先掌握烟气在建筑物内的蔓延规律。

1. 烟气在着火房间内的流动规律

着火房间产生的烟气，从起火点向上升腾，当遇到顶棚后向四周水平扩散，由于受到四周墙壁的阻挡和冷却，将沿墙向下流动。烟气不断产生，烟气层将不断加厚，当烟气层的厚度达到门窗开口部位时，烟气会通过开启的门窗洞口向室外和走廊蔓延扩散。如果此时门窗紧闭，烟气层将会继续加厚，随着室温的升高（一般到200～300℃），门窗上的玻璃由于受到热应力的作用而破碎，烟气将从门窗的开口处喷射扩散到室外和走廊。

2. 烟气在走廊内的流动规律

从房间流向走廊的烟气，开始即贴附在天棚下流动，由于受到冷却和跟周围空气的混合，烟气层则逐渐加厚，靠近天棚和墙面的烟气易冷却，先沿墙面下降。随着流动路线的增长和周围空气混合作用的加剧，烟气由于温度逐渐下降而失去浮力，最后只在走廊中心剩下一个球形空间。

3. 烟气沿楼梯间、电梯井及各种竖向井道的流动规律

当室内空气温度高于室外空气温度时，由于室内外空气密度的不同产生浮力，建筑物内上部的压力大于室外压力，下部的压力小于室外压力。当外墙上有开口时，室内空气通过建筑物上部的开口流向室外，室外空气通过建筑物下部的开口流向室内。当室内空气温度低于室外空气温度（如夏季且有空调的建筑物）时，将产生相反的效果。这种现象被称为"烟囱效应"。室内外温差越大，火灾蔓延就更加迅速。当发生火灾时，室内温度上升很快，室内外的温差加大，由于"烟囱效应"，烟气垂直向上的速度可达3～4m/s，100m的建筑物，大约只要0.5min烟气就

可以从底部蔓延到顶部。

11.3 防排烟的途径

应从减少烟气的产生、控制烟气的蔓延、及时地消除烟气等方面来考虑降低烟气对人的危害。

1. 减少烟气的产生

烟气是可燃（B2 级）材料燃烧的产物。建筑物的耐火等级应为一、二级，其承重构件应采用不燃材料，非承重构件也应采用不燃材料，仅条件非常困难时可采用少量可燃材料。在室内装修时，应尽量采用不燃（A 级）或难燃（B1 级）材料，特别是顶棚应采用不燃装修材料。顶棚材料燃烧性能应高于墙面材料燃烧性能，墙面材料燃烧性能应高于地面材料燃烧性能。一般规定楼梯间的装修材料应采用 A 级；门厅和走道的顶棚应采用 A 级材料，其墙面和地面的装修材料应不低于 B1 级。对可燃材料（如木质材料、纺织物）应做阻燃处理；使用的电气线路应选用低卤类绝缘线缆；对有机物材料（如塑料）应进行抑烟剂技术处理，以减少烟气的生成量和毒性。

2. 控制烟气的蔓延

根据消防技术规范要求，在建筑物的水平方向应设置防烟分区，防烟分区不得跨越防火分区，面积不超过 $500m^2$，采用梁、防烟垂壁（高度不应小于 500mm）、隔墙等围护设施将烟气临时控制在一定区域内，阻挡烟气在水平方向迅速蔓延；每层管道井、电缆井、玻璃幕墙与外墙之间的空隙应采用防火堵料进行封堵，使烟气不能自下而上自然流动；电梯井、楼梯间应设置前室、封闭楼梯间，入口设置向疏散方向开启的防火门，阻隔空气流动路径，以减少"烟囱效应"，防止烟气迅速进入。

3. 及时消除烟气

在房间、内走道、楼梯间的外墙上设置可开启窗户，窗户面积不应小于房间面积的 5%、走道面积的 2%，靠外墙的楼梯间每五层内可开启外窗面积不应小于 $2m^2$，如果能保持室内空气流动，烟气就能自然排出。若房间、内走道没有自然通风排烟条件，则应增设机械排烟设施，排烟量应按防烟区面积每平方米大于或等于 $60m^3$ 计算（当排烟风机负担两个以上防烟分区时，应按最大防烟区面积每平方米不小于 $120m^3$ 计算）；排烟口应设置在顶棚下或墙上侧，不应紧靠出口，以及时排除烟气。自然或强制排烟系统经常被用于控制烟气，使之保持在一定高度，从而使在烟气下面逃生成为可能。不具备自然排烟条件或建筑高度超过 50m 的一类公共建筑和建筑高度超过 100m 的居住建筑的楼梯间及前室应设置机械送风防烟设施，用于增大楼梯间及前室内气压，与走道形成一个气压差，以阻止烟气从内走道渗入，使人们能够从无烟的楼梯间到达室外地面。

4. 正压防烟

加压送风防烟的原理是：在火灾发生时，采用机械送风系统向需要保护的地点（如防烟楼梯间及其前室、消防电梯前室、走道等）快速输送大量新鲜空气，从而形成局部正压区域，使烟气不能侵入，并将非正压区内的烟气排走。设置加压送风的目的是使楼梯间或前室形成正压，这样，火灾时所产生的烟气才不能进入楼梯间或前室。

11.4 机械排烟的施工方法与技术措施

11.4.1 机械排烟方式

机械排烟可分为局部排烟和集中排烟两种。局部排烟是指在各个房间内设置风机进行排烟。它适用于不能设置竖风道的空间或旧有建筑物。由于这种方式投资高，而且排烟风机分散，维修也麻烦，所以较少采用。集中排烟是指将建筑物分为若干个分区，在每个分区内设置排烟风机，通过风道排出各房间的烟气。集中排烟是目前普遍使用的排烟方式。采用机械排烟时，由于把整个建筑物划分成哪种形式的排烟系统，直接对设备费和排烟效果产生很大影响，因此要充分考虑排烟系统的划分。

进行排烟系统划分时，应考虑以下几点：

（1）建筑面积　当中央空调工程的建筑面积非常大，且排烟分区在平面上涉及范围很广时，可将排烟分区划分成几个系统，并将竖风道分散为几处，尽量缩短水平风道。这样不仅排烟效果好，而且经济。

（2）疏散设计　对重要的疏散通路必须进行排烟，以保证其安全。

（3）垂宜分区　在超高层或高层建筑中，若把排烟竖风道作为一个系统，则由于抽风作用，风机有超负荷的危险，因此希望分成上下数个系统，但将上层烟气引向下层的风道布置方式是不能采用的，如图 11-1 所示。

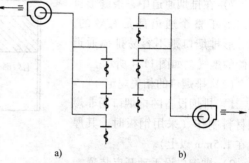

图 11-1　风道和排烟风机的位置关系
a) 可采用　b) 不可采用

11.4.2　排烟风量

1. 排烟风量的确定

在机械排烟方式中，担负 1 个防烟分区时，单位排烟风量规定为 $60m^3/(h \cdot m^2)$，单台排烟风机的容量不应小于 $7200m^3/h$；担负 2 个防烟分区时，单位排烟风量规定为 $120m^3/(h \cdot m^2)$，应按最大的防烟分区面积确定，由于排烟分区的最大面积为 $500m^2$，因此其分区的最大风量也就为 $60000m^3/h$。

考虑到排烟风量从风道或其他排烟口的泄漏，最好留有一定富余量。但是，富余量过大也没有必要。

2. 排烟风量的平衡

如果已确定了各排烟分区的排烟风量，那么就必须建立一条与此风量相等的室外空气供给通道。没有补给空气通道的密闭房间的排烟效果不稳定，也不可能进行有效的排烟。

同一个排烟系统中的排烟分区大小，对于 $500m^2$ 以下的建筑没作规定，因此任何一个排烟系统中，均有接近 $500m^2$ 的大分区和数十平方米的小分区。这样一来，由于排烟口之间的位置关系不合理，风机即有超负载的危险或有引起压力波动的危险。当 2 个以上的排烟口同时开启时，即会存在不能完全排烟的排烟口。另外，由于作用在风道内的静压非常低时会引起风道变形，因此希望同一系统的排烟分区面积尽可能相等，每个分区的排烟风量不要差异太大。

11.4.3　排烟口

（1）排烟口的安装位置及尺寸　安装排烟口时必须注意下列几点：

1）排烟口与该排烟分区的任何部分间的距离必须在 30m 以内。

2）排烟口必须设置在距顶棚 80cm 以内的高度上。但是，距顶棚高度超过 3m 以上的建筑物或建筑物中局部排烟口时，可设在距地面 2.1m 以上且为地面与顶棚之间高度 1/2 以上的墙面上，如图 11-2 所示。

3）排烟口要求尽量安装在较高的位置。

4）为防止烟气外溢，需在开口位置的上部安设防烟幕墙，如图 11-3 所示。

5）虽然排烟口的尺寸没有给出标准，但是要求有效开启部分的排风速度低于 10m/s，排风速度越高，排出气体中空气所占的比率越大。另外，排烟口的最小开口面积应当限制在 $400cm^2$ 左右。

6）同一分区内设置数个排烟口时要求做到一个排烟口开启时，其他排烟口也能联锁开启，此时排烟分区的排烟量取各排烟口排烟量之和为宜。

7）在排烟通道中，条缝形排烟口对于整个通道都是有效的，而方形排烟口则不容易排掉通道两侧的烟气，如图 11-4 所示。

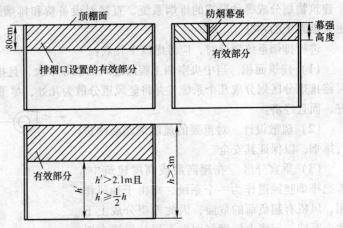

图 11-2　排烟口设置的有效高度

（2）排烟口的相关规定

1）排烟设备的排烟口用非燃烧材料制作（采用钢板时，其厚度在 1.5mm 以上）。

2）排烟口设手动开启装置。

3）在排烟口需设手动开启装置或与烟感器联锁的自动开启装置，也可设置远距离控制的开启装置等。其中，后一种装置除依靠开启装置将其打开外，平时需一直保持闭锁状态，而且开放时不用担心伴随烟产生的气流将其关闭。此外，还可设置其他类似的装置。

4）随着排烟口的开启，排烟风机自动起动。

5）高度超过 31m 的建筑或总面积超过 $1000m^2$ 的地下隧道，其排烟设备的控制和运行状况的监视，应能在消防控制中心进行。

图 11-3　防烟幕墙和排烟口的位置

（3）排烟口必须具备的性能

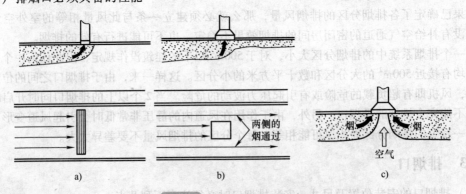

图 11-4　排烟口的吸入状态
a）条缝形排烟口　b）方形排烟口　c）排风风速高的情况

1）手动开启装置用 98N 的力即可开启。

2）活动部件、旋转部件不能采用因生锈而不能动作的材料。

3）维护管理方便，开启试验后容易复位。

4）排烟口和风道的连接部分应保持严密。

5）漏风量少，最好在设计时即能知道它的漏风量。

6）在加有较大风机静压时，单翼式排烟口存在打不开的危险性，设计时应予以注意。

7）多翼式排烟口的安装示例如图 11-5 和图 11-6 所示。

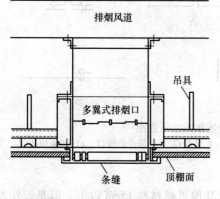

图 11-5　多翼式排烟口的安装示例

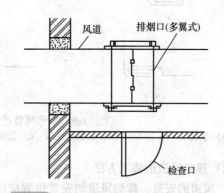

图 11-6　在风道中安装多翼式排烟口示例

8）排烟口的手动开启装置如图 11-7 所示。其必须设置在距地面 0.8 ~ 1.5m 处。

9）排烟口操作位置应根据疏散流动线确定，要求设置在疏散门的附近。

10）如果设置场所为人员活动范围，从排烟口下端至地面的高度最好确保在 1.8m 以上，若在 1.8m 以下，排烟口的形状考虑长方形。

11.4.4　排烟风道

（1）排烟风道的结构　根据规定，排烟风道的结构应该是金属材料或石棉类材料的烟囱，并且排烟风道敷设在屋架、顶棚、楼板内的部分要用非金属、非燃烧材料覆盖。另外，排烟风道的厚度见表 11-1。由于排烟风道的静压一般都较高，因此风道的构造要求牢固。对风道的制作有如下要求。

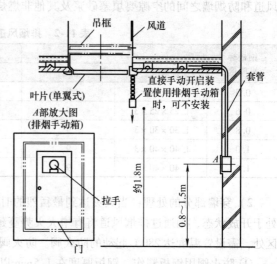

图 11-7　排烟口和手动开启装置的设置示例

1）采用图 11-8 所示的矩形风道的咬口连接方式。

2）风道采用法兰连接。

3）垂直于气流方向的金属板接缝，要在气流方向侧做单咬口接缝。平行于气流方向的金属板接缝，如果不能以标准板材下料，内部可用单咬口接缝。

表 11-1　排烟风道的厚度（镀锌钢板制）

（单位：mm）

钢板标准厚度	风道长边
0.8	≤450
1.0	450 ~ 1200
1.2	>1200

4）与排烟风机的连接，不采用有挠度的接管，要用法兰连接。

5）保温材料根据日本工业标堆 JISA9504 采用石棉材料时，保温层厚度为 25mm 以上，或者根据 JISA9505 采用玻璃纤维材料时，保温层厚度为 25mm 以下（两者密度均为 0.003g/cm³ 以上）。

6）采用混凝土砌块或石棉风道时，由于连接部分漏泄量很大，因此施工时需要十分注意，采用砌块时必须用砂浆抹光。

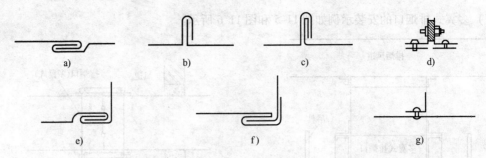

图 11-8 矩形风管咬口和法兰连接方法示意图

a) 单咬口 b) 立咬口 c) 加强立咬口 d) 连接用法兰 e) 角咬口 f) 联合角咬口 g) 加强用法兰

(2) 排烟风道的施工方法

1) 风道的安装：排烟风道的安装位置应距木材及其他可燃材料 15cm 以上。但是，外表面包有厚度在 10cm 以上非金属非燃烧材料的排烟风道不包括在内。另外，当风道穿过防烟墙时，风道和防烟墙之间的空隙要填塞砂浆及其他非燃烧材料。排烟风道的支吊架规格见表 11-2。

表 11-2　排烟风道的支吊架规格　　　　　　　　　　　　（单位：mm）

钢板标准厚度	吊　架			支　架	
	角钢	圆钢	最大间距	角钢	最大间距
0.5	L 25 × 25 × 3	9	3000	L 25 × 25 × 3	3600
0.6	L 25 × 25 × 3	9	3000	L 25 × 25 × 3	3600
0.8	L 30 × 30 × 3	9	3000	L 30 × 30 × 3	3600
1.0	L 40 × 40 × 3	9	3000	L 40 × 40 × 3	3600
1.2	L 40 × 40 × 5	9	3000	L 40 × 40 × 5	3600

2) 穿墙部分的处理：当火灾达到最猛烈的时候，在已经不需要排烟的各点，如果排烟风道处于开放状态，则通过排烟风道将有增大火势蔓延的危险。因此，排烟风道穿过防烟墙或竖井分区处，需设置温度达 280℃ 起动的防火阀。防火阀及设置标准如下：

① 防火阀用钢板制作，钢板厚度在 1.5mm 以上。

② 关闭时，某些缝隙不会产生防火上的故障。

③ 不因加热而发生显著变形。

④ 使用在阀门上的弹簧、轴承及其他可动部分应采用耐蚀材料。

⑤ 由于火灾时风道下落，其重量加在防火墙的穿墙处，阀门向下滑移，使其防烟防火性能受到影响，因此防火阀门必须牢牢地固定在墙壁上。

⑥ 防火阀门的套管采用厚度在 1.5mm 以上的钢板制作防火阀的安装如图 11-9、图 11-10 所示。

⑦ 为便于检查阀门，在顶棚、墙壁等处设置检查口。检查口的尺寸，设在顶棚面时，每边长在 30cm 以上；设在墙壁面时，每边长在 5cm 以上。

⑧ 在风道上设置检查口，以便能了解叶片的开闭和动作状态。

⑨ 防火墙至队火阀门的风道，应制作厚度在 10mm 以上的钢丝网灰浆耐火保护壳，或使用厚度在 1.5mm 以上的钢板制作，使其形成遇热不易变形的结构。

⑩ 风道穿过防火墙部分要仔细地埋设，做到烟气或火焰不漏入其他单元。另外，风道竖井穿过各层楼板时，楼板缝也要堵牢。

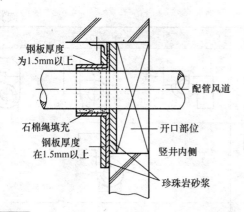

图 11-9　穿过竖井壁（防火分区的情况）参考例

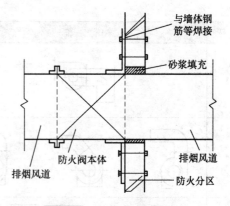

图 11-10　防火阀安装参考例

11.4.5　排烟风机

作为排烟使用的送风机，一般有多翼型、双曲线型、机翼型、轴流型等。应按要求选择适合于排烟系统的送风机。

虽然对排烟风机的耐热性没有规定，但是根据建筑物的规模等，应使排烟风机从火灾开始后能够连续运转 30min 以上。根据试验结果，即使一般送风机，温度达到 280℃ 时也能运转 30min。从耐热性来看，离心式风机比轴流式风机好。在使用轴流式风机的场合，最好使用电动机装置位于外部的轴流式风机，并且电动机最好在侧面，或采用带有空气冷却装置的风机。

对排烟风机本身的隔热没有要求，若设置排烟风机的场所为耐火结构，排烟风机放出热量也不会发生事故，则可以不做隔热处理。

（1）排烟风机的设置方法　排烟风机应设置在排烟系统最高排烟口的上部，并设在防火分区的机房内。排烟风机外壳与墙壁或其他设备间最少应有 600mm 以上的维修距离，如图 11-11 所示。

（2）排烟风机与风道的连接方式　如果排烟风机与风道连接方式不当，排烟风机的能力将显著下降，因此必须认真考虑排烟风机与风道的连接方式。排烟风机与风道的连接方式见表 11-3。排烟风机入口与风道的连接

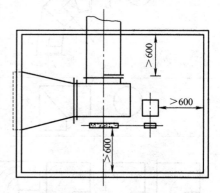

图 11-11　排烟风机的设置示例

方式见表 11-4。若连接不对，风机的性能将显著下降，因此应予以充分注意。当不得已采取的连接方式引起性能降低时，选择风机时应留有一定余量。

表 11-3　排烟风机和风道的连接

序号	正　　确	错　　误
1		
2		

（续）

序号	正　确	错　误
3		
4		
5		

表 11-4　排烟风机吸入口接管形式对风量的影响（不包括摩擦阻力）

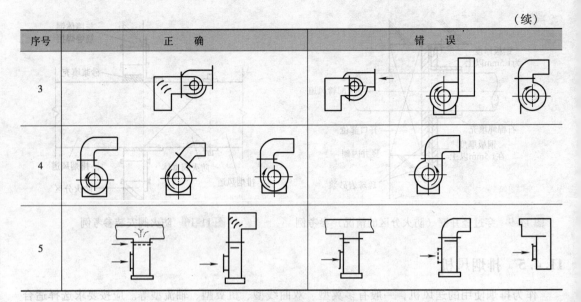

吸入口弯头形状			无补偿时的风量减少量	补偿风量所需静压增加量
		$\frac{R}{D} = 0.5$	12%	12%
	4 节弯头	$\frac{R}{D} = 1.0$	12%	12%
		$\frac{R}{D} = 2.0$	12%	12%
		$\frac{R}{D} = 6.0$	12%	12%
	圆直角弯头			42%
		无导流叶片	—	45%
	正方形断面	A	8%	18%
		B	6%	13%
		C	5%	11%
		D	4%	9%
	圆—方—圆		8%	18%
	$\frac{H}{W} = 0.25$	$\frac{R}{W} = 0.5$	7%	15%
		$\frac{R}{W} = 1.0$	1%	9%
		$\frac{R}{W} = 2.0$	4%	9%

（续）

吸入口弯头形状			无补偿时的风量减少量	补偿风量所需静压增加量
	$\dfrac{H}{W} = 1.0$	$\dfrac{R}{W} = 0.5$	12%	30%
		$\dfrac{R}{W} = 1.0$	5%	11%
		$\dfrac{R}{W} = 2.0$	4%	9%
	$\dfrac{H}{W} = 4.0$	$\dfrac{R}{W} = 0.5$	15%	39%
		$\dfrac{R}{W} = 1.0$	8%	18%
		$\dfrac{R}{W} = 2.0$	4%	9%

无导流叶片的矩形弯头的所有情况都等间距地装设三片导流叶片，间距均为弯头长度的 1/3。例如，风量由 12% 减少至 4%，补偿静压由 30% 减少至 10%

角度变化在 30°范围内，因形状变化而产生的阻力损失可忽略不计

11.5　机械防排烟的施工方法与技术措施

11.5.1　加压送风防排烟的技术措施

目前的高层民用建筑广泛采用加压送风防烟措施。规范规定，下列部位应设置独立的机械加压送风防烟系统：

1）不具备自然排烟条件的防排烟楼梯间、消防电梯间前室或合用前室。

2）采用自然排烟措施的防排烟楼梯间及不具备自然排烟条件的前室。

加压送风防排烟系统可以认为由三个部分组成：一是对加压空间的送风；二是加压空间的漏风；三是非正压部分的排风（烟）。该系统的运行方式可分为两种：一种是单级，即只在发生火灾时投入运行，平时则处于停机备用状态；另一种是双级，即在平时结合正常通风的需要，对空间保持低水平的送风，当火灾发生时提高至要求的加压水平。

防排烟楼梯间、消防电梯间、前室及合用前室加压送风系统见表 11-5。

表 11-5　防排烟楼梯间、消防电梯间、前室及合用前室加压送风系统

序号	加压送风系统	图　示
1	仅对防排烟楼梯间加压送风时（前室不加压）	
2	对防排烟楼梯间及前室分别加压	

（续）

序号	加压送风系统	图 示
3	对防排烟楼梯间及有消防电梯的合用前室分别加压	
4	仅对消防电梯的前室加压	
5	当防排烟楼梯间具有自然排烟条件时，仅对前室及合用前室加压	

11.5.2　加压送风防排烟系统的施工要点

1. 加压送风防排烟系统的组成

加压送风防排烟系统主要由送风机、送风口和风道组成。

2. 加压送风防排烟系统部分的施工

（1）送风机　可以选用普通中低压离心式风机或高压头轴流风机。其风量由上述计算结果再附加风道漏风系数确定；其压头除需克服风道内空气流动阻力（按最不利条件计算）外，还需考虑防烟区域的正压值（25～50Pa）。送风机放置在天面、地下室或中间设备层均可。置于地下室或中间设备层时，需保证其新鲜的空气源；置于天面时，要注意和天面排烟出口的距离，不得使排出的烟气短路进入加压送风系统。

（2）送风口　防排烟楼梯间的加压送风口宜每隔2～3层设一个，风口应采用自垂式百叶风口或常开式百叶风口。当采用常开式百叶风口时，应在加压风机的压出管上设置止回阀。

前室的送风口应每层都设置。每个风口的有效面积按1/3系统总风量确定，常用常闭型多叶送风口。风门应设手动和自动开启装置，每一风口均与加压送风机的起动装置以及该层的上下两层送风口连锁，并将信号输出至消防中心。手动升启装置宜设在距楼板面0.8～1.5m处。

当某层着火时，手动或自动开启该层送风口，则上下层的送风口同时开启并起动加压送风机，使消防中心得到信息。280℃高温时，送风口自动关闭，加压送风机同时停机。

（3）送风管道　一般采用镀锌钢板风管或混凝土风管。当采用混凝土风管时，应注意管壁及风管与送风口衔接处的密实性，不得漏风。

此外，为了保证防排烟楼梯间及其前室、消防电梯前室及合用前室的正压值，防止正压值过大而导致门难以推开，应在防排烟楼梯间与前室、前室与走道之间设置余压阀，控制其正压值不超过50Pa。

11.6　常见防排烟施工错误和案例分析

11.6.1　机械防烟

（1）送风机的安装　送风机置于地下室或中间设备层时，没有考虑送风机工作时的新鲜空气源；置于天面时，没有注意和天面排烟出口的距离，使烟气短路进入加压送风系统。

（2）送风口　防烟楼梯间的加压送风口密封不好，漏风比较严重。

（3）送风管道　一般采用镀锌钢板风管或混凝土风管。当采用混凝土风管时，管壁及风管与送风口衔接处的密实性不好，漏风严重。

11.6.2　机械排烟

采用机械排烟时，在安装过程中主要出现风机安装不对的问题，或者风机与管道的连接出现问题，导致风量的减少（见图 8-11）。机械排烟故障主要有以下几种：

（1）连接管道出口未变径　正确的做法是使连接风机入口风管逐渐变径扩大，变径管道需要有一定的长度，以使风机内气流的流动较均匀。

（2）连接管道入口未变径　正确的做法是使连接风机入口风管逐渐变径扩大，变径管道需要有一定的长度，以使进入风机内的气流流动较均匀。

（3）连接管道内未安装导流叶片　正确的做法是在连接风机入口风管转弯处安装导流叶片，减少风道内的旋涡，减少风管内的压力损失，使进入风机内的气流流动较均匀。

（4）连接管道转弯方向与气流方向不一致　正确的做法是使连接风机入口风管转弯方向与气流转弯方向一致，减少风道内由于气流流动方向的突然改变而产生的压力损失。

11.6.3　防排烟设备的管理与维护

要保证排烟设备在任何情况下都能可靠运行，就必须在竣工时严格检验并且要经常维护、管理。主要设备的维护、管理要点如下：

1. 排烟风机

1）牢固地固定在维护、检修方便的地方。

2）排烟风机周围没有容易燃烧的物品。

3）与排烟风道的连接部分没有异常现象。

4）能按照起动指令可靠地运行。

5）排烟风机的能力正常。

2. 排烟风道

1）安装牢固，保温材料没有破损。

2）风道不能与可燃物品接触。

3）防火分区穿墙部分用砂浆封严。

4）没有空气漏入。

3. 防火阀

1）可靠地固定在规定位置上，其结构上必须保证火灾时不因风道下落而脱落。

2）在阀门附近设置检查口，位置要设在易于检查的部位。

3）不生锈，回转轴旋转正常，运行良好。

4）阀门叶片不变形，能够完全闭锁。

5）传动装置根据熔丝的熔融或烟感器等的信号能够可靠地起动。

4. 排烟口

1）可原地固定在规定位置。

2）在排烟口周围没有妨碍其起动的物品。

3）不变形，没有破损和脱落现象。

4）传动部件不脱落、不松弛，运行稳妥。

5）手动操作箱安装在规定的位置上，并在醒目处标明使用方法。

6）起动控制杆动作灵敏。

7）脱扣钢丝的连接不松弛，不会因折断、破损、打滑而脱落。

8）排烟（风）量在基准值以上

9）通过控制盘或连动器给出的信号以及手动操作箱的操作，排烟口必须能可靠地起动。

5. 可动式防烟幕墙

1）可靠地固定在规定位置。

2）不变形，没有破损和脱落现象。

3）障碍物不得影响防烟幕墙的动作。

4）传动装置根据控制盘或连动器的信号能够可靠地起动，另外，即使手动操作，也必须可靠。

第12章 中央空调消声与隔振施工措施

中央空调系统在输送流体过程中，会因设备运转、流体与管壁摩擦碰撞以及流体流动特性的影响而产生噪声和振动。中央空调系统的噪声源主要包括风机、空气处理机组、冷（热）水机组、水泵及电动机等。强烈的噪声或振动不仅会影响人的工作效率，而且会对建筑物造成破坏，因此在空调系统设计和施工过程中需要对噪声和振动加以控制。

12.1 中央空调系统的消声与隔振施工技术

中央空调系统的噪声包括设备噪声和气流噪声。中央空调系统的设备噪声主要有风机噪声、电动机噪声、空调机组噪声等。气流噪声主要是风管内空气流动产生的噪声。

对于设备噪声，一般安装隔声罩、加装隔振装置以及在机房内贴吸声材料加以控制，并且应以隔声隔振为主，吸声为辅。对于气流噪声，通常安装消声器加以控制。

12.1.1 气流噪声消声的方法与技术措施

1. 消声器类型

消声器根据消声特性分为阻性消声器、抗性消声器、共振消声器和阻抗复合式消声器四大类。

（1）阻性消声器 阻性消声器利用吸声材料消耗声能降低噪声，对中、高频声音具有较好的消声效果。这种消声器的内壁上固定着多孔消声材料，多孔消声材料具有大量内外连通的微小孔隙，当声波入射到多孔材料上时，声能顺着微孔进入材料内部，引起孔隙中空气的振动，空气的黏滞阻力、空气与孔壁的摩擦和热传导作用等，使相当一部分声能转化为热能而被损耗。

消声材料的性能不仅与材料品种有关，而且与消声材料的密度、厚度等有关。

阻性消声器的形式有管式、片式、蜂窝式、声流式、折板式及消声弯头等，如图12-1所示。

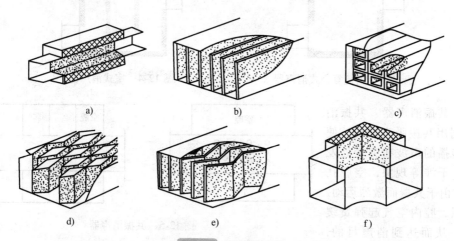

图 12-1 阻性消声器

a）管式 b）片式 c）蜂窝式 d）声流式 e）折板式 f）消声弯头

（2）抗性消声器 抗性消声器利用声阻抗的不连续性来产生传输损失。这类消声器不使用吸声材料，而是利用声波通过断面的突变（扩张或缩小），使沿管道传播的某些特定频段的声波反射回声源或产生声干涉，从而达到消声目的。它对中、低频声音具有较好的消声效果。

常用抗性消声器有单节、多节、外接式和内接式等，如图 12-2 所示。

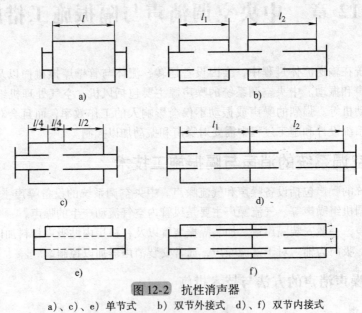

图 12-2　抗性消声器

a)、c)、e) 单节式　　b) 双节外接式　　d)、f) 双节内接式

（3）阻抗复合式消声器　阻抗复合式消声器综合了阻性消声和抗性消声功能。它在较宽的频率范围内可获得较好的消声效果，所以也称为宽频带复合式消声器，如图 12-3 所示。

（4）室式消声器　室式消声器通过小室内的吸声材料，使通过小室的声能得到衰减，同时又通过小室进出口断面的突变，使进入小室的声能反射回声源处，因此同时具有阻性器和抗性消声器的特性，是阻抗复合式消声器的一种，如图 12-4 所示。

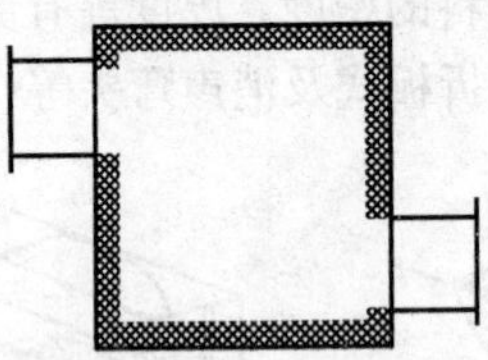

图 12-3　阻抗复合式消声器　　　　　图 12-4　室式消声器

（5）共振消声器　共振消声器是利用共振吸声结构，使沿管道传播的声波在突变处发生反射、干涉等现象，空腔孔颈空气柱由于共振而激烈运动，消耗能量，腔内空气起弹簧缓冲作用，从而达到消声目的，如图 12-5 所示。它对低频声音有较好的吸声作用。

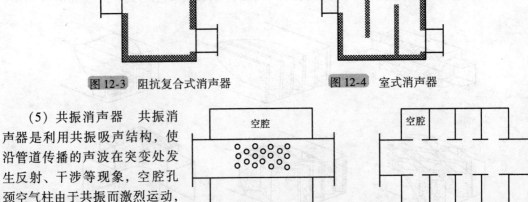

图 12-5　共振消声器

2. 消声器的安装

安装消声器时应符合以下要求：

1）消声器有定型产品，也可现场加工制作。《通风与空调工程施工质量验收规范》（GB

50243—2002）规定，现场安装的组合式消声器，消声组件的排列、方向和位置应符合设计要求。单个消声器组件的固定应牢固。制作时各种板材、型钢及消声材料都应严格按设计要求选用。对购买的消声器产品，除检查有无合格证外，还应进行外观检查。

2）消声器在运输时不得有变形现象和过大振动，避免外界冲击破坏消声功能。

3）安装前，消声器应保持干净，做到无油污和浮尘，同时应检查支吊架等固定件的位置是否正确，预埋件或膨胀螺栓是否安装牢固、可靠。支吊架必须保证所承担的荷载。《通风与空调工程施工质量验收规范》（GB 50243—2002）规定，消声器、消声弯头应单独设支吊架，不得由风管支撑。

4）消声器支吊架的横托板穿吊杆的螺孔距离应比消声器宽 40~50mm。为了便于调节标高，可在吊杆端部套 50~80mm 的螺纹，以便找平、找正，并加双螺母固定。

5）消声器安装方向、位置应正确，与风管或管件的法兰连接应保证严密、牢固，不得损坏与受潮。《通风与空调工程施工质量验收规范》（GB 50243—2002）规定，消声器安装前应保持干净，做到无油污和浮尘。消声器安装的位置、方向应正确，与风管的连接应严密，不得损坏与受潮。两组同类型的消声器不宜直接串联。

6）当空调系统有恒温或恒湿要求时，消声器外壳应与风管进行同样的保温处理。

7）消声器安装就位后，可用拉线或吊线尺量的方法进行检查，不符合要求的应进行修整。

8）消声器安装后应加强管理，采取防护措施。严禁其他支吊架固定在消声器法兰及支吊架上。

12.1.2　设备隔声的方法与技术措施

当风机、水泵、电动机等设备声级过高，用吸声减噪和提高建筑围护结构隔声难以达到要求时，通常采用设备隔声罩进行隔声。隔声罩的作用是把声源发出的声能封闭在隔声罩内，并尽可能在隔声罩内消耗掉。一般地，通风机利用风机隔声箱隔声，水泵利用局部隔声罩隔声。

隔声罩的外壳应采用硬质板材制作，如 1.5~2.0mm 厚的钢板、胶合板、纸面石膏板等。当设备需要散热时，隔声罩上的通风管应采取消声措施。隔声罩的外壳加阻尼层（可用阻尼漆、沥青加纤维织物或纤维材料），壳内侧敷设吸声材料。当设备有振动时，罩与基础之间应加隔振器，如图 12-6 所示。

图 12-6　采用不同隔声措施的隔声罩

12.1.3　设备隔振施工技术

《民用建筑供暖通风与空气调节设计规范》（GB 50736—2012）规定：当通风、空调、制冷装置以及水泵等设备的振动靠自然衰减不能达标时，应设置隔振器或采取其他隔振措施。所谓隔振是指利用弹性支承使受迫振动系统降低对外激励的响应能力，也称为减振。

隔振分为消极隔振和积极隔振。消极隔振是指防止或减少外界振动对本体系振动的影响；积极隔振是指防止或减少本体系振动对外界振动的影响。

设备隔振通常在机械设备的底座、支架与楼板或基础之间设置减振器。减振器的选用要根据减振动力计算确定，其支承点不应少于四个。

1. 减振器的类型

常见的减振器包括橡胶减振垫、剪切减振器、弹簧减振器等。

（1）橡胶减振垫　JD 型橡胶减振垫是由两种不同硬度的耐油橡胶经硫化成形。橡胶减振垫上有两面双向交叉排列的凹陷镂空结构，这种结构受力性能较好，安装方便，如图 12-7 所示。

（2）剪切减振器　JG 型橡胶剪切减振器是用丁腈橡胶和金属部件组成的剪切受力减振器，具有阻尼大的优点，使用方便，如图 12-8 所示。

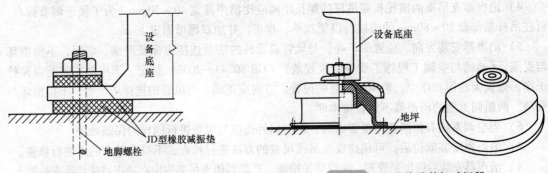

图 12-7　减振垫安装示意图　　　　　　图 12-8　JG 型橡胶剪切减振器

（3）弹簧减振器　《民用建筑供暖通风与空气调节设计规范》（GB 50736—2012）规定：对不带有隔振装置的设备，当其转速小于或等于 1500r/min 时，宜选用弹簧隔振器。ZT 型阻尼弹簧减振器具有频率低、阻尼大的优点，结构简单，安装方便，如图 12-9 所示。一般情况下减振器与支承结构不固定，当扰力大时才需固定，可在支承板上预埋螺栓，再用压板把减振器固定。

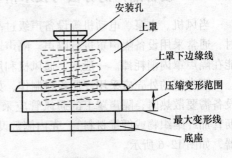

图 12-9　弹簧减振器

其他还有 Z 型圆锥形橡胶减振器、TJ 型弹簧减振器和 JD 型弹簧减振器等，也可根据具体情况选用。

2. 减振器的安装

1）安装减振器的地面应平整，不能使减振器产生位移。

2）安装减振器前，应检查减振器的规格、型号与数量是否符合设计要求。如果选用不当，不仅达不到隔振目的，而且会引起严重后果。若有预埋螺栓，应核对其位置尺寸。

3）当设备转速小于或等于 1500r/min 时，宜选用弹簧隔振器；当设备转速大于 1500r/min 时，宜选用橡胶等弹塑性材料的隔振垫或橡胶减振器。

4）安装时，要使各组减振器承受荷载均匀，不得因偏移或相差悬殊而使减振器受压不均匀。

5）在使用前应采取保护措施，如在减振器旁加垫木块，使其暂时不受外力影响。

12.1.4　风管隔振施工技术

设备与管道内的介质以及固定管道的构件均能传递振动和辐射噪声。管道隔振一般是通过设置挠性接头和悬吊或支承的减振器来实现的。与基座下设置减振器隔振不同，管道隔振后，管道内介质的振动仍然可以沿着管道传递，因此其隔振降噪效果不如支承式基座隔振效果显著。

1. 柔性短管

风管与设备（风机或空气处理机组）连接以及风口与风管连接时普遍采用柔性短管。柔性短管用于将风管与通风机、空调机、静压箱等相连，防止设备产生的噪声通过风管传入房间，并起伸缩和隔振的作用。

制作柔性短管所用材料一般为帆布和人造革。如果需要防潮，帆布短管应刷帆布漆，不得涂油漆，以防帆布失去弹性和伸缩性，起不到减振作用。输送腐蚀性气体的柔性短管应选用耐酸橡胶板或厚度为 $0.8 \sim 1mm$ 的软聚氯乙烯塑料板制作。

安装的柔性短管应松紧适当，不得扭曲。柔性短管长度一般在 $15 \sim 150mm$ 范围内。安装在风机吸入口处的柔性短管可装得绷紧一些，防止风机起动时被吸入而减小截面尺寸。不能把柔性短管当成找平、找正的连接管或异径管。

洁净空调系统的柔性短管的连接应严密不漏，并且防止积尘，所以在安装柔性短管时一般常用人造革、涂胶帆布、软橡胶板等。柔性短管在拼缝时要注意严密，以免漏风，另外还要注意光面朝里，安装时不能扭曲，以防积尘。

2. 隔振支吊架

管道通常直接或间接地固定在楼板、墙体或地板上。管道内流体流动时引起的振动可通过管道与建筑物围护结构的连接处激发振动而辐射噪声，因此必须采取隔离措施加以解决。《民用建筑供暖通风与空气调节设计规范》（GB 50736—2012）规定，受设备振动影响的管道应设置弹性吊架。

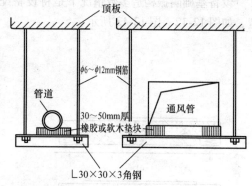

图 12-10　风管弹性隔振吊架

1）当管道吊置在楼板上时，常采用在吊架上设弹性衬垫材料的方式隔振，如图 12-10 所示。

2）当管道架设在墙上或固定在墙上时，采用弹性衬垫材料的方式隔振。这种方式一般仅用于小断面风管。

3）当大断面的风道穿楼板或墙体时，应在留洞位置设置套框，风管安装后用砂浆或保温碎块等材料填实堵严，如图 12-11 所示。

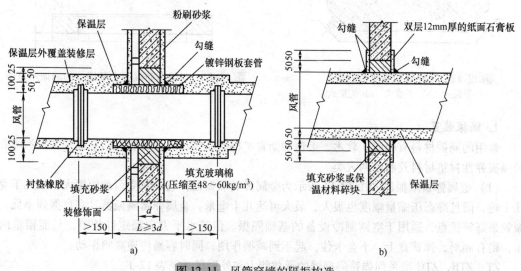

a)　　　　　　　　　　　　　　　　　　　b)

图 12-11　风管穿墙的隔振构造

a）风管穿墙构造（有套管）　b）风管穿墙构造（无套管）

12.2　水系统消声与隔振施工技术

在中央空调水系统输送流体过程中，冷（热）水机组、水泵及电动机等运转，管内流体流速过大，管内有存气或者管路设计不合理，都将使管道振动产生噪声。因此，在设计管道时应采取消声隔振措施，如降低管道流速、在管路最高点设置排气阀排除存气、设备安装隔振器（垫）、管道与设备连接处采用软连接、管道安装采用弹性支吊架等。

这里主要介绍设备基础隔振、管道与设备连接隔振措施和管道弹性支吊架。

12.2.1　设备基础隔振施工技术

设备振动传递的固体声以弹性波形式传递给相邻房间，并以空气噪声的形式被人们感受到。减弱设备传给基础的振动是通过消除设备与基础之间的刚性连接实现的。在振源与基础之间配置金属弹簧和弹性减振材料，可有效控制振动，从而降低固体声的传递。

设备基础隔振构造多数情况下是将设备配置在重量较大的基座板上，然后在下面设隔振装置，如图 12-12、图 12-13 所示。

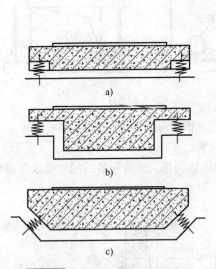

图 12-12　几种隔振基座板的形式
a) 平板式　b) 下垂式　c) 汇聚式

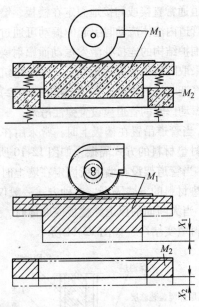

图 12-13　双层钢筋混凝土基座板的隔振示意图

1. 隔振装置

常用的隔振材料有橡胶、软木、毛毡和沥青矿棉制品等。隔振装置包括金属弹簧隔振器和多种隔振弹性衬垫材料及制品两大类。

（1）金属弹簧隔振器　图 12-14 所示为金属弹簧隔振器，它能承受荷载幅度大，从几千克至几十吨，而且静态压缩量幅度也很大，最大可达几十毫米。金属弹簧隔振器具有自振频率低、隔振效果好等优点，适用于空调制冷设备的基础隔振。但其水平方向稳定性较差，只能铅垂向受压，稍有倾斜，弹簧盒上、下会卡住，起不到减振作用，同时容易传递高频振动。

ZT、ZTB、ZTG 型系列弹簧隔振器的承载能力和外形尺寸见表 12-1。

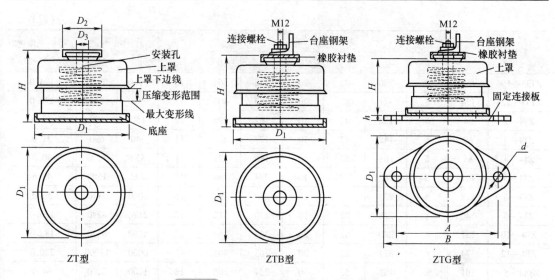

图 12-14　金属弹簧隔振器的外形和结构

表 12-1　ZT、ZTB、ZTG 型系列弹簧隔振器的承载能力和外形尺寸

型号	外形尺寸/mm								许用荷载/N		竖向总刚度 / (N/mm)
	H	h	D_1	D_2	D_3	A	B	d	最小	最大	
ZT1—2	64	6	74	32	10	109	144	11	37	74	3.3
ZT1—3	69	6	82	32	10	117	152	11	86	170	7.7
ZT1—4	85	6	91	42	10	126	161	11	140	280	10.0
ZT1—5	101	6	102	42	10	144	186	13	200	400	11.4
ZT1—6	118	8	112	52	16	154	196	13	260	530	14.0
ZT1—8	140	8	120	52	18	162	204	13	530	1060	31.6
ZT1—10	151	8	148	82	20	190	232	13	1040	2080	45.6
ZT1—12	174	8	165	82	20	207	249	13	1500	3000	55.0
ZT11—53	101	8	102	42	10	144	186	13	280	550	16.0
ZT11—64	118	8	112	52	16	154	196	13	390	780	21.0
ZT11—85	140	8	120	52	18	162	204	13	730	1450	44.0
ZT11—106	151	8	148	82	20	190	232	13	1320	2640	58.0
ZT11—128	174	8	165	82	20	207	249	13	2070	4140	76.0
ZT3—2	64	6	126	42	10	161	196	11	110	220	10.0
ZT3—3	69	6	142	42	10	177	212	11	260	520	23.0
ZT3—4	85	6	161	42	10	196	231	11	410	830	30.0
ZT3—5	101	6	182	52	10	224	266	13	590	1190	34.0
ZT3—6	118	8	208	62	16	250	292	13	790	1580	42.0
ZT3—8	140	8	228	82	18	270	312	13	1590	3180	95.0
ZT3—10	151	8	280	82	20	322	364	13	3120	6240	137.0
ZT3—12	174	8	321	82	20	363	405	13	4500	9000	165.0
ZT33—53	101	8	182	52	10	224	266	13	830	1650	48.0
ZT33—64	118	8	208	62	16	250	292	13	1170	2350	63.0
ZT33—85	140	8	228	82	18	270	312	13	2180	4350	132.0

（续）

型号	外形尺寸/mm								许用荷载/N		竖向总刚度 / （N/mm）
	H	h	D_1	D_2	D_3	A	B	d	最小	最大	
ZT33—106	151	8	280	82	20	322	364	13	3960	7920	174.0
ZT33—128	174	8	321	82	20	363	405	13	6210	12420	228.0
ZT4—2	64	6	126	42	10	161	196	11	150	300	13.0
ZT4—3	69	6	142	42	10	177	212	11	340	690	31.0
ZT4—4	85	6	161	52	10	196	231	11	550	1100	40.0
ZT4—5	101	6	182	52	10	224	266	13	790	1580	45.6
ZT4—6	118	6	208	62	16	250	292	13	1060	2110	56.0
ZT4—8	140	8	228	82	18	270	312	13	2120	4240	126.0
ZT4—10	151	8	280	82	20	322	364	13	4160	8320	182.0
ZT4—12	174	8	321	82	20	363	405	13	6000	12000	220.0
ZT44—53	101	8	182	52	13	224	266	13	1100	2200	64.0
ZT44—64	118	8	208	62	16	250	296	13	1560	3130	84.0
ZT44—85	140	8	228	82	18	270	312	13	2900	5800	176.0
ZT44—106	151	8	280	82	20	322	364	13	5280	10560	232.0
ZT44—128	174	8	321	82	20	363	405	13	8280	16560	304.0
ZT33—16	284	10	390	210	36	450	510	16	7950	19590	306.0
ZT33—1610	284	10	390	210	36	450	510	16	11400	28080	438.6
ZT33—1812	284	10	390	210	36	450	510	16	15480	38490	587.0
ZT44—1812	284	10	390	210	36	450	510	16	20640	50240	796.0

注：1. 尺寸 h、A、B、d 只适用于 ZTG 型减振器系列。
2. 在隔振性能和表中其他尺寸上，ZT 型、ZTB 型、ZTG 型均相同。

（2）橡胶隔振器　橡胶隔振器有橡胶剪切受压的隔振器和铅垂向受压的橡胶板两种，后者通常称为橡胶隔振垫。橡胶隔振器广泛用于空调设备中，特别是水泵和高速通风机等振动频率较高的设备。

橡胶剪切受压的隔振器（见图 12-15）静态压缩量较大，自振频率较低，同时对高频有很好的隔振效果。但它易受到油质、氟利昂和氨液的侵蚀，并且在长期静荷载的作用下会变形，因此需定期更换，一般使用年限约为 5 年。

JG 型橡胶隔振器的规格和性能见表 12-2。

（3）橡胶隔振垫　橡胶隔振垫通常是厚度为 10～20mm，大小为 300mm×300mm 左右的带有各种槽的橡胶板。开槽的形式有肋形槽和三角形槽，开槽方向有单向和双向。开槽目的是提高隔振效果。常用的橡胶隔振垫是 SD 型橡胶隔振垫，如图 12-16 所示。SD 型橡胶隔振垫的参数见表 12-13。

SD 型橡胶隔振垫可黏结成 SD 型橡胶隔振器，可承受铅垂向压力。

（4）软木　软木受水和油类影响小，寿命长，可达 15～20 年，是较好的一种隔振衬垫材料。

软木作为隔振衬垫材料，承压能力较小，一般在 200kPa 以内，同时其自振频率较高，可用于水泵和小型压缩机的隔振。大型冷冻机由于支承点的荷载较大，而软木允许荷载较小，因此不宜采用软木。

2. 隔振装置的选用

空调系统设备的隔振措施，应根据隔振要求、设备扰动频率、设备所处位置和环境等条件选用。

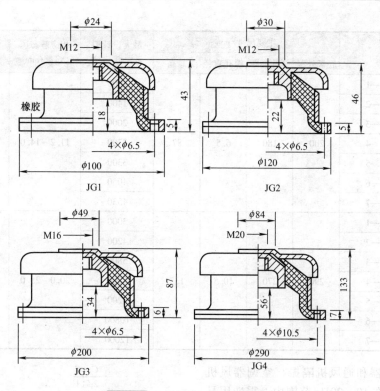

图 12-15　橡胶剪切受压的隔振器

表 12-2　JG 型橡胶隔振器的规格和性能

型号		主要尺寸/mm				最大设计铅垂向载荷/N	相应静态压缩量/mm	最低的自振频率/Hz
		底板外径	螺孔径距	螺孔直径	总高			
JG1	JG1—1	100	90	6.5	43	190	4.8~6.0	11.7~10.3
	JG1—2					270		
	JG1—3					370		
	JG1—4					480		
	JG1—5					580		
	JG1—6					700		
	JG1—7					840		
JG2	JG2—1	120	110	6.5	46	280	8.0~10.0	9.3~8.4
	JG2—2					320		
	JG2—3					400		
	JG2—4					480		
	JG2—5					580		
	JG2—6					680		
	JG2—7					770		

（续）

型号		主要尺寸/mm				最大设计铅垂向载荷/N	相应静态压缩量/mm	最低的自振频率/Hz
		底板外径	螺孔径距	螺孔直径	总高			
JG3	JG3—1	200	180	6.5	87	1000	11.2~14.0	7.2~6.5
	JG3—2					1400		
	JG3—3					2000		
	JG3—4					2700		
	JG3—5					3300		
	JG3—6					4050		
	JG3—7					4530		
JG4	JG4—1	290	270	10.5	133	3000	20.0~25.0	5.4~4.9
	JG4—2					4200		
	JG4—3					5800		
	JG4—4					7200		
	JG4—5					9200		
	JG4—6					10800		
	JG4—7					12000		

（1）空调器和通风机隔振　空调器风机扰动频率通常在 10~20Hz 范围内，需选用具有自振频率较低的隔振装置，因此选用钢弹簧隔振器最为适宜。

在隔振要求不太高，而风机的扰动频率在 12Hz 以上时，可以采用橡胶隔振器。但应注意，支承点的荷载不应超出产品的额定承压力。

（2）冷冻机隔振　冷冻机转速高，相应的扰动频率也高，可采用钢弹簧隔振器。当没有必要时，也可采用弹性隔振衬垫材料。

（3）水泵隔振　水泵转速通常为 1450~2900r/min，扰动频率在 24~48Hz 范围内，同时，水泵的重心与基座板几何中心偏离很小，因此可采用除玻璃纤维板以外的各种隔振器和隔振衬垫材料。

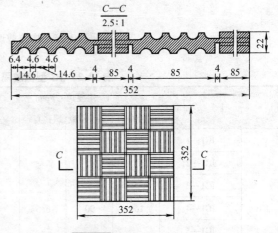

图 12-16　SD 型橡胶隔振垫

表 12-3　SD 型橡胶隔振垫的参数

橡胶硬度 HS	铅垂向额定静载荷/kPa	相应的静态压缩量/mm	相应的固有频率/Hz	静刚度 /（N/cm）	动态系数	阻尼比
40	50~120	1.4~3.4	110.5~16.4 （11.7~14.3）	30~45	1.7~1.8	≈0.08
60	200~320	2.5~4.0	10.6~13.2 （11.4~15.2）	75~83	1.7~1.8	≈0.08
80	400~800	2.0~4.0	14.7~17.2 （12.8~16.1）	195~200	2.1~2.7	≈0.08

注：括号内的固有频率为计算值。

（4）冷却塔隔振 冷却塔的振动主要来自风机和落水，扰动频率不高，而且冷却塔一般在机房顶板上，无需特别安静的场所不必采用特别隔振处理，一般用橡胶隔振垫即可。

3. 隔振装置安装施工

隔振装置安装施工要求如下：

1）在设备隔振基础选定后，根据设备底盘地脚螺栓的位置，在基座板的平面图上标明预埋钢板的部位。

2）钢筋混凝土基座板应现场捣制，以免在运输上造成困难。

3）在基座板捣制完成并经养护，基座板达到设计强度时，根据设备地脚螺栓孔的位置，在预埋钢板上焊螺栓。

4）用三脚倒链吊起，安装弹簧隔振器。若采用 JG 型橡胶隔振器，则必须将基座板水平吊起和下落，以免个别支承点超载而损坏。

5）安装设备时，用合适厚度的 U 形垫片找平，最后用 1∶3 水泥砂浆抹面。

12.2.2 管道隔振施工技术

管道振动一般是由设备振动引起的。设备振动通过管道、管内流体以及固定管道的构件传递并辐射噪声。因此，管道隔振通常通过在管道和设备连接处采用软连接或弹性连接来实现。另外，管道通常直接或间接地固定在楼板、墙体或地板上，管道内流体流动时引起的振动可通过管道与建筑物围护结构的连接处激发振动而辐射噪声，因此必须采取隔离措施加以解决。

1. 管道与设备之间的隔振

管道与设备之间的隔振通常采用隔振软管，目前常用的隔振软管有各种橡胶软管和不锈钢波纹软管。隔振软管的隔振降噪效果与软管本身的材料和构造、软管长度、管内介质压力以及管道的固定和安装方式等有关。

（1）橡胶软接管 橡胶软接管具有很好的隔振降噪效果，但会受介质温度、压力的限制，承压力通常均在600kPa 以内，同时，耐蚀性能较差，因此一般用于低温低压的水管中。

橡胶软接管有直管、鼓形管、变径管和可曲挠管（接头）等几种，如图 12-17 ~ 图 12-19 所示。

（2）不锈钢波纹软管 不锈钢波纹软管由于有耐高温、耐高压和耐蚀的性能，经久耐用，并且具有较好的隔振效果，因此冷冻机、高压泵与管道连接时采用不锈钢波纹软管，但其造价高。

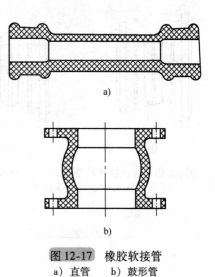

a)

b)

图 12-17 橡胶软接管
a）直管 b）鼓形管

2. 管道与围护结构之间的隔振

管道与围护结构之间的隔振通常是对管道的支吊架采取隔振结构。

1）当管道吊置在楼板上时，常采用隔振吊架和在吊架上设弹性衬垫材料的方式隔振，如图 12-20 和图 12-21 所示。

2）管道架设在墙上或固定在墙上时，采用隔振管卡或用弹性衬垫材料的方式隔振，如图 12-22 和图 12-23 所示。前者一般仅用于水管，后者用于小断面风管和水管。

3）管道穿楼板或墙体时应先设预埋套管，套管内径应比管道外径或保温管外径至少大50mm，并用砂浆或保温碎块等材料填实堵严，如图 12-24 所示。

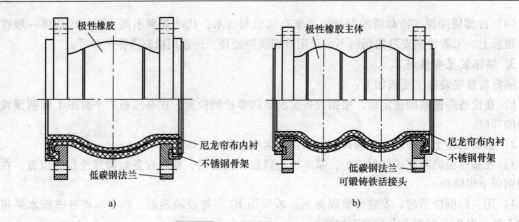

图 12-18　可曲挠橡胶软管结构示意图
a) GD1 型　b) GD2 型

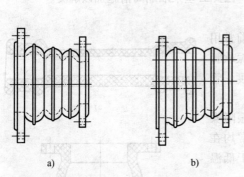

图 12-19　可曲挠橡胶变径软接管结构示意图
a) KYT 型　b) KYP 型

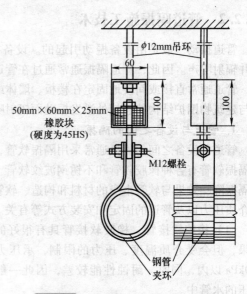

图 12-20　用隔振吊架隔离管道振动

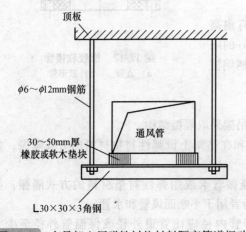

图 12-21　在吊架上用弹性衬垫材料隔离管道振动

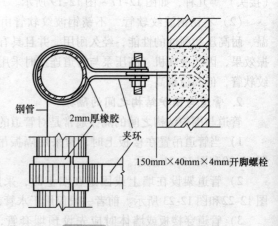

图 12-22　用隔振管卡固定管道

3. 软管施工要求

1）为了获得良好的隔振降噪效果，软管应尽可能设置在垂直和水平两个方向上。

2）软管应配置在接近设备的管路上。水泵的软管应配置在设备的进出水管上，制冷机或冷水机组的软管应配置在进出机组的管路上。

3）软管安装应自然平直，不应使软管承受轴向力矩和轴向外荷拉力，不得用软管作弯头。

4）管道设置软管后，吊置和架设管道仍需要做隔振处理。

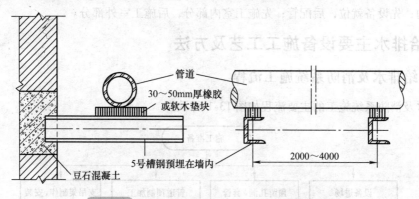

图 12-23　在支架上用弹性衬垫材料的隔振结构

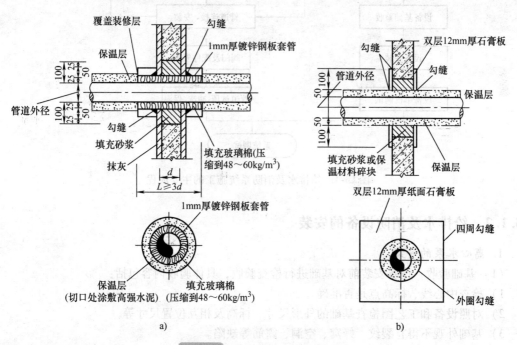

a)　　　　　　　　　　　b)

图 12-24　管道穿墙的隔振结构

a）管道穿墙结构（有套管）　　b）管道穿墙结构（无套管）

第13章　给排水及消防系统施工与调试

给排水及消防系统施工的总体原则为：先预留预埋，后管道安装；先主管，后支管；先架空，后地沟；先设备就位，后配管；先施工室内部分，后施工室外部分。

13.1　给排水主要设备施工工艺及方法

13.1.1　给排水及消防系统施工流程

给排水及消防系统施工的主要流程如图13-1所示。

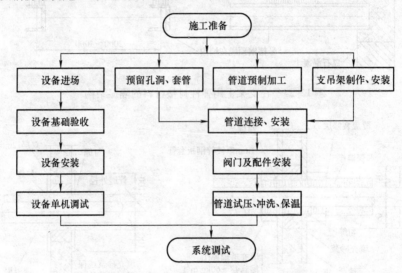

图 13-1　给排水及消防系统施工的主要流程

13.1.2　给排水及消防设备的安装

1. 离心水泵的安装

（1）基础验收　设备安装前对基础进行检查验收，具体验收内容包括：

1）检查中心线、标高点是否准确。

2）对照设备和工艺图检查基础的外形尺寸、标高及相互位置尺寸等。

3）基础外观不得有裂纹、蜂窝、空洞、露筋等缺陷。

4）所有遗留的模板和露出混凝土的钢筋等必须清除。

5）孔内的脏物、积水等全部清除干净。

6）设备基础部分的偏差必须符合表13-1的要求。

（2）找正、找平及灌浆　设备找正、找平时应按基础上的安装基准线（纵横基准线、标高基准线）对应设备上的基准点进行调整和测量。

找正、找平要在同一平面内两个方向上进行。找平时要根据要求用垫铁调整精度，不得通过松紧地脚螺栓或其他局部加压的方法调整。垫铁的位置及高度、块数均应符合有关规范要求，垫铁表面污物要清理干净，每一组垫铁均应放置整齐平稳、接触良好。最终找正找平后将地角螺栓拧紧，每组垫铁应焊牢固。

表 13-1　离心水泵基础的安装要求

项目名称		偏差/mm
基础外形尺寸		±30
基础坐标位置（纵横中心线）		±20
基础上平面标高		−20～0
中心线间的距离		1
基准点标高对零点标高		±3
地脚孔	相互中心位置	±10
	深度	±20
	垂直度	5/1000
预埋钢板	标高	0～10
	中心标高	±5

找正、找平、隐蔽工程检查合格后进行预留孔灌浆工作，用比基础混凝土标号高一级的细石混凝土浇灌，捣固紧实，且不影响地脚螺栓和安装精度。当强度达到设计强度的 75% 以上时，方可进行设备的精平及紧固地脚螺栓工作。地脚螺栓应对称均匀地拧紧，并保证螺栓外露螺纹2～3牙。在隐蔽工程检查合格，最终找正找平检查合格后 24h 内进行二次灌浆工作。二次灌浆要敷设外模板，模板拆除后表面要进行抹面处理。一台设备要一次浇灌完。

（3）泵体设备的安装　将整体水泵的底盘吊起，对准基础上螺栓孔的位置，用垫铁调整标高（每组为斜垫铁 2 块），慢慢找正、找平。用水准仪或水平尺检测调整水平度。以泵轴中心线为基准找正，以进、出口法兰面为基准找平，保证纵向安装水平度偏差小于或等于 0.1/1000，横向安装水平度偏差小于或等于 0.2/1000。

轴线的调准：松开连接盘螺栓，将直尺靠在连接盘的圆周上，测量两圆周是否一致；再用塞尺测量两连接盘垂直平面的间距是否均匀；检测两轴的同轴度；用直角尺放在靠背轮上，测量轴和靠背轮是否垂直，先调整泵端，紧固泵座螺栓，再调整电动机直至一致；当主动轴与从动轴为轴连接传动时，两个轴节端面间隙应调至规范要求；连接后，应检查连接盘是否灵活。

泵的精平、基础抹平：待混凝土凝固期满后，进行精平并再次拧紧螺栓，每组垫铁应焊接牢固；基础表面打毛，用水冲洗后再用水泥砂浆抹平。

泵配管的安装：与设备及附件的连接采用法兰连接，管道的连接采用焊接、卡箍和法兰连接。

吸水管的水平段应向泵的吸入口抬高，坡度为 0.2%～0.5%。

当采用变径管时，变径管的长度不应小于大小管径差的 2 倍；水泵出水口处的变径应采用同心变径，吸水口处应采用上平偏心变径。

水泵出口应安装压力表、止回阀。其安装位置应合理，便于操作和观察，压力表应设表弯且应安装在出口控制阀门之前。

吸水端的底阀应设置滤水器或用钢丝网包缠，防止将杂物吸入泵内。

设备减振应满足设计要求，立式泵不宜采用弹簧减振器。

水泵吸入和输出管道的支架应单独设置，并埋设牢固，不应使泵体承担其重量。

管道与泵连接后，不应在其上进行焊接作业，必须进行焊接时应采取保护措施。

管道与泵连接后，应复查泵的原始精度，若因连接管道而引起偏差，应调整管道。

管道穿墙和楼板处，洞口与管外壁之间应填充弹塑性材料，如橡胶圈、纤维棉等。

水泵吸水管和出水管上应装设可曲挠橡胶接头。

（4）试运转 符合试运转条件后进行单机试机，试机时要组织试机小组。试运转前，各紧固件连接部位应不松动；用手转动泵轴转子时，转子应转动灵活、自由，无卡滞现象；润滑油充注符合要求；与泵相连的管道通畅，并吹扫检验合格。

测量联轴器的外圆，上下、左右的差别不得超过 0.1mm，两联轴器端面一周上最大和最小的间隙差别不得超过 0.3mm。脱开联轴器点动电动机，查看电动机叶轮转向是否正确。起动电动机进行试运行，运行 2h，运转稳定、无异常现象为合格。

重新连接并校对好联轴器，打开泵进水阀门，使泵和管路充满水，排尽空气后，点动电动机，叶轮正常运转后再正式起动电动机，待泵出口压力稳定后，缓慢打开出口阀门调节流量。泵在额定负荷下运行 4h 后，做好试机记录，当温升、泄漏、振动均符合要求且无异常现象时即为合格。离心水泵安装的质量标准见表 13-2。

表 13-2　离心水泵安装的质量标准

项别	项目	质量标准	检验方法	检查数量
保证项目	泵体水平度	允许偏差不超过 0.1/1000	用水平仪在泵的底面检测	逐台检查
	试运转	电动机的电流不得超过额定值 运转中无较大振动，声音正常，各固定连接部位不应有松动现象 管道连接应牢固，无渗漏现象 滚动轴承最高温度不超过 70℃ 润滑油无渗漏和雾状喷油现象 机械密封的泄漏量不应大于 5mL/h	试机检查并检查试运转记录。水泵正常连续试运行时间不应少于 2h	
基本项目	地脚螺栓	应垂直，螺母应拧紧，拧紧力矩一致，螺母与垫圈以及垫圈与水泵底座的接触应紧密	用扳手拧试和观察检查	
	垫铁	垫铁组应放置平稳，位置正确，接触紧密，每组不应超过 3 块；垫铁之间应进行定位焊，防止滑动	用锤子轻击和观察检查	
	减振器	减振器与水泵及水泵基础连接牢固、平稳，接触紧密		
允许偏差项目	中心线的平面位移	允许偏差为 ±10mm	用钢卷尺检查	
	标高	允许偏差为 ±10mm	用水准仪和钢直尺检查	

2. 潜污泵的安装与试运转

（1）安装 在安装潜污泵前，应将水池内所有建筑垃圾清理干净，以免造成水泵堵塞。潜污泵在池内潜入水中的深度应符合设备技术规定及设计要求。自动耦合装置中的两根导轨应垂直安装并保持互相平行。自动耦合装置中的螺栓、螺母等所有连接件安装时应紧固。

在水泵自动耦合装置就位前应检查基础的地脚螺栓（或膨胀螺栓）的大小、材质，其垂直度必须满足安装要求，螺钉应拧紧，且拧紧力矩均匀，螺母、垫圈及底座间接触紧密。

潜污泵吊装后导向挂件上的两只挂耳应以导管为中心均匀放置，防止偏向某一边而致使水泵倾斜或卡住而破坏密封性能。安装时可以反复提起再吊下，直到使水泵获得正确的安装位置。

（2）试运转应符合的要求

1）起动前必须确认叶轮的旋转方向。

2）合闸后，不能立即起动水泵，应通过控制系统对水泵进行自检，若发现有故障出现（电控柜上出现闪光报警或警报报警），应检查并排除故障，然后方可点动。若电动机不转，应迅速果断地拉闸，检查并排除故障，以免损坏电动机。

3）水泵起动后，应注意观察电动机及线路电压表和电流表，若有异常现象，应立即停机查明原因，排除障碍后方能重新起动。

4）运行中电流的监视：水泵的电流不得超过铭牌上的额定电流；三相电流不平衡度，空载时不超过 10%，额定负载时不超过 5%。

5）运行中电压的监视：电源电压与额定电压的偏差不超过 ±5%，三相电压不平衡度不超过 1.5%。

13.1.3　预留孔洞及套管施工

1. 预留孔洞及套管预埋

在管道安装工作开始前，熟悉设计图样，根据图样绘制管道留洞图，并同其他专业共同复核留洞图的正确性，若发现有专业交叉和管道"打架"现象发生，应及早做设计变更，以保证管道预埋工作准确、连续地实施。

室内立管及卫生用具的给排水管在穿过墙壁时应加套管。套管下料时必须使用无齿锯，不得使用气割等其他工具。套管截面必须与套管轴线垂直，套管内刷防锈漆一道。套管与管子之间的空隙按要求选择填充料。穿楼板套管高出楼面 20mm，卫生间套管高出地面 50mm，下部与楼板底平；穿墙套管则两端与墙的最终完成面平齐。柔性防水套管的施工方法如图 13-2 所示。

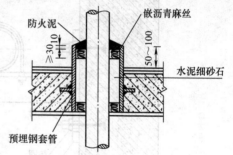

图 13-2　柔性套管的施工方法

保温管道在穿墙时所埋设的套管应考虑管道的保温层厚度。

质量标准：预留孔洞的位置要符合设计要求及施工规范要求。预留管中线位移允许偏差值为 3mm，预留孔洞中心线位移允许偏差值为 10mm。

2. 支吊架的制作

1）管道支架、支座的结构多为标准设计，可按图集《室内管道支吊架》（05R417—1）的要求集中预制；同类型支架的形式应一致。管道支吊架安装大样图如图 13-3 和图 13-4 所示。在满足间距的前提下，能够采用共用支架的应使用共用支架，既节约材料，又美观。选择管道支吊架时，应考虑管路敷设空间的结构情况、管内流通的介质种类、管道重量、热位移补偿、设备接口不受力、管道减振、保温空间及垫木厚度等因素，可选择固定支架、滑动支架及吊架。

2）型钢架下料：先量出尺寸，画上标线，便可进行切断。可用电动切割机或手锯切断。在型钢面上画上螺栓孔眼的十字线，用眼冲、锤子打好冲眼，用台钻钻孔，不宜用气割成孔；型钢三角架、水平单臂型钢支架栽入部分，可用气割形成劈叉，栽入的尾部长度不应小于 120mm，型钢下料、切断，煨成设计角度后，应焊接切断缝。

管道支吊架、支座及零件的焊接，应遵守结构件焊接工艺。焊缝高度不应小于焊件最小厚度，并且不应有漏焊、结渣或焊缝裂纹等缺陷。制作好的支吊架，应进行防腐处理并妥善保管；明装管道支架应进行镀锌处理。

3）U 形卡的制作：先根据管道公称通径选用相应的圆钢（见表 13-3），再根据管外径、型

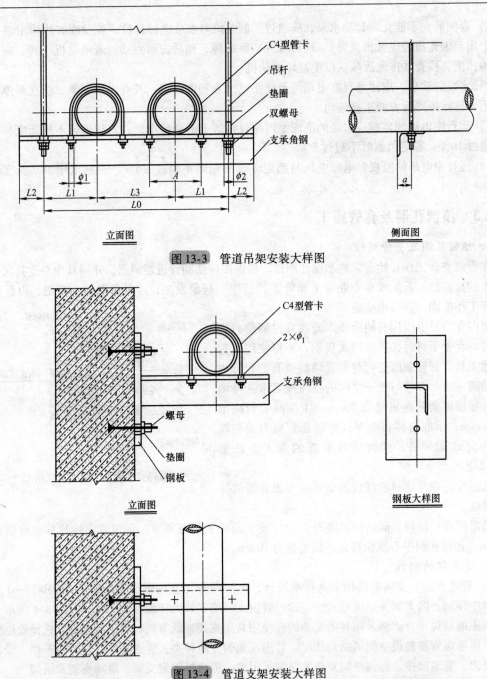

图 13-3　管道吊架安装大样图

图 13-4　管道支架安装大样图

钢厚度及留出螺纹长度计算出所需圆钢的料长；在调直的圆钢上量尺寸，下料，切断后，用圆板牙扳手将圆钢的两端套出螺纹，活动支架上的 U 形卡可一头套螺纹，螺纹的长度应保证套上固定螺母后留出 2~3 牙。制作时，先试套，再大批量加工。

3. 支吊架的安装

（1）支吊架的安装应符合的规定

1）复合管、塑料管等采用金属管卡和支吊架时，金属管卡或支吊架与管道之间采用塑料管片或橡胶等软物隔垫。

表 13-3　U 形卡圆钢直径的选用　　　　　　　（单位：mm）

管道公称通径	25	32	40	50	65	80	100	125	150	200	250	300
U 形卡圆钢直径	8	8	8	8	10	10	10	12	12	12	16	16

2）管道支架的吊杆应垂直安装，吊杆的长度应能调节。

3）作用相同的管卡，外观形式应一致。

4）管道固定支架、滑动支架的位置和结构应符合下列规定：

① 位置正确，埋设应平整牢固。

② 固定支架与管道接触应紧密，固定应牢靠。

③ 滑动支架应灵活，滑托与滑槽两侧间应留有 3～5mm 的间隙，纵向移动量符合设计要求。

④ 无热伸长管道的吊架、吊杆应垂直安装。

⑤ 固定在建筑结构上的管道支吊架不应影响结构的安全。

⑥ 管道穿越墙体时，从墙面两侧各向外量出 1m，以确定墙两侧的两个活动支架位置。

⑦ 对管道转弯处的支承要特别予以重视，自管道转弯的墙角、补偿器拐角各向外量 1m，定位活动支架。

⑧ 在穿墙、转弯处的活动支架定位后，剩余的长度里，应按不超过最大间距的原则，尽量均匀地设置活动支架。

⑨ 保温管道与支架之间要用经过防腐处理的木衬垫隔开，木衬垫厚度与保温层厚度相同。

（2）管道支吊架上管道与墙、柱的距离及管子与管子之间的距离　该距离应按设计图样要求选择，当设计无要求时，管道中心线与梁、柱、楼板间的最小距离应符合表 13-4 的规定。

表 13-4　管道中心线与梁、柱、楼板间的最小距离　　　　　　（单位：mm）

公称通径	25	32	40	50	70	80	100	125	150	200
距离	40	40	50	60	70	80	100	125	150	200

（3）立管管卡的布置　应符合下列规定：

1）楼层高度小于或等于 5.0m 时，每层设置 1 个。

2）楼层高度大于 5.0m 时，每层设置 2 个。

3）管卡安装高度（距地）为 1.5～1.8m。

4）两个以上管卡应均匀安装，同一房间的管卡应安装在同一高度。

（4）支架安装工序　在现场安装中，支架安装工序较为复杂，结合实际情况，可采用栽埋法、膨胀螺栓法、抱柱法等安装方式。栽埋法适用于砖墙上支架的安装；膨胀螺栓法适用于混凝土构件上的安装；管道沿柱子安装时，可采用抱柱法。

1）栽埋法：埋进墙内的型钢支架，加工时先劈叉或焊接横向角钢，埋进墙内部分长度不应小于 120mm；墙上无预留孔洞时，按拉线定位画出的支架位置标记，用电锤或锤子、錾子凿孔洞，洞口不宜过大。

埋入前，先将孔洞内的碎砖、杂物及灰土清除干净，用水将洞内冲洗浇湿；然后将 1:2 水泥砂浆或细石混凝土填入，再将已防腐完毕的支架插入洞内，用碎石卡紧支架后，再填实水泥砂浆。洞口处要略低于墙面，以便于修饰面层时找平；用碎石挤住型钢时，应根据挂线看平、对齐、找正，让型钢靠紧拉线。

型钢横梁应水平，顶面应与管子下边缘平行，保证安装后的管子与支架接触良好，没有间隙。

2）膨胀螺栓法：在没有预埋铁件的混凝土构件上，可用膨胀螺栓安装支架，但不宜安装推力较大的固定支架。膨胀螺栓法适用于 C15 级以上的混凝土构件；不应在容易出现裂纹或已出现裂纹的部位安装膨胀螺栓。对于空心砖墙和加气块砖墙，可通过在安装支架处预留混凝土砖，然后在混凝土砖上打膨胀螺栓的方法安装支架。

用膨胀螺栓安装支架时，先在支架位置处钻孔（孔径与膨胀螺栓套管外径相同，深度与膨胀螺栓有效安装长度相等），再装入套管和膨胀螺栓。拧紧螺母时，螺栓的锥形尾部便将开口套管尾部胀开，使螺栓和套管一起紧固于孔内，这样就可以在螺栓上安装型钢横梁了。打膨胀螺栓时不能钻在钢筋上，不能与暗敷电线相碰。

3）抱柱法：把柱子上的安装坡度线用水平尺引至柱子侧面，弹出水平线，作为抱柱支架端面的安装标高线。用两根双头螺栓把支架紧固于柱子上，支架应保持水平，螺母应紧固。

（5）各种管材支吊架的安装间距　钢管、非卡箍连接的钢塑管水平安装的支吊架间距不应大于表 13-5 的规定。

表 13-5　钢管及非卡箍连接的钢塑管支吊架安装最大间距

公称通径/mm		15	20	25	32	40	50	70
支吊架最大间距/m	保温管	2	2.5	2.5	2.5	3	3	4
	不保温管	2.5	3	3.5	4	4.5	5	6
公称通径/mm		80	100	125	150	200	250	300
支吊架最大间距/m	保温管	4	4.5	6	7	7	8	8.5
	不保温管	6	6.5	7	8	9.5	11	12

排水塑料管道支吊架间距应符合表 13-6 的规定。

表 13-6　排水塑料管道支吊架间距

管径/mm	50	75	110	125	160
立管/m	1.2	1.5	2.0	2.0	2.0
横管/m	0.5	0.75	1.10	1.3	1.6

4. 管道预制加工及安装流程

（1）施工流程　现场施工中，按设计图样画出管道分路、管径、变径、预留管口、阀门位置等施工草图，在实际位置做上标记，按标记分段量出实际安装的准确尺寸，记录在施工草图上，然后按草图测得的尺寸预制加工，在管道表面画出切割线，并按管段及分组编号。

钢管切割时，将管材放在电动切割机卡钳上，对准画线卡牢，进行断管。断管时，压手柄的力要均匀，不要用力过猛，断管后，要将管口断面的铁膜、毛刺清除干净。

切割塑料管时，根据管线尺寸，除去配件长度，进行断管。可使用手锯和专用断管器断管，断口要平齐且垂直于管轴线，并用铣刀或刮刀除掉断口内外飞刺，并在端口外棱铣出 15°角。

建筑室内给排水管道的安装流程如图 13-5 所示。

施工前认真熟悉图样和相应的规范，进行图样会审。仔细阅读并理解设计说明中关于管道的所有内容与图样内容有无冲突之处，系统流程图与平面图、剖面图有无不符之处，设计要求与现行的施工规范有无差别等。熟悉管道的分布、走向、坡度、标高，并主动与其他专业核对空间使用情况，及时提出存在的问题并做好图样会审记录。

在管道验收及使用前进行外观检查，检查表面有无裂纹、缩孔、夹渣、重皮现象，有无超过壁厚负偏差的锈蚀、凹陷及其他机械损伤，并检查材料的材质证明和标记。

阀门的型号、规格符合图样及设计要求，安装前从每批中抽查 10% 进行强度试验和严密性

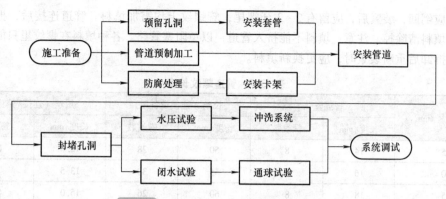

图 13-5　建筑室内给排水管道的安装流程

试验，对在主干管上起截断作用的阀门逐个进行试验。同时，阀门的操作机构必须开启灵活。

管道放线时，由总管到干管再到支管进行放线定位。放线前，逐层、逐区域进行细部会审，使各管线互不交叉，同时留出保温、绝热及其他操作空间。

管道在室内安装时以建筑轴线定位，同时以墙、柱、梁为依托。定位时，按施工图确定的走向和轴线位置，在墙（柱）上弹线，画出管道安装的定位坡度线。由于在机房、地沟内并行多种管道，定位难度大，因此采用打钢钎拉钢线的方法，将各并行管道的位置、标高确定下来，以便于下一步支架的制作和安装。定位坡度线以管线的管底标高作为管道坡度的基准。

对立管放线时，打穿各楼层总立管预留孔洞，自上而下吊线坠，弹出总立管安装的垂直中心线，作为总立管定位与安装的基准线。

放线时，对支吊架的设置位置也要认真考虑，特别是管道防晃支架的设置，要尽可能利用柱子或混凝土墙、梁体边，依托柱或墙做防晃支架。

（2）连接方法　将预制好的管段进行编号，并放在平坦的场地，管段下面用方木垫实。涂塑管的管断面和涂塑被破坏的地方，还应用厂家提供的专用涂塑剂进行修复。连接的方式有以下几种：

1）卡箍连接：检查橡胶密封圈是否匹配，涂上润滑剂，按正确的方向套在管端，将对接的另一根管子对口，将橡胶圈移至连接处，每个接口之间应留 3~4mm 的间隙；选择适当的卡箍套在橡胶圈外，将边沿卡嵌到沟槽中，将带变形块的螺栓插入螺栓孔中，拧紧螺母。

2）管道螺纹连接

①套螺纹：将断好的管材按管径尺寸分数次套制螺纹，一般公称通径为 15~32mm 时，套两次；公称通径为 40~50mm 时，套 3 次，公称通径为 70mm 以上时套 3 次或 4 次。管道螺纹长度见表 13-7。

加工后的管螺纹都应端正、完整，断螺纹和缺螺纹总长不应超过全螺纹长度的 10%。用套丝机套螺纹时，将管材夹在套丝机卡盘上，留出适当长度将卡盘夹紧，对准板套号码，上好板牙，按管径对好刻度的适当位置，紧住固定板机，将润滑剂管对准丝头，开机推板，待螺纹套到适当长度时，轻轻松开扳机。

用手工套丝板套螺纹时，先松开固定板机，把套丝板板盘退到 0°，按顺序号上好板牙，把板盘对准所需刻度，拧紧固定板机，将管材放在压力案上的压力钳内，留出适当长度并卡紧，将套丝板轻轻套入管材，使其松紧适度，然后两手推套丝板，带上 2~3 扣，再站到侧面扳转套丝板，用力要均匀，在螺纹即将套成时，轻轻松开板机，开机退板，并保证螺纹有锥度。

②配管的安装：螺纹连接时，在管端螺纹外面敷上填料，用手拧入 2~3 牙，再用管钳一次

装紧，不应倒回，装紧后，应留有 2~3 牙螺尾，管螺纹上均需加填料。管道连接后，把挤到螺纹外面的填料清除掉。注意：填料不能挤入管道，以免阻塞管路。各种填料在螺纹里只能使用一次，并在拆卸后重新装紧时，应更换新填料。

表 13-7　管道螺纹长度

公称通径/mm	普通丝头		长丝（连接设备用）		短丝（连接阀类用）	
	长度/mm	螺纹数	长度/mm	螺纹数	长度/mm	螺纹数
15	14	8	50	28	12.0	6.5
20	16	9	55	30	13.5	7.5
25	18	8	60	26	15.0	6.5
32	20	9	—	—	17.0	7.5
40	22	10	—	—	19.0	8.0
50	24	11	—	—	21.0	9.0
70	27	12	—	—	—	—
80	30	13	—	—	—	—
100	33	14	—	—	—	—

螺纹连接时，应根据配装管件的管径选用适当的管钳，不能在管钳的手柄上加套管增长手柄来拧紧管子。安装完后，清理麻头，做好外露螺纹处的防腐工作。

（3）UPVC 管的粘接

1）材质要求：管材和管件进入施工现场时，应具有质量合格证、产品规格和生产厂名称，包装上应标有批号、数量、生产日期和检验代号。UPVC 管材、管件的储运应注意以下几点：

① 搬运管材和管件时，应小心轻放，避免油污，严禁剧烈撞击、与尖锐物品碰触、抛摔滚拖，在冬季更需特别注意。

② 管材和管件应存放在通风良好、温度不超过 40℃ 的库房或简易棚内，不得露天存放，与热源间的距离不应小于 1m。

③ 管材应水平堆放在平整的支垫物上，支垫物宜用木方，宽度不宜小于 75mm，间距不应大于 1m，两端外悬不应超过 0.5m，堆放高度不得超过 1.5m。管件应逐层码放，不得叠置过高。

2）粘接：管道穿过地下室外墙、基础及地下构筑物外墙时，应设金属套管并采取防水措施，同时穿过套管的一段管道应改为金属管。管道采用承插口粘接方式时应遵守以下操作规程：

① 粘接的管道在施工中被切断时，必须将插口处倒角锉成坡口后再进行连接。切断管材时，应保证断口平整且垂直管轴线。加工成的坡口长度一般不应小于 3mm，坡口厚度为管壁厚度的 1/3~1/2。在坡口加工完成后，应将残屑清除干净。

② 在管材或管件粘接前，应用棉纱或干布将承口内侧和插口外侧擦拭干净，使被粘接面保持清洁，无尘砂与水迹。当表面沾有油污时，必须用棉纱蘸丙酮等清洁剂擦净。

③ 粘接前应将两管试插一次，使插入深度及配合情况符合要求，并在插入端表面画出插入承口深度的标记。管端插入承口深度不应小于表 13-8 的规定。

表 13-8　管端插入深度要求　　　　　　（单位：mm）

管材外径	32	40	50	63	75	90	110	125	140
管端插入承口深度	21	25	30	36.5	42.5	50.5	60	67.5	75

用毛刷将胶粘剂迅速刷在插口外侧及承口的内侧接合面上时，宜先涂承口，后涂插口，宜轴向涂刷，并涂刷均匀、适量。

塑料管与金属管配件采用螺纹连接时，应采用成型的螺纹塑料管件，同时应将塑料管件作为外螺纹，将金属管件作为内螺纹。若将塑料管件作为内螺纹，则宜使用在注射螺纹端外部嵌有金属加固圈的塑料连接件。上述螺纹连接应采用聚四氟乙烯生料带作为密封填充物，不宜使用白厚漆、麻丝。

3）管道安装注意事项：当施工现场与材料存放处温差较大时，应在安装前将管材、管件运抵现场，并放置一段时间，以使其温度与现场环境温度一致，避免产生温度应力。

在管道安装过程中，应防止现场的油漆等有机物污染管材和管件。

13.2 室内给排水管道的安装

13.2.1 室内给水管道的安装

1. 管道布置、敷设原则及安装规定

室内给水管道由引入管、干管、立管、支管和管道配件组成。

（1）管道布置原则

1）给水引入管及室内给水干管宜布置在用水量最大处或不允许间断供水处。

2）室内给水管道一般采用枝状布置，单向供水，当不允许间断供水时，可从室外环状管网不同侧设两条引入管，在室内连成环状或贯通枝状双向供水。

3）给水管道的位置不得妨碍生产操作、交通运输和建筑物的使用；管道不得布置在遇水能引起燃烧、爆炸或损坏产品和设备的物体上面，并尽量避免在设备上面通过。

4）给水埋地管道应避免布置在可能受重物压坏处，管道不得穿越设备基础。

（2）管道敷设原则

1）给水管道一般宜明设，尽量沿墙、梁、柱直线敷设，当建筑有要求时，可在管槽、管井、管沟及吊顶内暗设。

2）给水管道不得敷设在风道、排水沟内。

3）给水管道不得穿过变配电间。

4）给水管道不宜穿过伸缩缝、沉降缝，当必须穿过时，应有相应的技术措施。

（3）引入管安装的一般规定

1）每条引入管上均应装设阀门和水表，必要时还要有泄水装置。

2）给水引入管与排水管间的水平净距，在室外不得小于 1.0m，在室内平行敷设时其最小值为 0.5m，交叉敷设时两者垂直净距为 0.15m，且给水引入管应在上面。

3）引入管或其他管道穿越基础或承重墙时，要预留洞口，管顶和洞口间的净空一般不应小于 0.15m，且给水引入管应在上面。

4）引入管或其他管道穿越地下室或地下构筑物外墙时，应采取防水措施，根据情况采用柔性防水套管或刚性防水套管。

（4）干管和立管安装的一般规定

1）与其他管道同地沟或共支架敷设时，给水管应在热水管、蒸汽管的下面，在冷冻管或排水管的上面。

2）给水管不与输送有害、有毒、易燃介质的管道同沟敷设。

3）给水立管和装有 3 个或 3 个以上配水点的支管，在始端均应装设阀门和活接头。

4）立管穿楼板时要加套管，套管底面与楼板底齐平，套管上沿一般高出楼板 20mm；安装在卫生间地面的套管，套管上沿应高出地面 50mm。

（5）支管安装的一般规定

1）支管应有大于或等于 0.2% 的坡度坡向立管。

2）明装支管沿墙敷设时，管外皮距墙面应有 20~30mm 的距离（公称通径小于或等于 32mm 时）。管与管及与建筑构件之间的最小净距见表 13-9。

表 13-9　管与管及与建筑构件之间的最小净距

名称	最小净距
引入管	在平面上与排水管道间的最小净距大于或等于 1000mm 与排水管水平交叉时的最小净距大于或等于 150mm
水平干管	与排水管道的水平净距一般大于或等于 500mm 与其他管道的最小净距大于或等于 100mm 与墙、地沟壁的最小净距一般为 80~100mm 与梁、柱、设备的最小净距大于或等于 50mm 与排水管的交叉垂直距大于或等于 100mm
立管	不同管径下的距离要求如下： 当公称通径小于或等于 32mm 时，至墙的最小净距大于或等于 25mm 当公称通径为 32~50mm 时，至墙面的最小净距大于或等于 35mm 当公称通径为 70~100mm 时，至墙面的最小净距大于或等于 50mm 当公称通径为 125~150mm 时，至墙面的最小净距大于或等于 60mm
支管	与墙面的最小净距一般为 20~25mm

2. 干管的安装

管段预制好后，先将管段慢慢放进沟内或支架上，在管道和阀件就位后，检查管道、管件、阀门的位置、朝向，然后从引入管开始接口，安装至立管穿出地平面上第一个阀门为止。管道穿楼板和穿墙处应留套管，套管的长度、环逢的间隙和密封质量应符合规范规定。在地下埋设或地沟内敷设的给水管道应有 0.2%~0.5% 的坡度，坡向引入管处，引入管应装泄水阀，泄水阀一般设在阀门井或水表井内。给水引入管直接埋入地下时，应保证深度；与其他管道交叉或平行敷设时，间距应符合规范规定；在管沟内敷设时，管道与沟壁的间距不应小于 150mm。

3. 立管的安装

1）在安装立管前，先修整楼板孔洞，在顶层楼板找出立管中心线位置，再在预留孔位用线坠向下吊线，用锤子、錾子修整楼板孔洞，使各层楼板孔洞的中心位置在一条直线上。安装管道时，用乙字弯或弯头调整，使立管中心与墙的距离一致。修整好孔洞后，应根据立管位置及支架结构，栽好立管管卡，在管卡固定牢固后，即可进行立管的安装。

2）明装立管：每层从上至下统一吊线安装支架，将预制好的立管编号分层排开，按顺序安装，对好调直时的印记，校核预留甩口的高度、方向是否正确；对于用螺纹连接的管道，其外露螺纹和管道外保护层破损处应补刷防锈漆；支管甩口处应加好临时封堵；立管阀门安装朝向应便于操作和维修；安装完后，用线坠吊直找正，并做好孔洞封堵。

3）暗装立管：应先上下统一吊线安装支架，再安装立管；安装在墙内的立管应在结构施工中预留管槽；立管安装后，吊直、找正，用卡件固定，支管的甩口应露明，并加好临时丝堵，其他同明装立管。

4. 支管的安装

（1）明装支管　将预制好的支管从立管甩口依次逐段安装。有阀门处，若阀杆碍事，应将阀门压盖卸下，将阀体安装好后，再安装阀盖；根据管道长度，适当加好临时固定卡，核定不同卫生器具、用水点的预留口高度和方向，找平、找正后，栽好支架，去掉临时固定管卡，上好临时丝堵；支管外皮距墙装饰面应留有一定的距离；支管若装有水表，一般在水表位置先装上连接管，试压后，在交工前，拆下连接管，换装水表；给水支管穿墙处应按规范要求做好套管。

（2）暗装支管　管道嵌墙、直埋敷设时，宜提前在砌墙时预留管槽。管槽的尺寸为：深度等于管外径加 20mm，宽度等于管外径加 40～60mm；管槽表面应平整，不应有尖角等突出物。将预制好的支管敷在管槽内，找平、找正并定位后，用勾钉固定。卫生器具的给水预留口要做在明处，加好丝堵。试压合格后，用 M7.5 级水泥砂浆填补密实。若在墙上凿槽，应先确定墙体强度和厚度，当墙体强度不足或墙体不允许时，不宜凿槽。

管道在楼地面层内直埋时，应提前预留管槽。管槽的尺寸为：深度等于管外径加 20mm，宽度等于管外径加 40mm。管道安装、固定、试压合格后，用与地坪相同等级的水泥砂浆填补密实。

5. 配件的安装

（1）阀门的安装

1）安装前的准备

① 进场时应进行检验：阀门的型号、规格应符合设计要求；阀体铸造质量应符合要求，表面光滑，无裂纹，开关灵活，关闭严密，手轮完整无损，具有出厂合格证。

② 在安装阀门前，应对其做强度和严密性试验。试验时应从每批（同牌号、同规格、同型号）中抽查 10%，且不少于一个，若有漏、裂不合格件，应抽查 20%，仍有不合格时则需逐个试验。对于安装在主干管上起切断作用的闭路阀门，应逐个做强度和严密性试验。强度和严密性试验压力应为阀门出厂规定的压力，同时应有试验记录备查。

阀门的强度和严密性试验应符合以下规定：阀门的强度试验压力为公称压力的 1.5 倍，严密性试验压力为公称压力的 1.1 倍；试验压力在试验持续时间内应保持不变，且壳体填料及阀瓣密封面无渗漏现象。阀门试压的试验持续时间不应少于表 13-10 的规定。

表 13-10　室内给水施工阀门试压的试验持续时间

公称通径/mm	最短试验持续时间/s		
	严密性试验		强度试验
	金属密封	非金属密封	
≤50	15	15	60
65～200	30	15	120
250～450	60	30	180

试压不合格的阀门应经研磨修理，重新试压，合格后方可安装使用。对于试验合格的阀门，应及时排除其内部积水，在密封面上涂防锈油，关闭阀门，并将两端暂时封闭。

③ 在安装阀门前，先将管子内部杂物清除干净，以防止铁屑、砂粒等污物刮伤阀门的密封面。

2）安装要求。在阀门安装、搬运过程中，不允许随手抛掷阀门，以免无故损坏阀门，也不得转动手轮，安装前应将阀壳内部清扫干净。阀杆的安装位置除设计注明外，一般应以便于操作和维修为准。对于水平管道上的阀门，一般将其阀杆安装在上半周范围内。

吊装较重的阀门时，绝不允许将钢丝绳拴在阀杆手轮及其他传动杆件和塞件上，应拴在阀体的法兰处。对于水平管道上的阀门，其安装位置应尽量保证手轮朝上或者倾斜 45°，也可水平安装，但不得朝下安装。

在焊接法兰时，应注意与阀门配合，应检查法兰与阀门的螺孔位置是否一致。要把法兰的螺孔与阀门的螺孔先对好后再焊接。安装时应保证两法兰端面相互平行和同心，不得与阀门连接的法兰强力对正。拧紧螺栓时，应对称或十字交叉地进行。

安装截止阀、蝶阀和止回阀时，应使水流方向与阀体上的箭头方向一致。安装螺纹连接的阀门时，应保证螺纹完整无缺。拧紧时，必须用扳手咬牢，要拧入管子一端的六角体，拧紧后螺纹应有 3 牙的预留量，以确保阀体不被损坏。填料（麻丝、铅油等）应缠涂在管螺纹上，不得缠涂在阀体的螺纹上，以防填料进入阀内。

旋启式和升降式止回阀的安装有方向性，阀板或阀芯的启闭方向要与水流方向一致，并且要在重力作用下能自行关闭。

（2）配水短支管及给水配件的安装　先从给水横支管甩口管件口中心吊线，再根据卫生器具进水口需要的标高量取给水短支管的尺寸，记录在草图上，然后采用比量法下料，进行短支管预制加工。安装时，要严格控制短管的坐标与标高，以保证卫生器具安装正确；给水配件的安装高度，应遵照设计要求或标准图的规定；靠近给水配件的横支管上应栽好角铁支架，支架应平整、牢固；管道与金属支架间采用橡胶垫间隔，避免直接接触；水龙头等给水配件一般在通水时或交工时安装，在此之前，应及时封堵好临时敞口。

（3）水表的安装　安装时，应注意水表箭头方向与水流方向一致。旋翼式水表的表前与阀门间应有长度为 8 ~ 10 倍水表接口直径的直线管段；对于其他水表，表前应有长度大于或等于 300mm 的直线管段，超出要求的管道应煨弯后沿墙敷设。水表外壳距墙表面净距为 10 ~ 30mm。当支管长度大于 1.2m 时，应设管卡固定。

当给水系统进行水冲洗时，应将水表卸下，用临时管段过渡，在冲洗完毕交工前再复位。

13.2.2　室内排水管道的安装

1. 干管的安装

1）将预制好的管段按照承口朝来水方向，由出口处向室内的顺序排列，核对管径、位置和标高无误后，调直管道，调整好坡度。

采用支墩时，管底用水泥砂浆填充，管两边用细石混凝土稳固；采用型钢支架时，用卡环固定牢固。

2）排水立管和排出管端部，采用两个 45°弯头或曲率半径大于或等于 4 倍管径的 90°弯头连接。通向室外的排水管穿过墙壁时，采用 45°三通和 45°弯头连接。

3）安装排水系统的管道时，应根据设计要求选用管材。

2. 立管的安装

1）首先按设计坐标要求，核实预留孔洞，修整孔洞，孔洞尺寸应比管外径大 40 ~ 50mm。

2）为了减少安装时连接"死口"和确保接口质量，应尽量增加立管的预制管段长度。根据立管上检查口、卫生器具及横支管的支岔口位置与中心标高，按照实际测量尺寸绘制出安装草图，选定合格的管子和管件，进行断管和配管，预制的管段配制后，按草图核对节点间尺寸及管件接口朝向。安装立管时，两人上下配合，一人在上一层楼板上，由管洞内投下一个绳头，下面一人将预制好的立管上半部拴牢，上拉下托将管段安装就位。

3）检查口的中心与所在室内地面间的距离应为 1.0m，其他支岔口中心标高的端部应保证在满足支管设计坡度的前提下，连接卫生器具排水短管管件的上承口面与顶棚楼板面间应有不小于 100mm 的距离。

4）对于明敷的 PVC 管道，应采取防止火灾贯穿措施。当立管管径大于或等于 110mm 时，在楼板贯穿部位应设置阻火圈或长度小于或等于500mm的防火套管；管道安装后，在穿越楼板处，用 C20 细石混凝土分两次浇捣密实。浇筑结束后，结合找平层或面层施工，在管道周围筑成厚度大于或等于20mm、宽度大于或等于30mm的阻水圈；横干管穿越防火分区隔墙时，管道穿越墙体的两侧应设置阻火圈或长度大于或等于500mm的防火套管。

3. 支管的安装

1）按图样中的卫生器具安装位置，考虑以后墙面抹灰及装饰面的厚度，结合进场卫生器具排水口实际尺寸，对预留的孔洞进行校核。由每个立管支岔口所带各卫生器具的排水中心对准楼板孔洞，向板下吊线坠，量出从立管支岔口到各卫生器具排水管中心的主横管和横支管尺寸，并记录在草图上，根据现场实量的尺寸，绘出管段预制草图，进行预制。

2）横支管的安装：先搭好架子或操作平台，将吊架或托架按设计坡度安装好，复核吊杆尺寸，符合要求后，将预制好的管段托到管架上，然后将支管插口插入承口内，进行安装。

3）横支管安装完后，可将卫生器具的预留管安装到位，将各敞开的管口临时用木塞等封严，最后将楼板孔洞堵严。

13.3　消防设施及室外给排水管道的安装

13.3.1　水消防设施的安装

1. 消火栓箱及支管的安装

消火栓在安装前应做耐压强度试验。试验时应从每批（同牌号、同规格、同型号）中抽查10%，且不少于一个，若有漏、裂等不合格现象，应再抽查20%，仍有不合格件时则需逐个试验。强度和严密性试验压力应为消火栓出厂规定的压力，同时应有试验记录备查。

暗装的消火栓箱需解体进行安装，当进行墙体施工时，可随之同步进行箱体的安装，并做好产品保护，防止污染和碰撞变形。箱体安装的位置和标高应正确，应充分考虑安装后栓口的位置，将栓口的中心标高控制在1.1m，正负偏差在20mm以内。单栓消火栓箱内的消防栓阀距箱体侧面和后面的距离及箱体的垂直度应符合规范要求；柜式消火栓箱及双栓箱应符合国家标准图要求；安装箱体时，应考虑箱门的安装方法和厚度，使安装好的消防门与装饰面吻合较好；安装好的箱体应固定牢固。

消火栓支管要以消火栓阀的坐标、标高定位甩口，核定后，再稳固消火栓箱。应在箱体找正、稳固后，再安装消火栓阀。消火栓阀安装在箱门开启的一侧，箱门开启应灵活。

消火栓箱体的安装方式应符合设计要求，无论明装、暗装、半明半暗装，都要先做出样板，待监理和建设单位确认后再大面积安装。

明装的消火栓箱可在消防系统分区、分系统强度试验前安装好。

消火栓箱的玻璃可在竣工时安装好，箱体内的配件可在交工验收前安装好。

消火栓的支管从箱的端部经箱底由下而上引入，栓口朝外。

暗装消火栓箱体时，应与电气、装修专业密切配合，保持整体美观，与装修面的接缝应整齐美观；明装消火栓箱体时，要按标准图集要求固定箱体，如果墙体为轻质隔墙，应做固定支架，安装后的箱体上下角的水平位移不得超过2mm。

2. 消火栓箱配件的安装

消火栓配件的安装应在交工前进行。消防水龙带每根长度不应大于25m，并应折放在挂架上或卷实、盘紧放在箱内；消防水枪要竖放在箱体内侧；自救式水枪和软管应放在挂卡上或自救式卷盘上。消防水龙带与水枪快速接头的连接处应使用配套卡箍锁紧。设有电控按钮时，应注意与电气专业配合施工。

在将消火栓安装完毕后，应消除箱内的杂物。箱体内外局部漆面有损坏的地方要补刷，暗装在墙内的消火栓箱体周围不应出现空鼓现象，管道穿过箱体处的空隙应用水泥砂浆或密封膏封严。箱门上应标出"消火栓"三个红色大字。

在室内消火栓系统安装完成后，应取两处消火栓做试射试验，其水枪充实水柱高度达到设计要求时为合格。

3. 水泵接合器的安装

安装前应检查水泵接合器型号、规格是否符合设计要求。水泵接合器的位置必须符合设计要求。水泵接合器的安全阀、止回阀安装位置、方向应正确，阀门启闭灵活。地下式水泵接合器顶部进水口与井盖底面间的距离不应大于 400mm，以便于连接和操作。

13.3.2 室外给排水管道施工

1. 一般规定

管道管顶覆土厚度应根据设计要求，经现场核对具体情况后确定。给水管道接口卡箍等应安装在检查井或地沟内，不得直接埋在土壤中。给水系统各种井室内管道的安装应符合《建筑给水排水及采暖工程施工质量验收规范》（GB 50242—2002）的规定。

管道的位置、标高、坡度等应符合设计要求。允许偏差符合《建筑给水排水及采暖工程施工质量验收规范》（GB 50242—2002）的规定。隐蔽、埋地管道在隐蔽前必须做灌水试验，其灌水高度应不低于底层卫生器具或底层地面。

2. 施工流程

室外给排水管道施工流程如图 13-6 所示。

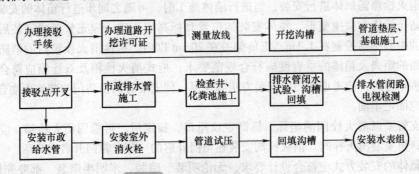

图 13-6　室外给排水管道施工流程

3. 沟槽的开挖和明沟排水

（1）沟槽的开挖　根据管道埋深、管径大小、土质情况、施工方法和条件等因素确定开槽断面尺寸，根据工期长短、工程量、施工条件、人工和机械供应情况选用人工或机械方法开挖沟槽。开挖至设计沟底时不得超挖，沟底达到设计高程时要找坡找平，底宽要达到安管工作面的需要。若局部超挖，则应用相同的土填补，并夯实至接近天然密实度，或用砂、砂砾石填补夯实。

挖槽出土应堆放在沟槽一侧，土堆底边距沟边应保持 0.6m 以上的距离。

（2）明沟排水　敷设管道时，若有地下水或者在雨季施工，应当采取排水和降水措施，保障在干槽条件下施工。

4. 井室砌筑

（1）一般规定　井室底的标高在地下水位以上时，基础应为素土夯实；在地下水位以下时，基层应浇筑强度不低于 C20 的混凝土，厚度不应小于 100mm。

井室的尺寸、位置、标高应符合设计要求，砌筑材料应符合要求，抹灰层严密不透水。

各类井室的井盖应符合设计要求，应有明显的文字标志，各种井盖不得混用。

重型铸铁或混凝土井圈不得直接放在井室的砖墙上，应放在厚度大于或等于 80mm 的细石混凝土垫层上。

管道穿过井壁处应用水泥砂浆、油麻填塞捣实，抹平，不得渗漏。

（2）砌筑要点　井室的砌筑应在管道和阀门安装好之后进行，应按照设计图或指定的标准图施工。不得将管道接口和法兰盘砌在井外或井壁内，并且井壁距法兰外缘应大于 250mm。

井壁通常用 MU7.5 机砖、M5 混合砂浆砌筑，砖缝内灰浆应饱满。

管道穿过井壁处应采取起拱的方法处理，其间隙内填塞油麻并用水泥灰找平。井壁内爬梯（踏步）应按照标准图上的位置边砌边安装。当井壁需要收口时，若四面收进，则每层收进量不应大于 30mm；若三面收进，则每层收进量不应大于 50mm。井室内壁应用原浆勾缝，有抹面要求时，内壁抹面应分层压实，外壁用砂浆搓缝密实。

（3）井室砌筑的质量要求　井室的勾缝抹面和防渗层应符合质量要求。阀门的阀杆应与井口对中。井盖高程的偏差应在允许值内。井壁与管道交接处不得漏水。

5. 室外管道施工

（1）室外铸铁管的安装

1）管材、管件质量要求：铸铁管及其管件的规格应符合设计要求，并应有出厂合格证和质量证明书。管材、管件进场时应进行外观检验：铸铁管和管件的壁厚应均匀，内外壁光滑整洁，不得有砂眼、裂纹、瘪陷和错位等缺陷；承插口的内外径及管件应造型规整；管内、外表面的防腐涂层应整洁均匀、附着牢固。

2）管道的加工：按设计图样画出管道分路、管径、变径、预留管口、阀门位置等施工草图，在实际安装的结构位置做上标记，按标记分段量出实际安装的准确尺寸，记录在施工草图上，然后按草图上的尺寸进行预制加工。

铸铁管断管采用凿切的方式。断管时，采用扁凿及锤子，在管子切断处垫上木条，转动管子用錾子沿切线轻凿一两圈以刻出线沟，然后沿线沟用木棍用力敲打，同时不断地转动管子，连续敲打几圈，直至管子折断为止。大口径管子可由两人操作，一人打锤，一人掌握錾子。手握錾子要端正，不得偏斜。操作的人应戴防护眼镜，以免飞溅出的铁片碰伤脸或眼睛。

铸铁管采用承插橡胶圈接口。橡胶圈不得有气孔、裂纹和接缝，橡胶圈应均匀、平展地套在插口平台上，不得扭曲和断裂。储运时，橡胶圈不宜长时间受压，不宜长时间接受日晒，不得接触油类及橡胶溶剂。

3）管道的安装：接口作业时，应先将承口内和插口外端清理干净，去掉毛刺，擦掉泥土等脏物。根据承口深度，在插口管端划出插入承口深度的标记。

将橡胶圈塞入承口橡胶圈槽内，在橡胶圈内侧及插口处抹上肥皂水等润滑剂，然后将插口端的中心对准承口的中心轴线，将管子找平找正，用倒链等工具拉动铸铁管，将插口插入承口内标记处即可。橡胶圈接口最大允许偏转角不应超过表 13-11 的规定。

表 13-11　橡胶圈接口最大允许偏转角

公称通径/mm	100	125	150	200	250	300	350	400
允许偏转角度/（°）	5	5	5	5	4	4	4	3

承口应朝来水方向顺序排列，连接的对口间隙不应小于 3mm，找平找直后将管道固定；管

道拐弯和始端处应支承顶牢，防止捻口时轴向移动，所有的管口应封堵好。采用绳子和滑轮进行安装时，管道两侧的滑轮不宜处于管道中心线位置，否则即使管道两侧用力一样，也不能保证其受力均匀。

4）管道防腐、试压：敷设安装前应按设计要求做好管道防腐工作；管道安装完毕，必须经水压试验合格后方能覆土隐蔽。

（2）高密度聚乙烯（HDPE）波纹管采用密封圈承插连接

1）管道基础：基坑开挖至设计标高，复测无误后，经现场监理工程师验收合格后方可进行基底垫层的施工。管道基础采用垫层基础，其厚度应符合设计要求。基础应夯实紧密，表面平整。管道基础的接口部位应预留凹槽，以便接口操作。接口完成后，应随即用相同材料填筑密实。

2）管道的安装：根据管径大小、沟槽和施工机具装备情况，确定以人工或机械的方式将管道放入沟槽。下管时要采用可靠的软带吊具，平稳下沟，不得与沟壁和沟底激烈碰撞，以防管道损坏。同一批次的产品下管时，应注意按厂家提供的管段编号顺序下管。

待用的管材按产品标准逐支进行质量检验，不符合标准时不使用，并做好记号，另行处理。现场的管材由人工搬运，搬运时轻抬轻放。下管前，凡规定需进行管道变形检测的断面管材，应预先量出该断面管道的实际直径并做出记号。

下管时用人工或起重机吊装。人工下管时，由地面人员将管材传递给沟槽内的施工人员，对放坡开挖的沟槽也可用非金属绳系住管身两端，保持管身平衡，均匀溜放至沟槽内，严禁将管材由槽顶边滚入槽内；起重机下管时，用非金属绳索扣系住，不应串心吊装。

高密度聚乙烯管装卸时应采用柔韧性好的皮带、吊带或吊绳进行安装，不得用钢丝绳和链条装卸或运输。

管道装卸时应采用两个支承吊点，其两支承吊点位置宜放在管长的 1/4 处，以保持管道稳定。在管道装卸过程中应防止管道撞击或摔跌，尤其应注意对管端的保护，若有擦伤，应及时与厂方联系，以便妥善处理。

管材插口按顺水流方向、承口按逆水流方向安装，安装由下游往上游进行。管材接口前，先检查橡胶圈是否配套完好，并确认橡胶圈安放位置及插口的插入深度。接口时，先将承口内壁清理干净，并在承口及插口橡胶圈上涂润滑剂（首选硅油），然后将承口和插口端面的中心轴线对齐。

接口方法按下述程序进行：先由一人用棉纱绳吊住被安装管道的插口，另一人将长撬棒斜插入基础，并抵住该管端部中心位置的横挡板，然后用力将该管缓缓插入原管的承口至预定位置。

为防止接口合拢时已排设管道轴线位置移动，应采取稳管措施，具体方法为：在编织袋内灌满黄沙，封口后压在已排设管道的顶部，其数量视管径大小而异。管道接口后，复核管道的高程和轴线位置，使其符合要求。

雨季施工时应采取防止管材漂浮的措施。先回填到管顶以上 1 倍管径以上的高度。管材安装完毕尚未回填土时一旦遭到水泡，就应进行管中心线和管底高程复测和外观检查，若发现位移、漂浮、拔口现象，应立即返工处理。在管道敷设过程中，若发现管道损坏，应将损坏的管道整根更换，重新敷设。

3）高密度聚乙烯管材的接口处理方法。对于放入沟槽的管道，处理接口时，应拆除管子承插口气垫膜，进行清洗；将管道支承环推入，用无色无毛的棉布蘸 95% 的酒精擦拭管道承插口，管子连接面必须保持洁净、干燥；熔接时气温不得低于 5℃，否则需采取预热或保温措施。

管道在垫板上对正后，在管道插口端做插入深度标记，插入深度标记不得少于 100mm，然后将插口顶入（或拉入）承口内。承插口应连接紧密，两管段连接处承插口连接间隙最大允许距离为 5~8mm。

　　管道插接完成后，将夹紧带放置于承口环槽部位，无环槽时，将夹紧带置于距管端 40mm 处，然后用夹紧工具夹紧至承插口无间隙，扳直预埋电熔丝接头，插入电熔封接机插接器上，用螺栓紧固。通电时间根据管径大小设定。通电完成后，取走电熔接设备，让管子连接处自然冷却。在自然冷却期间，保留夹紧带和支承环，不得移动管道。只有当表面温度低于 60℃ 时，才可以拆除夹紧带。

　　管道与三通、弯头、异径接头等管件采用电熔连接。管道与其他材质的管道连接时采用检查井或专用法兰连接。

　　4）高密度聚乙烯管道的密封性检验。检验时以相邻两检查井的管道为一分段。管道密封性检验应在管区填土完成后进行。管道密封性试验采用闭气检验方法和检验标准，可参照《混凝土排水管道工程闭气检验标准》（CECS 19—1990）。

　　5）高密度聚乙烯管变形控制和检测。管道变形检验应在管道覆土夯实完成后进行，且边施工边检测。施工变形（即短期压扁率）的检测点数量一般应遵守下列规定：

　　① 每个施工段最初 50m 不少于 3 处，在检测点管轴垂直断面测垂直和水平直径。

　　② 相同条件下，每 100m 不少于 3 处，取起点、中间点和终点附近。

　　③ 在地质条件改变，填土材质、压实工艺变化，管径改变情况发生时，应重复本条①的检测内容。

　　6）管道与检查井的衔接。管道与检查井的衔接采用柔性接口，也可采用承插管件连接，视具体情况而定。当管道与检查井采用砖砌或混凝土直接浇筑时，采用中介层的做法，即在管道与检查井相接部位预先用与管材相同的塑料黏结剂、粗砂做成中介层，然后将水泥砂浆砌入检查井的井壁内。

　　中介层的做法：先用毛刷或棉纱将管壁的外表清理干净，然后均匀地涂一层塑料黏结剂，紧接着在上面撒一层干燥的粗砂，固化 10 ~ 20min，即形成表面粗糙的中介层。中介层的长度与检查井厚度相同。

　　检查井底板基础与管道基础垫层平缓顺接。

　　7）闭水试验和回填。在相邻井孔之间的截污管道安装完毕覆土之前，必须按施工验收规范要求进行闭水试验，确认渗漏量在规范允许范围后方可覆土回填。在管道接口工作结束 72h 后，其接口的水泥浆或其他接口材料终凝并且有一定强度后，方能做闭水试验，并应在回填土之前进行，以利于观察管道及接口的渗漏情况和采取堵漏措施。为节省试验工作，也可选取数个井段一起进行闭水试验。

　　按闭水试验的技术要求进行试验并及时记录渗水量，观察渗漏点，测定渗水量的时间不得少于 30min。闭水试验合格后，立即回填。

6. 管道闭路电视检测

　　（1）管网疏通检测的内容　根据工程特点，管道疏通检测的主要内容为：管道和检查井的潜水封堵、橡胶气囊辅助封堵、排水、高压疏通、闭路电视检测、流沙及淤泥外运至指定地点等。

　　（2）管道分析　对管道图样进行全面了解和分析，了解管道水流方向、管径、交汇井位置、支管接入位置等，并用红笔标出各个交汇点和接入点，便于准确查找和施工。

　　（3）实地踏勘　结合图样对施工段的管道进行现场踏勘，依照图样所提供的数据在实地对各个交汇井和接入井用明显的标记标出，以便于提高封堵安全性及有效性。

　　（4）封堵　根据实际管道情况和管道内水流强度进行封堵。为避免因封堵时间过长而使上游积水产生的水压对下游施工人员造成一定威胁，封堵的距离应根据实际状况确定，并依据先上游后交汇井各个入水口的顺序进行封堵。封堵之前将所要施工的路段范围内的井盖打开并放置围护栏或醒目的标记，用气体检测仪器对井内的气体进行检测，确保无有毒气体后方可进行下井封堵。

1）潜水封堵：由于所接驳的管线处于运营阶段，封堵后上游的水压力过大，因此主管线必须采用潜水封堵的方法，以避免封头被水流冲破而造成施工人员生命危险。一般每隔 3～4 个井位封堵一次。

2）橡胶气囊辅助封堵。由于管线内存在较多支管的出水口，因此在潜水封堵段内（在施工的管段）加以橡胶气囊辅助封堵，以便于施工顺利开展，也有利于避免因部分井位的高程差而造成排水不完全，影响疏通和检测的正常进行。

（5）排水（污水泵临排） 在确认上游各个支管完全封堵后，临时排水至管道底 10cm 左右，并对封堵后的上游水位进行控制，因此此工程的排水量比较大。

（6）高压射水疏通，流沙、淤泥外运 高压射水机通过高压产生向后和向前的水流，可以自由控制高压管在管道内运行。向后喷射的高压水流可以把管道内的淤泥和垃圾冲刷到检查井中，然后抽至淤泥运送车内到指定地点排放，可最低限度地降低淤泥和垃圾对周边环境的污染。

目前所用的车载式高压射水机适合在各种街道上运行，不受街道条件限制，不受气候影响，全机械操作，安全简单，配备各种冲洗头，可以适用于 200～1000mm 的各种管径，自由配置的高压管可以疏通管道的最大距离为 150m 左右，适合部分采用顶管工艺长距离的污水管道。此设备最大的特点就是高压产生的水流能够对管道内除了混凝土块以外的淤泥和各种生活垃圾造成的堵塞进行彻底疏通，并能清除管道壁上的锈垢、腐蚀物等附着物，减少污水中的酸、碱对管道的腐蚀。

（7）闭路电视内窥检测 管道经过先期疏通后无泥浆淌出，管道内水位不高于 10cm（最佳状态是无水）时就可以进行闭路电视检测。下井工作人员必须佩戴便携式气体探测仪器、安全保护带、防毒面具等。

（8）生成影像资料和文字报告 闭路电视内窥系统自动生成的影像可以自动保存在计算机的硬盘上，根据管道内部情况制作数据光盘和文字报告，以便于建设单位和施工方共同分析、评估管道状况，对损坏或渗漏部位做出精确定位，为今后制订维修方案提供科学、直观的依据。因此，应将资料和文字报告整理成册，为以后养护提供可靠的数据。

7. 沟槽回填

（1）回填一般要求 在沟槽回填前，应检查埋地干管与立管的接口位置、方向是否正确，确认无误后方可进行回填。给水管道的回填应分两次：首次在安管之后试压之前，先对管道两侧和高出管顶 0.5m 以内的部分进行回填，其管道接口部位不得回填，以便水压试验时观察；试压合格后，再进行沟槽其余部位的回填。排水管道闭水试验合格后，应立即进行沟槽回填。

（2）回填注意事项 排水管道闭水试验合格后，立即回填至管顶以上 1/2 管径高度。沟槽回填时，从管底基础部位开始到管顶以上 0.7m 范围内采用人工回填，严禁采用机械回填和碾压。管顶 0.7m 以上的部位用机械从管道轴线两侧同时回填，并夯实或碾压。回填前应排除沟槽内的积水。不回填淤泥、有机质土及冻土，应去掉回填土中的石块、砖及其他杂硬带有棱角的大块物体。应对称分层回填，每层回填高度不应大于 0.2m，确保管道及检查井不产生位移。

从管底到管顶以上 0.4m 范围内的沟槽回填材料，采用碎石屑、粒径小于 40mm 的沙砾等易于夯实的材料。当管道位于车行道下时，应先用中粗砂将管底腋角部位填充密实后，再用中粗砂或石屑分层回填至管顶以上 0.5m，再往上回填良质土。沟槽回填土的压实度见表 13-12。管顶 0.4m 以上按道路规范要求回填。

表 13-12　沟槽回填土的压实度

槽内部位		最佳压实度（%）	回填土质
	超挖部分	≥95	砂石料或最大粒径小于 40mm 的沙砾
管道 基础	管底以下	≥90	中砂、粗砂，软土地基按规定回填
	2 倍管底腋角范围	≥95	中砂、粗砂
	管两侧	≥95	中砂、粗砂、碎石屑、最大粒径小于 40mm 的沙砾或符合要求的原状土
	管顶以下 0.4m	≥90	
		≥80	
	管顶以上 0.4m	按地面或道路要求，但不得小于 80%	原土回填

8. 压力管道试压

水压试验前，管道应固定牢固，接头需明露，支管不宜连通卫生洁具等配水件。敷设、暗装、保温的给水管道在隐蔽前，做好单项水压试验。管道系统安装完毕后，进行综合水压试验。

（1）试压应具备的条件　管道施工安装完毕，并符合设计要求和施工验收规范（或规程）的有关规定；管道的支吊架安装完毕；管道阀门、法兰、焊缝及其他应检查的部位未经涂装和保温；不能参加试验的设备、仪表及管道附件等已暂时隔离或拆卸；试验用的临时加固措施经检查确定安全可靠；水压试验用的压力表应校正合格，其精度不应小于 1.5 级，最大量程为试验压力的 1.5 ~ 2.0 倍，表盘直径大于或等于 100mm。

冬季进行水压试压时，应采取防冻措施；试压完成后，应及时泄水；试压泵测压用的压力表宜设在管道系统的最低点。

试验前，应灌水、排气和浸泡。排气阀应设在管道起伏各顶点处。试验时应边充水边排气，直至管内无气泡为止，关闭排气阀。管道浸泡时间一般 24h。

（2）试压方法

1）将试压泵、阀门、压力表、进水管接在管路上并灌水，待满水后将管道系统内的空气排净（放气阀流水为止），关闭放气阀，待灌满后关进水阀。

用电动试压泵加压，压力应逐渐升高。在升压过程中，若压力表指针晃动，升压较慢，则应进一步排气再升压。升压应分级进行，每级以 0.2MPa 为宜，每升一级应检查管道后背、弯头、管口等处有无异常现象，若正常，再继续升压。

2）先升至工作压力检查，再升至试验压力观察。室内给水管道的水压试验必须符合设计要求。当设计未注明时，各种材质的给水管道系统试验压力均为工作压力的 1.5 倍，但不得小于 0.6MPa，其中钢塑复合管试验压力应大于或等于 0.8MPa。

检验方法：金属及复合管给水管道系统在试验压力下观测 10min，压力降不应大于 0.02MPa，然后降到工作压力进行检查，应不渗不漏；塑料管给水系统应在试验压力下稳压 1h，压力降不得超过 0.05MPa，然后在工作压力的 1.15 倍状态下稳压 2h，压力降不得超过 0.03MPa，同时检查各连接处，不得渗漏。

3）试压合格后，及时把水泄净，并将破损的镀锌层和外露螺纹处做好防腐处理，再进行隐蔽工作。

（3）注意事项　试验过程中若发生泄漏，不得带压修理，在将缺陷消除后，应重新试验。系统试验合格后，试验介质要定点排放，不得随意排放。系统试验完毕，应及时核对记录，并填写管道系统试验记录。试压合格后，将管网中的水排尽，并卸下临时用堵头，装上管道配件。

9. 给水管道的冲洗、通水、消毒

1）管道试压完后即可冲洗。冲洗时应用生活饮用水连续进行。冲洗水的排放管路应接入可靠的排水井或排水沟中，并保持通畅和安全。

冲洗顺序一般应按主管、支管、疏排管依次进行。冲洗前，应对系统内的仪表采取保护措施，并将流量孔板、滤网、温度计及止回阀阀芯等部件拆除，妥善保管，待冲洗后再重新装上。

不允许冲洗的设备及管道应与冲洗系统隔离。对未能冲洗或冲洗后可能留存杂物的管道，应用其他方法补充清理。冲洗时，管道内的脏物不得进入设备，设备吹出的脏物不得进入管道。

当管道分支较多，末端截面积较小时，可将干管中的阀门拆掉 1 个或 2 个，分段进行冲洗。冲洗时，应用锤子以适当力度敲打管子，重点对死角和管底部进行敲打，但不得损伤管子。冲洗前，应考虑管道支吊架的牢固程度，必要时应予以加固。

管道排水管应接至排水井或排水沟，并保证排放顺畅和安全。排放管的截面积，不应小于被冲洗管截面积的 60%。冲洗水的流速不应小于 1.5m/s。当设计无要求时，以出口的水色和透明度与入口处目测一致为合格。冲洗合格后，应填写管道系统冲洗记录。

2）系统冲洗完毕后，应进行通水试验，按给水系统的 1/3 配水点同时开放，各排水点通畅、接口无渗漏为合格。

3）管道消毒。管道冲洗、通水后，将管道内的水放空，连接各配水点，进行管道消毒。一般用 20～30mg/L 的游离氯溶液灌满进行消毒。常用的消毒剂为漂白粉，漂白粉应加水搅拌均匀，随同管道注水一起加入被消毒管段。消毒水应在管内滞留 24h 以上，再用饮用水冲洗。

管道消毒完后，打开进水阀向管道供水，打开配水点龙头适当放水，在管网最远点取水样，经卫生监督部门检验合格后，方可交付使用。

10. 排水管灌水、通球试验

（1）灌水试验

1）室内排水管。给横管、地下管道清扫口和立管检查口加垫、加盖进行封闭；将通向室外的排出管管口用试水充气胶囊充气堵严，可进行地下管道的灌水试验；进行室内横管和卫生器具短管灌水试验，可打开三通上部的检查口，用卷尺在管外测量由检查口至被检查水平管的距离，再加上三通以下 500mm 左右的长度，记下这个总长，再测量包括胶囊在内的胶管相应长度，并在胶管上做好标记，以控制胶囊进入管内的位置；将胶囊由检查口慢慢送入，一直放到测出的总长度位置，向胶囊充气并观察压力表示值上升到 0.07MPa 为止，最高不超过 0.12MPa；用试水充气胶囊封堵。排水管灌水试验如图 13-7 所示。

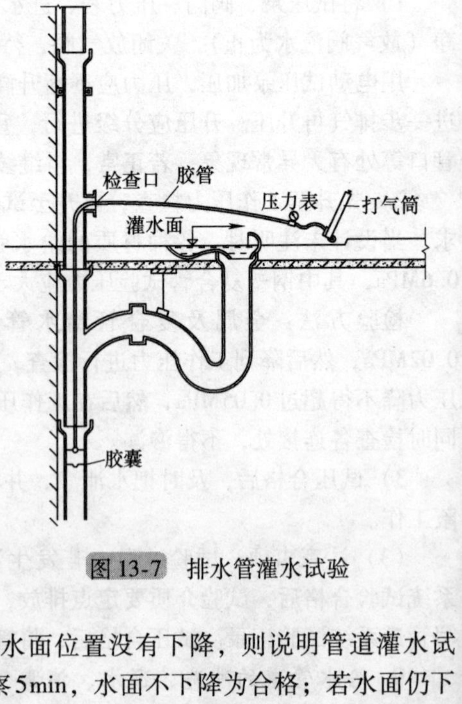

用胶管从便于检查的管口或检查口向管道内灌水，边灌水边观察水位上升情况，直到符合规定水位为止。从灌水开始，应设专人检查、监视出户排水管口、地下扫除口等易跑水部位，发现堵盖不严或管道漏水时，均应停止向管内灌水，并立即进行整修，待管口封闭严密或管道接口达到强度后，再重新灌水。

图 13-7　排水管灌水试验

灌满水后 15min，如果没有发现管道及接口漏水，应会同监理单位有关人员对管内水面高度进行检查，若水面位置没有下降，则说明管道灌水试验合格，灌满水 15min 后，若发现水面下降，再灌满观察 5min，水面不下降为合格；若水面仍下降，则说明灌水试验不合格，应对管道及各接口、堵口进行全面、细致的检查修复，排除渗漏故障后，重新按上述方法进行灌水试验，直至合格。

灌水试验合格后，从室外排水口放净管内存水；拆除灌水试验临时接的短管，并将敞开的管口临时堵塞并封闭严密。

2）室外排水管。将被试验管段的起点检查井及终点检查井（又称为上游井及下游井）管道的两端用钢制堵板堵好，不应渗水。

在起点检查井的管沟边设置一个试验水箱，应以试验段上游管顶内壁加 1.0m 作为标准试验水头。将进水管接至堵板下侧，终点检查井内管道的堵板应设泄水管和阀门，并挖好排水沟。向管内充水，在管道充满水后，浸泡时间不应少于 24h。观察管口接头处，应严密不漏，时间不应小于 30min。排水管道应畅通无堵塞。试验完毕后应及时将水排出。

（2）通球试验　室内排水主立管及水平干管管道均应做通球试验，通球的球径不应小于排水管道管径的 2/3，通球率必须达到 100%。

试验按顺序从上至下进行，将胶球从排水立管顶端口投入，并向管内给水，使球能顺利排出为合格；通球过程中若遇堵塞情况，应查明位置并进行疏通，直到通球无阻为止。

11. 管道保温、防腐、标识

（1）管道防腐

1）作业条件：一般应在管道试压合格后进行涂装、防腐作业。涂装或防腐作业时，必须在前一道干燥后再进行后一道，严格按作业程序执行。

涂装、防腐必须于环境温度在 5℃ 以上、相对湿度在 85% 以下的自然条件下进行，低于 5℃ 时应采取防冻措施。露天作业时应避时开雨、雾天。

在涂刷底漆前，必须清除表面的灰尘、污垢、锈斑、焊渣等物。管子受潮时，应采取干燥措施。

2）涂装：管道在涂刷底漆前，应进行人工除锈。人工除锈是指用砂布或钢丝刷除去表面浮锈，并用布擦净。管道除锈后应及时刷涂底漆，以防止再次氧化。

油漆开桶后必须搅拌均匀，漆皮和粒状物用 120 目（孔径为 0.125mm）的钢丝网过滤。油漆稀释时应根据油漆种类和涂刷方式选用不同稀释剂。油漆不用时应将桶盖密封或封盖漆面。漆桶用完后，盛其他油漆时，应将桶壁附着的油漆除净。漆刷不用时应浸于水中，再使用时甩干。

手工涂装时需使用油漆刷子、小漆桶。每次涂装，应少蘸油漆，增加蘸漆频次，防止油漆流淌，以提高涂装质量。手工涂装应自上而下、从左至右、先里后外、先斜后直、先难后易、纵横交错进行。涂层应薄厚均匀一致，无漏涂现象。手工涂装应分层进行，涂装层数按设计要求进行。多层涂装时，每遍不应过厚。在上一层油漆干后，才能进行下一遍涂装。快干漆不宜采用手工涂装。

涂装时，要用纸或塑料布遮盖墙面、地面等部位，做好保护，以防污染；要备好棉纱、汽油，以便污染时及时擦拭干净。涂装后涂层要均匀一致，不透底、颜色和光泽好、不漏刷、无流坠、不显刷印、附着好、不起皮、无污染现象，特别要求阀门红、黑分明，管后、支架、吊架等处不得漏涂。

3）防腐：埋地管道要特别注意按设计要求做好防腐工作。防腐施工按以下工艺进行：

① 刷涂沥青底漆：应在除完锈、表面干燥、无尘的管道上均匀地刷涂 1 遍或 2 遍，厚度一般为 1~1.5mm。底漆不应有麻点、漏涂、气泡、凝块、流痕等缺陷；下一道工序在沥青底漆彻底干燥后方可进行。

② 刷涂沥青涂料：先将熬好的沥青涂料均匀地在管道上刷一层，厚度为 1.5~2mm，不应有漏涂、凝块和流迹等缺陷。若需连续刷涂多遍，则应在上一遍干燥不粘手后再进行第二遍刷涂；热溶沥青应刷涂均匀，刷涂方向要与管轴线保持 60° 角度。

③ 做加强包扎层：沥青涂层中间所夹的内包扎层材料可采用玻璃丝布、油毡、麻袋片或矿棉纸；外包扎保护层材料可采用玻璃丝布、塑料布等。当设计无要求时，为便于施工，选用宽度为 300~500mm 的卷状材料。操作时，一个人用沥青油壶浇热沥青，另一人缠卷材料，包扎材料以螺旋状缠绕，且与管轴线保持 60°角度。两道卷材缠绕方向宜相反，圈与圈之间的接头搭接长度应为 30~50mm，并用热沥青黏结，任何部位不应形成气泡和褶皱；缠扎，应在面层浇涂沥青后，处于刚进入半凝固状态时进行。

④ 若有未连接或焊接的接口或施工中断处，应做成每层收缩量为 80~100mm 的阶梯式接茬。

⑤ 保护层：多采用塑料布或玻璃丝布包缠而成。其施工方法和要求与加强包扎层相同，圈与圈之间的搭接长度为 10~20mm，并应粘牢。

（2）标识　按业主要求或设计要求对管道或管道保温表面进行全管涂装或涂色环，进行文字标识。所有阀门均用红漆标明开、关方向位置。标识牌应防水、粘接牢固、位置明显、内容详细、流向箭头清晰。

第14章 低压配电与照明系统施工

本章所介绍的低压配电与照明系统，包含大型公共建筑、小区、地铁场所等所有用电设备以及所提供的低压电源、控制保护设备等。建筑设备施工工程包括动力和照明设备及其配电管线的安装、调试。

14.1 低压配电系统施工技术及措施

14.1.1 低压配电与照明系统负荷划分及供电技术要求

1. 负荷等级

（1）一级负荷 一级负荷包括集中不间断电源（UPS）系统、通信系统、信号系统、防灾报警系统、综合监控系统、机电设备监控系统、防淹门、应急照明、公共区照明、灾害时需正常运行的自动扶梯、气体灭火、消防泵、废水泵、雨水泵、防火卷帘、组合空调器、事故风机及其阀门等。

（2）二级负荷 二级负荷包括各种集水泵、污水泵、灾害时需停止运行的自动扶梯、液压电梯、设备区和管理区照明、非事故风机及风阀、设备用房的通风空调等。

（3）三级负荷 三级负荷包括建筑公共区及管理用房空调系统（冷水机组、冷冻水泵、冷却水泵、冷却塔风机）、广告照明、电开水器、保洁电源、商铺用电等。

2. 供电技术要求

一级负荷的供电技术要求从变电所的两段母线上分别引出两路互为备用的独立电源，末段切换，以保障供电的可靠性。应急及疏散照明另增设蓄电池装置作为备用电源，容量应满足90min 的供电要求。二级负荷的供电技术要求从一、二级负荷母线馈出单回路电源至设备。三级负荷的供电技术要求从一、二级负荷母线馈出单回路电源至设备，当一、二级负荷母线的两段母线中的一段供电发生故障时，负荷予以切除。

14.1.2 建筑低压配电系统的施工流程

建筑低压配电系统的施工流程如图 14-1 所示。

14.1.3 建筑低压配电系统的主要施工工艺及方法

1. 配电柜的安装

（1）安装顺序 设备开箱检查→设备搬运→柜体稳定→回路接线→柜体调整、试验→送电运行验收。

（2）安装条件 室内地面工程结束、场地干净、道路畅通，基础型钢调平直，符合施工规范规定，预留管、洞检查无遗漏，墙面、屋顶喷浆完毕且无漏水现象，施工图样、技术资料齐全，技术、安全、消防措施落实。

（3）操作工艺

1）设备开箱检查。设备到场后，设备开箱检查工作由安装单位、供货单位或监理单位共同进行，并做好检查记录。按照设备清单、施工图样及设备技术资料核对设备本体及附件，备件的规格型号应符合设计图样要求，附件、备件齐全，产品合格证件、技术资料、说明书齐全。

检查设备铭牌、规格、型号是否和设计要求一致。检查外观是否锈蚀，有无开焊或变形现象，油漆是否脱落，绝缘件有无损坏和裂纹，螺栓是否牢固。接线端子应清洁且接触良好。

2）设备搬运。设备运输作业由起重工负责，电工配合。根据设备重量、距离可采用汽车、汽车起重机配合运输，用手动液压叉车运输到安装位置。

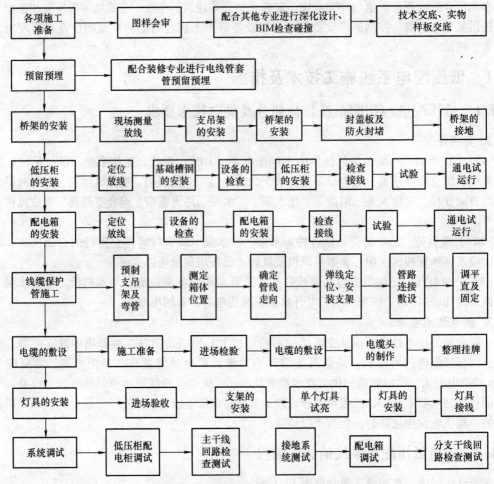

图 14-1　建筑低压配电系统的施工流程

当柜（盘）顶部有吊环时，应将吊索穿在吊环内，无吊环时应将吊索挂在四角主要承力结构处，不得将吊索吊在设备部件上。吊索的长度应一致，以防柜体变形或损坏部件。汽车运输时，必须用麻绳将设备与车身固定牢固，开车要平稳。

3）柜体的安装

① 基础型钢的安装。按图样要求预制加工基础型钢架，并刷好防锈漆。按施工图样所标位置，将预制好的基础型钢架放在预留铁件上，用水准仪或水准尺找平、找正。在找平过程中，需用垫片的地方最多不能超过三片。然后，将基础型钢架、预埋铁件、垫片焊牢。最终，基础型钢顶部宜高出抹平地面 10mm。配电柜基础型钢安装允许偏差见表 14-1。

② 基础型钢与地线连接。在基础型钢安装完毕后，将室外地线扁钢分别引入室内（与变压器安装地线配合）与基础型钢的两端焊牢，焊接面宽度为扁钢宽度的 2 倍，然后将基础型钢刷

两遍灰漆。

表 14-1　配电柜基础型钢安装允许偏差

项次	项目	允许偏差/mm	
1	垂直度	每米	1
		全长	5
2	水平度	每米	1
		全长	5

③ 柜体的稳定。根据施工图样的布置要求，按顺序将柜放在基础型钢上。单独柜只找柜面和侧面的垂直度。成列柜各台就位后，先找正两端的柜，在从柜下至上 2/3 高的位置绷上小线，逐台找正。找正时采用 0.5mm 垫片进行调整，每处垫片最多不能超过三片，然后按柜固定螺孔尺寸，在基础型钢架上用手电钻钻孔。一般无要求时，低压柜钻 ϕ12.2mm 孔，用 M12 镀锌螺钉固定。配电柜安装允许偏差见表 14-2。

表 14-2　配电柜安装允许偏差

项　目		允许偏差/mm
水平度	相邻两盘顶部	2
	成列盘顶部	5
	相邻两盘边	1
	成列盘面	5
	盘间连接	2
垂直度		1.5

在柜体就位并找正、找平后，除柜体与基础型钢固定外，柜体与柜体、柜体与侧挡板均用镀锌螺栓连接。安装完毕后的柜体，柜前和柜后的通道净距不应小于表 14-3 的规定。

表 14-3　配电柜通道净距　　　　（单位：m）

布置形式	单排布置			双排对面布置			双排背面布置			多排同向布置		
	柜前	柜后维护	柜后操作	柜前	柜后维护	柜后操作	柜前	柜后维护	柜后操作	柜间	前后排距离前排	前后排距离后排
固定式	1.5	1.0	1.2	2.0	1.0	1.2	1.5	1.0	1.3	2.0	1.5	1.0
抽屉式	1.8	0.9	—	2.3	0.9	—	1.8	1.0	—	2.3	1.8	0.9

④ 柜体接地。每台柜单独与基础型钢连接。每台柜从后面左下部的基础型钢侧面焊上鼻子，用 $6mm^2$ 铜线与柜上的接地端子连接牢固。

⑤ 柜体连接。按原理图逐台检查柜上的全部电气元器件是否相符，其额定电压与控制、操作电源电压必须一致。按图敷设柜与柜之间的电力电缆，引入柜内的电力电缆应排列整齐，避免交叉，电缆型号、规格应符合设计要求。电缆固定牢靠，不得使所接的端子排受到机械应力。

4）柜体试验调整。柜体试验调整的要求和内容如下：

① 试验标准应符合国家规范及产品技术资料要求。

② 试验内容包括柜体框架、母线、电压互感器、电流互感器、高压开关等。

③ 试验参数的调整内容包括过电流继电器调整，时间继电器、信号继电器调整，以及机械联锁调整。

④ 二次控制小线的调整及模拟试验时，应将所有的接线端子螺钉再拧紧一次。用 500V 绝缘电阻表在端子板处测试每条回路的电阻，电阻值必须大于 0.5MΩ。应注意用万用表测试二次小线回路是否接通。接通临时的控制电源和操作电源；将柜内的控制、操作电源回路熔断器上端的相线拆掉，接上临时电源。

模拟试验：按图样要求，分别模拟试验控制、联锁、操作、继电保护和信号动作，应正确无误，灵敏可靠。拆除临时电源，将被拆除的电源线复位。

⑤ 送电运行验收

a. 送电前的准备工作。第一步，应备齐试验合格的验电器、绝缘靴、绝缘手套、临时接地编织铜线、绝缘胶垫、粉末灭火器等。第二步，彻底清扫全部设备及变配电室、控制室的灰尘，用吸尘器清扫电器、仪表元件。另外，室内除送电所需使用的设备和用具外，其他物品不得堆放。第三步，检查母线、设备上有无遗留下的工具、金属材料及其他物件。明确试运行指挥者、操作者和监护人。

应确保安装作业全部完毕，质量检查部门检查全部合格；试验项目全部合格，并有试验报告单；继电保护动作灵敏可靠，控制、联锁、信号等动作准确无误。

b. 送电。由供电部门检查合格后，将电送进室内。经过验电、校相无误后，电工操作人员合上进线柜开关，检查电压互感器柜（PT 柜）上电压表三相电压是否正常。合上变压器柜开关，检查变压器是否有电。合上低压柜进线开关，查看电压表三相电压是否正常。按以上操作项，给其他柜送电。送电空载运行 24h，无异常现象后，即可进行负载运行。

2. 配电箱的安装

（1）工艺流程　配电箱的安装流程是：施工准备—配电箱检查验收—弹线定位—配电箱的安装—绝缘检测—验收。

（2）安装的注意事项　安装前应先进行开箱检查，核对箱体型号、规格是否符合设计要求，并做好开箱检查记录。开箱检查应与监理、供货商代表及业主代表共同进行。

弹线定位时，根据设计要求现场找出配电箱位置，并按照箱的外形尺寸进行弹线定位。通过弹线定位，可以更准确地找出金属膨胀管螺栓的位置。在同一建筑物内，同类箱的高度应一致，允许偏差为 10mm。

配电箱带有器具的铁制盘面、装有器具的门及电器的金属外壳均应有明显可靠的 PE 线接地，PE 线不允许利用盒、箱体串接。

配电箱上的配线需排列整齐并绑扎成束，在活动部位应该两端固定。盘面引出及引进的导线应留有适当余量，以便于检修。

导线剥削处不应伤及线心；导线压头应牢固可靠；多股导线不应盘圈压接，应加装压线端子（有压线孔者除外）。当必须穿孔用顶丝压接时，多股线应搪锡后再压接，不得减少导线股数。

（3）配电箱安装工艺与措施　配电箱根据使用场所不同，分为挂墙安装和落地安装。

1）挂墙安装：挂墙安装时，用金属膨胀螺栓固定配电箱。采用金属膨胀螺栓可将配电箱固定在混凝土墙或砖墙上。其方法是根据弹线定位确定固定点位置，用电锤在固定位置钻孔，孔深应刚好能将金属膨胀管部分埋入墙内并垂直于墙面。

2）落地安装：配电箱成组落地安装时，采取将配电箱固定在地面基础型钢上的形式。安装时应注意槽钢的平整度。

基础型钢的外形尺寸可根据产品样本确定，结构轴线的尺寸可根据施工平面布置图来确定。标高根据土建给出的基准引出。基础型钢的制作和固定采用焊接。施工时应注意焊接变形引起的基础型钢外形尺寸及水平度的变化，焊接后应进行复测，可采用水平仪测量，在基础型钢上用电钻钻孔，将配电箱固定在基础型钢上，然后将配电箱找正，使垂直度满足规范要求。

当在底层地上采用膨胀螺栓固定基础型钢时，不得破坏防水层。

(4) 绝缘摇测　配电箱电器全部安装完毕后，用500V绝缘电阻表对线路进行检测。检测项目包括相线与相线之间、相线与地线之间、相线与零线之间的绝缘电阻值。在检测的同时应做好记录，作为技术资料存档。

3. 母线槽的安装

(1) 工艺流程　母线槽的安装流程是：设备开箱清点检查→支吊架的制作→支吊架的安装→母线的安装→系统测试→送电运行。

(2) 施工要点

1) 设备开箱清点检查：设备开箱清点检查由建设单位代表、监理单位代表、供货商及施工单位共同进行并做好记录。母线分段标志清晰齐全，外观无损伤变形，内部无损伤，母线螺栓固定搭截面应平整，其镀银层无麻面、起皮及未覆盖部分，绝缘电阻符合设计要求。

根据母线排列图和装箱单，检查封闭插接母线、进线箱、插接开关箱及附件，其规格、数量应符合要求。

2) 支吊架的制作：若供应商未提供配套支吊架或配套支吊架不适合现场安装，应根据设计和产品文件规定进行支吊架的制作。具体要求如下：

① 根据施工现场的结构类型，支吊架应采用角钢、槽钢或圆钢制作，可采用一、L、T、冖等形式。

② 支吊架应用切割机下料，加工尺寸最大误差为5mm。用台钻、手电钻钻孔，严禁用气割开孔，开孔孔径不得超过螺栓直径2mm。

③ 吊杆螺纹应用套丝机或套丝扳加工，不得有断丝现象。

④ 支吊架制作完毕，应除去焊渣，并刷防锈漆和面漆。

3) 支吊架的安装：为了抵御震动，密集型母线吊架锚栓可采用柱锥式螺杆螺栓及后切底钻孔工艺，使锚栓与基材形成机械锁定，以保持较高的承载力。

安装吊架时必须拉线或吊线坠，以保证成排支吊架横平竖直，并按规定间距设置支吊架。支吊架及支吊架与埋件焊接处刷防锈漆，应均匀，无漏刷，不污染建筑物。

母线的拐弯处以及与配电箱、柜连接处必须安装支架，直线段支架间距不应大于2m，支架和吊架必须安装牢固。

母线水平敷设的支架，可采用冖形吊架或L形支架，用锚栓固定在顶板上或墙板上。锚栓固定支架不少于两条。一个吊架用两根吊杆固定牢固，螺纹外露2~4牙，锚栓加平垫和弹簧垫，吊架用双螺母夹紧。

4) 封闭、插接母线的安装。按照母线排列图，将各节母线、插接开关箱、进线箱运至各安装地点。安装前逐节摇测母线的绝缘电阻，电阻值不得小于10MΩ。按母线排列图，从起始端开始安装。

母线槽在插接母线组装中要根据其部位进行选择。L形水平弯头应用于平卧、水平安装的转弯，也应用于垂直安装与侧卧水平安装的过渡；L形垂直弯头应用于侧卧安装的转弯，也应用于垂直安装与平卧安装之间的过渡；T形垂直弯头应用于侧卧安装的转弯，也应用于垂直安装与平卧安装之间的过渡；Z形水平弯头应用于母线平卧安装的转弯；Z形垂直弯头应用于母线侧卧安装的转弯。

母线槽若水平平卧安装，则用水平压板及螺栓、螺母、平垫片、弹簧垫圈将母线（平卧）固定于冖形角钢支架上；若水平侧卧安装，则用侧装压板及螺栓、螺母、平垫片、弹簧垫圈将母线（侧卧）固定于一形角钢支架上。水平安装母线时要保证母线的水平度，并在终端加终端盖同时用螺栓紧固。

5）母线的连接。当段与段连接时，两相邻段母线及外壳应对准，连接后不应使母线及外壳受额外应力。连接时将母线的小头插入另一节母线的大头中去，在母线间及母线外侧垫上配套的绝缘板，再穿上绝缘螺栓并加平垫片、弹簧垫圈，然后拧上螺母，用力矩扳手紧固，达到规定力矩即可，最后固定好上下盖板。

母线用绝缘螺栓连接。在将母线槽连接好后，其外壳即已连接成一个接地干线，将进线母线槽、分线开关线外壳上的接地螺栓与母线槽外壳用 16mm^2 软铜线连接好。

封闭式母线穿越防火墙、防火楼板时，采取防火隔离措施。橡胶伸缩套的连接头、穿墙处的连接法兰、外壳与底座之间的螺栓、外壳各连接部位的螺栓采用力矩扳手紧固，各接合面应密封良好。

分段绝缘的外壳应做好绝缘措施。插接式母线的端头应装封闭罩，引出线孔的盖子应完整。各段母线外壳的连接应是可拆的，外壳之间应有跨接线，并应可靠接地。

6）分段测试：在连接母线的过程中，可按母线段数，每连接到一定长度便测试一次，并做好记录，随时控制接头处的绝缘情况，分段测试一直持续到母线安装后的系统测试。

7）试运行：在母线送电前，要对母线全线进行认真清扫，母线上不得挂杂物，不得积有灰尘；检查母线之间的连接螺栓以及紧固件等有无松动现象；用绝缘电阻表摇测相线与相线之间、相线与零线之间、相线与接地间的绝缘电阻，并做好记录；检查测试符合要求后送电，空载运行24h 应无异常现象。

4. 桥架的安装

（1）安装流程　桥架的安装流程是：入库验收→划线定位→托臂、支吊架的安装→桥架的安装→保护地线的安装→调平校直→中间验收。

（2）施工要点

1）划线定位：根据图样确定始端和终端，找好水平或垂直线，沿墙壁、顶棚等处，在线路的中心线上弹线。按设计图的要求，分匀档距并标出具体位置。

2）支吊架的安装：支吊架应按桥架规格、层数、跨距等条件配置，并满足荷载的要求。

安装前，根据支架承受的荷重选择相应的锚栓及钻头；埋好螺栓后，可用螺母配上相应的垫圈将支架或吊架直接固定在锚栓上。

支架与吊架所用钢材应平直，无显著扭曲现象，下料后长短偏差应在 5mm 范围内，切口处应无卷边、毛刺。

钢支架与吊架应焊接牢固，无显著变形，焊缝均匀平整，焊缝长度应符合要求，不得出现裂纹、咬边、气孔、凹陷、漏焊等缺陷。

支架与吊架应安装牢固，保证横平竖直，在有坡度的建筑物上安装的支架与吊架应与建筑物有相同坡度。

固定支点间距一般不应大于 1.5～2m。在进出接线盒、箱、柜、转角、转弯和变形缝两端及丁字形接头的三端 500mm 以内应设固定支承点。

3）桥架的安装：桥架若需现场切割，则必须在工地上切割，切割后的尖锐边缘要加以平整，以防电缆磨损。桥架与支架间采用螺栓固定，在转弯处需仔细校核尺寸。桥架与桥架之间用连接板连接，连接螺栓采用半圆头螺栓，半圆头应处于桥架内侧。桥架之间的缝隙必须达到设计要求。为确保一个系统的桥架连成一体，可采用伸缩板进行补偿处理。

桥架安装应横平竖直、整齐美观、距离一致、连接牢固，同一水平面内水平度偏差不超过5/1000，直线度偏差不超过 5/1000。桥架及其支架和引入或引出的金属电缆导管必须与接地系统可靠连接。

安装桥架时，拐弯处及变径时应选用供货厂家的定型产品，并保证整体横平竖直，在有坡度的建筑物上安装时应与建筑物保持相同的坡度。桥架安装好后要及时做好保护，以免装修喷涂污染，可采用塑料彩条布加以掩盖。

4）保护地线的安装：桥架应有可靠的电气连接，可采用 16mm² 的铜编织线进行跨接，并且每隔 50m 就需与接地干线可靠连接。沿桥架全长另敷设接地干线时，每段（包括非直线段）托盘、梯架应至少有一点与接地干线可靠连接。

5. 电气配管

（1）施工流程　电气配管的施工流程是：施工准备—预制加工管—确定盒、箱及固定点位置—盒箱的固定—管线敷设与连接—变形缝的处理—地线跨接。

（2）配管的要求及加工

1）敷设的基本要求：敷设于潮湿场所的电线管路、管口、管子的连接处应做密封处理；电线管路应沿最近的路线敷设并尽量减少弯曲。

2）预制加工

① 钢管煨弯：管径为 20mm 及以下时，用手扳煨弯器煨弯；管径为 25mm 及以上时，使用液压煨弯器煨弯。每条管道弯管的内半径不应小于管外部直径的 2.5 倍。

② 管子切断：用钢锯、割管器、砂轮机等切管，先将需要切断的管子量好尺寸，然后将其放在钳口内卡牢固进行切割。切割的断口处应平齐、不歪斜，管口刮锉光滑、无毛刺，管内铁屑除净。

③ 管子套螺纹：采用套丝板、套丝机套螺纹。采用套丝板时，应根据管外径选择相应板牙，在套螺纹过程中，用力要均匀；采用套丝机时，应注意及时浇冷却液，螺纹不乱不过长。套完后应清除渣屑，螺纹应干净、清晰。

3）确定盒、箱位置：应根据设计要求确定盒、箱轴线位置，以弹出的水平线为基准，挂线找正，标出盒、箱实际位置。

4）确定盒、箱及固定点位置：根据施工图样首先测出盒、箱与出线口的准确位置，然后按测出的位置，把管路的垂直、水平走向拉出直线，按照安装标准规定的固定点间距要求，确定支架、吊架的具体位置。固定点的距离应均匀，管卡与终端、转弯中点、电气器具或接线盒边缘的距离为 150～500mm。钢管中间管卡最大距离见表 14-4。

表 14-4　钢管中间管卡最大距离　　　　　　　（单位：mm）

钢管直径	15～20	25～30	40～50	65～100
管卡最大距离	2500	2000	2500	3500

各种接线盒、箱的固定，要求平整牢固、位置正确。接线盒、箱安装要求见表 14-5。

表 14-5　接线盒、箱安装要求

实测项目	要求	允许偏差/mm
盒、箱的水平、垂直位置	正确	10（砖墙），30（大模板）
盒箱 1m 内相邻标高	一致	2
盒子的固定	垂直	2
箱子的固定	垂直	3
盒、箱口与墙面	水平	最大凹进深度为 10mm

5）管路的连接。镀锌钢管采用螺纹连接，在套螺纹段涂防锈导电脂。

管路超过下列长度，应加装接线盒，其位置应便于穿线：无弯时 45m；有一个弯时 30m；有二个弯时 20m；有三个弯时 12m。

管进盒、箱的连接：盒、箱开孔应整齐并与管径吻合，盒、箱上的开孔用开孔器制作，保证开孔无毛刺，要求一管一孔，不得开长孔；铁制盒、箱严禁用电焊、气焊开孔，并应刷防锈漆；管口进入盒、箱处，管口应用螺母锁紧，露出锁紧螺母螺纹的量为 2~4 牙；两根以上的管进入盒、箱时要长短一致、间距均匀、排列整齐。

6）明管敷设。明配管一般沿墙、顶板固定或者利用支架固定。在放完线后，根据现场尺寸和专业工程师设计的支架样图进行支架的加工。支架全部采用镀锌型钢制作，焊接后的支架要进行二次镀锌。型钢切割一律采用切割机和手工锯，严禁使用气焊切割，并要求清理毛刺。

安装支架时应按照已放线的走向固定，要求同一区域的支架样式一致，固定的方向一致，固定牢固整齐。支架采用镀锌螺栓固定，螺栓直径不应小于 8mm。

7）管弯、支架、吊架的预制加工：明配管或埋砖墙内的配管弯曲半径不应小于管外径的 6 倍，弯曲弧度应均匀，不应有折皱、凹陷、裂纹、死弯等缺陷，切口应平整光滑。管材弯扁程度不应大于管外径的 10%。

8）暗管敷设。对于需敷设于混凝土垫层内的管线，应注意其保护层的厚度不应小于 15mm，其跨接地线应焊接在其侧面。

墙面剔凿配管时，剔槽的深度、宽度应合适，不可过大或过小。管线敷设好后，应先在槽内用管卡进行固定，再抹水泥砂浆，管卡数量应依据管径及管线长度而定。

（3）变形缝的处理　变形缝两侧各预埋一个接线箱，先把管的一端固定在接线箱上，另一侧的接线箱底部沿垂直方向开长孔，其直径不应小于被接入管直径的 2 倍。

（4）地线的焊接　管路应做整体接地连接，穿过建筑物变形缝时，应有接地补偿装置。若采用跨接方法连接，跨接地线两端焊接面积不得小于该跨接线截面积的 6 倍，并且焊缝应均匀牢固，焊接处要清除药皮，刷防腐漆。卡接：镀锌钢管或可挠金属电线保护管应使用专用接地线卡连接，不得采用熔焊连接地线。

6. 电缆的敷设

（1）施工流程　室内电缆敷设的施工流程是：施工准备—电缆检查—水平/垂直电缆敷设—绝缘检测—管口防水处理—固定、挂标识牌。

（2）电缆敷设的一般规定　在敷设电缆前应确保电缆支架、桥架、吊架、托架等预埋件牢固，预留孔洞正确，电缆夹层、沟、隧道、电缆井内无杂物和积水，敷设路径畅通。在滚动电缆前，应确保电缆盘牢固，滚动应顺着电缆盘上的箭头指示方向或电缆缠紧方向。在穿过轨道、建筑物时应穿管防护，防护管内径应大于电缆外径的 1.5 倍。

在敷设电缆前应按设计要求测量路径，按配盘核对电缆型号、规格、电压等级，测量绝缘电阻。敷设电缆时应将电缆从盘的上部引出，不应使电缆在桥架、支架和地面上拖拉摩擦。电缆上不应有电缆绞拧和护层折裂等未消除的机械损伤，电缆敷设后应按设计要求排列整齐、无交叉，在终端和接头处附近预留备用长度。

电缆宜采用人工敷设。

（3）施工准备

1）施工前应对电缆进行详细检查，规格、型号、截面、电压等级均需符合要求，外观无扭曲、损坏等现象。

2）电缆敷设前应进行绝缘电阻检测或耐压试验。用绝缘电阻表检测线间及对地的绝缘电阻，不应低于 10MΩ。检测完毕，应将电缆对地放电。测试完毕，电缆端部应用橡胶包布密封后再用黑胶布包好。

3）放电缆机具的安装：准备好电缆架、滚轮等，尤其是转弯处应多放置滚轮。

4）临时联络指挥系统的设置。线路较短的电缆敷设时，可用无线电对讲机联络，手持式扬声器指挥。建筑内的电缆敷设时，可用无线电对讲机作为定向联络，简易电话机作为全线联络，手持式扬声器指挥。

5）电缆的搬运及支架的架设：电缆短距离搬运一般采用滚动电缆轴的方法。滚动时应按电缆轴上箭头指示方向滚动。当无箭头时，可按电缆缠绕方向滚动，切不可反缠绕方向滚动，以免电缆松弛。电缆支架的架设地点的选择以敷设方便为原则，一般选在电缆起止点附近为宜。架设时，应注意电缆轴的转动方向，电缆引出端应在电缆轴的上方，如图 14-2 所示。

（4）电缆的敷设　大型公共建筑的电缆敷设时，一般可用人力牵引，如图 14-3 所示。

1）电缆沿支架、桥架敷设。在桥架上多根电缆敷设时，应根据现场实际情况，事先将电缆的排列方式以表或图的方式画出来，以防电缆交叉和混乱。

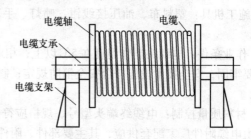

图 14-2　电缆支架的架设

电缆敷设顺序一般是先动力后控制，先截面大后截面小的原则。电缆敷设宜先长后短，以避免浪费和减少接头。

电缆沿桥架敷设时，应单层敷设，排列整齐，不得有交叉现象，拐弯处应以最大截面电缆允许弯曲半径为准。电缆敷设时，应敷设一根，整理一根，卡固一根。

不同等级电压的电缆应分层敷设，高压电缆应敷设在上层。同等级电压的电缆沿支架敷设时，水平净距不得小于 35mm。

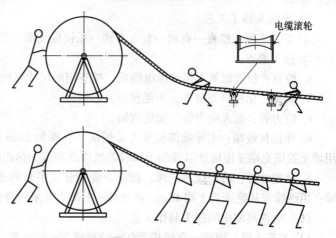

图 14-3　电缆的人工牵引示意图

垂直敷设时，若沿支架敷设则支架距离不得大于 1.5m，若沿桥架敷设则每层最少加装两道卡固支架。敷设时，应放一根立即卡固一根。

电缆桥架内的每根电缆每隔 50m 处，以及电缆的首端、尾端及转弯处，应设标记，注明电缆编号、型号、规格、起点和终点。

沿桥架或托盘敷设的电缆应防止弯曲半径不够。在桥架施工时，应考虑满足该桥架上敷设的最大截面电缆的弯曲半径的要求。

2）电缆在管道内敷设。从桥架、支架引至设备、墙外表面或屋内行人容易接近处和其他可能受到机械损伤的地方，电缆应由有一定机械强度的保护管进行保护。

管道要求：管口光滑，内部应无积水且无杂物堵塞；穿电缆时，不得损伤保护层，可采用无腐蚀性的润滑剂（粉）；管道表面的防腐层应完好；管内径不应小于电缆外径的 1.5 倍。

不同回路、不同电压等级和不同电流类型（交流或直流）的电缆不应穿于同一导管内。同一交流回路的电缆穿于同一金属导管内时不得有接头。

（5）电缆头的制作

1）一般规定：电缆头的制作人员应经技术培训合格后方可上岗操作；制作电缆头时，从剥切到封闭的全部工序应连续一次完成，以免电缆受潮；制作电缆头时，应严格遵守制作工艺规程；剥切电缆时不得伤害线芯绝缘；包缠绝缘层时应注意清洁，以防止污物与潮气侵入绝缘层。

2）施工准备

① 技术准备：按照已批准的施工组织设计（施工方案）进行技术交底，复核电缆敷设符合设计要求。

② 材料准备：电缆终端头、电缆中间头、接地线、各种绝缘带等。

③ 施工机具：塑料布、油压接线钳、喷灯、手套、钢锯、锉刀、绝缘电阻表、万能表、温度计等。

3）作业条件：电缆头制作温度在 5℃ 以上，相对湿度在 70% 以下；施工现场洁净干燥，操作平台要牢固；安全技术设施符合安全消防规定；制作人员应持证上岗；技术资料齐全，技术交底明确。

4）材料质量控制：电缆终端头型号、规格应符合电压等级、使用环境及设计要求。电缆终端头应由电缆附件厂家配套供应，其主要部件、附件齐全，表面无裂纹和气孔，并有使用说明书及合格证。

5）电缆头施工工艺

① 工艺流程：校直→剥离→套应力管→压接接线端→套绝缘管。

② 施工要点

a. 校直：校直聚氯乙烯绝缘电缆后，按规定的尺寸剥切外护套，除去填充物，分开线芯。

b. 剥离：切断口要整齐，不能损伤主芯铜线。

c. 应力管：套入应力管，加热收缩。

d. 压接接线端：去除端部长度为接线端子孔深加 5mm 的线芯绝缘，压接端子并锉平毛刺，用填充胶填充端子压坑处以及端子和线芯绝缘之间因加热而收缩的部分。

e. 套绝缘管：清洁线芯绝缘，在应力管有分支手套的表面套入绝缘管至手套根部，加热收缩；用绝缘带从绝缘管上端 15mm 处至端子上部重叠来回绕包。

（6）电缆热缩中间接头制作工艺

1）工艺流程：切割—套保护套管—连接线芯—连接管。

2）切割：校直电缆并把它固定，末端重叠 20cm，确定中心位置和尺寸后剥切外护套；去掉填充物，以三相主线芯压接后以压接接头间隔 1cm 左右锯切电缆。

3）保护套管：将两电缆外护套断口向下 20cm 内的外护套表面打毛，将热缩保护管套到一段电缆上。在长端电缆三线芯上分别套入绝缘管和黑色半导电管。

4）连接线芯：按设计要求切割末端线芯绝缘，并将线芯绝缘端剖削成阶梯状圆锥形，严禁损伤线芯；选择好与线芯截面相适配的连接管，压接连接管并锉平打光，将其管孔内壁和线芯表面擦拭干净后方可进行压接或焊接；用半导电带填平压坑；将两端绝缘末端锥形体处与连接管端部用自粘带拉伸包绕填平，再来回包绕至距两端外半导电层 10mm 处。

5）连接管：将绝缘管移至连接管上对正，从中部加热向两端收缩；将半导电管移到绝缘管上对正，从中部向两边加热收缩，以接口处出现绝缘油脂为宜；冷却后，在接口处包缠防水胶带。

（7）线路绝缘的测试　应根据被测试电缆的耐压强度确定测试仪表。测试 1kV 电缆时，用 1kV 绝缘电阻表。绝缘测试合格后，做好测试记录。

（8）接线　按电器外部接线端头的相线标志进行与其电源配线匹配的接线。接线应排列整齐、清晰、美观，导线应绝缘良好、无损伤。电源侧进线应接在接线端，即固定触头接线端。负荷侧出线应接在出线端，即可动触头接线端。一般采用铜质导线或有电镀金属防锈层的螺栓和螺钉，连接时应拧紧并应有防松装置。电源线与电器接线不得使电器内部受到额外应力。

（9）防火封堵　桥架内的电缆电线敷设完毕后，在穿过防火墙及防火楼板时应按设计要求采取防火隔离措施。穿越防护墙的电缆管电缆敷设完毕后需做密闭处理。有防护要求的穿管需在受压侧加装抗力片，电缆槽必须严格按电缆外径开设，槽口用钢锉处理光滑。

在堵塞前对电缆穿管内外进行除锈去污处理，穿好电缆后，在管内先堵上 5~10cm 油麻丝，然后在两头堵塞隔离密封胶泥，堵塞长度为管径的 3~5 倍，但不小于 10cm。当墙厚度在 30cm 以下时，可全部用堵料堵塞。堵塞时必须用捣棒顺着管内壁一圈一圈地往中央电缆周围捣压，然后再从电缆周围一圈一圈地往管壁捣压，再填第二层，按同样的方法操作，直到填满。为防止堵料收缩后在堵料与管壁接合处产生缝隙，可在穿管的一端用堵料做一个包头，将整个穿管头包起来。包头的大小视管径的大小而定，一般包 1~5cm 厚，2~3cm 长即可。

（10）挂标志牌　标志牌规格应一致，并有防腐功能，挂装应牢固。标志牌上应注明回路编号，以及电缆编号、规格、型号及电压等级。沿桥架敷设的电缆，在其两端、拐弯处、交叉处应挂标志牌，直线段应适当增设标志牌，每隔 50m 挂一个标志牌，施工完毕应做好成品保护。电缆标牌字迹应清晰、准确，标牌规格统一，挂装牢固。电缆挂牌采用热转印方式，材料为硬质聚氯乙烯。

7. 电气配线

（1）作业条件　配合土建工程配管安装完毕；箱、盒安装符合设计要求（位置、标高、坐标，以及箱、盒型号、规格等），并应完好无损，不应受污染。

（2）施工流程　配线—清扫管线—放线与断线—导线与带线的绑扎—管口带护口—管内穿线—导线连接—线路检查及绝缘电阻的检测。

（3）施工工艺

1）配线：导线的选择必须符合设计要求，不得随意改变其规格及截面，应保证使用要求。

2）清扫管线：穿线之前，对管路进行检查，若有异物，需对管路进行清扫，将管内的异物清扫干净，为穿线做好准备工作。

作业方法：将布条的两端牢固地绑扎在带线上，两人来回拉动带线，将管内杂物清净。

3）放线与断线：放线前应根据施工图对导线的型号、规格进行核对。放线时导线应置于放线架上。

断线：剪切导线时，应考虑导线的预留长度。预留长度按以下情况考虑：接线盒、开关盒、插销盒及灯头盒内导线的预留长度应为 15cm；配电箱内导线的预留长度应为配电箱箱体周长的 1/2；出户导线的预留长度应为 1.5m。公用导线在分支处，可不剪断导线而直接穿过。

4）导线与带线的绑扎

① 当导线根数较少时，可将导线前端的绝缘层削去，然后将线芯直接插入带线的盘圈内并折回压实，绑扎牢固，使绑扎处形成一个平滑的锥形过渡部位。

② 当导线根数较多或导线截面积较大时，可将导线前端的绝缘层削去，然后将线芯斜错排列在带线上，用绑线缠绕绑扎牢固，使绑扎接头处形成一个平滑的锥形过渡部位，便于穿线。

5）管口带护口：钢管在穿线前，应首先检查各个管口的护口是否齐整，若有遗漏和破损，均应补齐和更换。应根据管径的大小选择相应规格的护口。

6）管内穿线：当管路较长或转弯较多时，要在穿线的同时往管内吹入适量的滑石粉；两人穿线时，拉送应配合协调。在导线变形缝处，补偿装置应活动自如。导线应留有一定的余度。

7）导线连接

① 连接方式：截面积在 10mm² 及以下的单股铜心线直接与设备器具的端子连接；截面积在 2.5mm² 及以下的多股铜心线在拧紧搪锡或接续端子后与设备、器具的端子连接；截面积大于 2.5mm² 的多股铜心线，除设备自带插接式端子外，接端子后与设备、器具的端子连接。在多股铜心线与插接式端子连接前，端部必须拧紧搪锡。每个设备和器具的端子接线不应多于 2 根。

② 连接方法：在导线做电气连接时，先削掉绝缘再进行连接，再加焊，包缠绝缘。接线应排列整齐、清晰、美观，导线应绝缘良好、无损伤。当将导线与平压式接线柱连接时，要将导线顺着螺钉旋进方向紧绕一圈后再紧固，不允许反圈压接，盘圈开口不宜大于 2mm。

当将导线与针孔式接线桩压接时，把要连接导线的线芯插入接线柱头针孔内，使导线裸露出针孔 1～2mm，针孔直径大于导线直径 1 倍时需折回头插入压接。

接线端子压接时，多股导线可采用与导线同材质且规格相应的接线端子。削去导线的绝缘层，不要碰伤线芯，将线芯紧紧地绞在一起后，清除套管、接线端子孔内的氧化膜，将线芯插入，用压接钳压紧。导线外露部分长度应小于 1～2mm。

8）线路检查及绝缘电阻的检测：检查接线施工是否符合设计要求及有关施工验收规范和质量验评标准的规定，不符合规定时应立即纠正，检查无误后再进行绝缘电阻的检测。照明线路绝缘电阻一般选用 500V，量程为 1～500MΩ 的绝缘电阻表检测。

一般照明绝缘线路绝缘电阻的检测有以下两种情况：

① 电气设备未安装前进行线路绝缘电阻的检测时，首先将灯头盒内导线分开，将开关盒内导线连通。检测时应将干线和支线分开，一人检测，一人及时读数并记录。检测时摇动速度保持在 120r/mm 左右，采用 1min 后的读数。

② 电气设备全部安装完，在送电前进行检测时，先将线路上的仪表、设备等的开关全部置于断开位置，检测方法同上所述，确认绝缘电阻检测无误后再进行送电试运行。

14.2　照明灯具的安装

14.2.1　灯具安装的一般规定

1）普通灯具安装工程必须按国家现行的施工质量验收规范和已批准的施工组织设计规范进行施工。为保证电气照明装置施工质量，确保安全运行和使用功能，必须严格控制照明灯具接线相位的准确性。

2）照明灯具的安装应按以下程序进行：

① 在灯具所用的支架、吊杆和吊顶上嵌入式灯具专用的骨架等施工完成后，才能安装灯具；影响灯具安装的模板、脚手架拆除后，以及顶棚和墙面喷浆、涂装或粘贴壁纸及地面清理工作基本完成后，才能安装灯具。

② 导线绝缘测试合格后，才能进行灯具接线；对于高空安装的灯具，需在地面通断电试验合格后才能安装。

③ 照明灯具使用的导线应能确保承受一定的机械力和可靠接地，最小线芯截面积应符合设计和规范的有关规定。

3）灯具的检查：根据灯具的安装场所检查灯具是否符合要求。潮湿的场所应采用封闭式灯具，灯具的各部件应做好防腐处理；有尘的场所应采用封闭式或密闭式灯具。

4）灯内配线的检查。灯内配线应符合设计要求及有关规定：穿入灯箱的导线在分支连接处不得承受额外应力和磨损，多股软线的端头需盘圈、挂锡；灯箱内的导线不应过于靠近热光源，并应采取隔热措施。

14.2.2　灯具安装的施工准备和质量控制

1. 施工准备

施工前，应复核灯具安装地点及安装方式（有无吊顶、有无其他专业相互交叉矛盾）是否符合设计要求，并现场确定灯具安装实际高度。应准备好材料，如灯具、灯座、木台、绝缘导线等。所用的主要机具有冲击电钻、组合木梯、电工刀、剥线钳、锡锅等，检测机具有万用表、绝缘电阻表等。

2. 材料质量控制

查验合格证，新型气体放电灯应有随带技术文件。灯具型号、规格及外观质量应符合设计要求和国家标准的规定。应对灯具进行外观检查，要求灯具涂层完整、无损伤，附件齐全。防爆灯具铭牌上应有防爆标志和防爆合格证号，普通灯具有安全认证标志。

电气照明装置的接线应牢固，并且严禁外露，电气接触应良好。对成套灯具的绝缘电阻、内部接线等性能进行现场抽样检测。灯具的绝缘电阻值不应小于2MΩ，内部接线为铜心绝缘电线，芯线截面积不应小于$0.5mm^2$，橡胶或聚氯乙烯（PVC）绝缘电线的绝缘层厚度不应小于0.6mm。

14.2.3　灯具安装的施工流程和工艺

1. 施工工艺

（1）工艺流程　灯具的固定→组装灯具→灯具接线→灯具接地。

（2）灯具的固定　安装电气照明装置时，应采用普通螺栓、膨胀螺栓、灯具底座固定。当设计无规定时，固定件的承载能力应与电气照明装置的重量相匹配。采用钢管作灯具的吊杆时，钢管内径不应小于10mm，钢管壁厚度不应小于1.5mm。

固定灯具带电部件的绝缘材料以及提供防触电保护的绝缘材料应耐燃烧和防明火。嵌入顶棚内的装饰灯具应固定在专设的框架上，导线不应贴近灯具外壳，且在灯盒内应留有余量，灯具的边框应紧贴在顶棚面上。

（3）灯具接线　穿入灯具的导线在分支连接处不得承受额外压力和磨损，多股软线的端头应挂锡、盘圈，并按顺时针方向弯钩，用灯具端子螺钉拧固在灯具的接线端子上。

荧光灯的接线应正确，电容器应并联在镇流器前侧的电路配线中，不应串联在电路内。灯具内的导线应绝缘良好，严禁有漏电现象，灯具配线不得外露，并保证灯具能承受一定的机械力和可靠地安全运行。灯具线不许有接头，在引入处不应受机械力。

2. 灯具的安装要求

同一室内或场所排安装的灯具，其中心线偏差不应大于5mm。荧光灯及其附件应配套使用，安装位置应便于检查和维修。应急照明灯具和疏散指示灯。应有明显的标志。矩形灯具的边框宜与顶棚面的装饰直线平行，其偏差不应大于5mm。荧光灯管组合的开启式灯具，灯管排列应整齐，其金属或塑料的间隔片不应有扭曲等缺陷。

安装嵌入式灯具时应注意：需先在龙骨上把固定灯具的支架装好；成排安装的灯具与龙骨的分块应协调；引入灯具的导线必须用金属软管保护，金属软管的长度不能超过0.8m，不要靠在灯具外壳上；导线在灯盒内应留有裕量；灯具边框应紧贴在顶棚面上，最后调整灯具的边框与顶棚面的装饰直线平行，其纵向中心轴应在同一直线上。

当灯具距地高度小于 2.4m 时，灯具的可接近裸露导体必须接地或接零可靠，并应有专用接地螺栓，且有标识。变配电所高、低压柜及母线正上方不得安装灯具。事故照明灯应具有特殊标志。

在安装、运输灯具的过程中应加强保管，成批灯具应进入成品库，码放整齐、稳固；搬运时应轻拿轻放，以免碰坏表面的镀锌层、油漆及玻璃罩；设专人保管，建立责任制，对操作人员做好成品保护技术交底，不应过早地拆去包装纸。灯具安装完毕后不得再次喷浆，以防止器具污染。电气照明装置施工结束后，应将施工中造成的建筑物、构筑物局部破损部分修补完整。

14.2.4　开关与插座的安装

1. 一般规定

1）开关、插座表面应无气泡、裂纹、铁粉、肿胀、明显的擦伤和毛刺，并具有良好的光泽。

2）开关安装规定：暗装开关的面板应端正、严密并与墙面平；开关位置应与灯位对应。成排安装的开关高度应一致，高低差不应大于 1mm；在易燃、易爆和特别潮湿的场所，开关应分别采用防爆型、密闭型或安装在其他场所。

3）插座安装规定：同一室内安装的插座高低差不应大于 5mm；成排安装的插座高低差不应大于 1mm；落地插座应有保护面板，面板与地面齐平或紧贴地面，盖板固定牢固，密封良好；在潮湿场所，应采用密封良好并带保护地线触头的防水防溅插座。

2. 施工准备

（1）技术及材料准备　在开关、插座施工前，应复核其安装地点及安装方式，并现场确定安装实际高度；材料、主要安装工具应齐全。

（2）作业条件　线路的导线已敷设完毕，电线绝缘测试已合格；顶棚和墙面的喷浆、油漆或壁纸作业等应基本完成，地面清理工作应结束；开关、插座的技术交底及有关材料进货已完成。

3. 材料质量控制

开关、插座、接线盒及其附件应符合下列规定：

1）查验合格证：防爆产品有防爆标志和防爆合格证，实行安全认证制度的产品有安全认证标志。

2）外观检查：开关、插座的面板及接线盒盒体完整、无碎裂、零件齐全。

3）对开关、插座的电气和力学性能进行现场抽样检测，开关、插座面板应具有足够的强度，表面平整，无弯翘变形等现象；

4）辅助材料：附属配件中的金属铁件均应是镀锌标准件，其规格、型号与组合件必须匹配。

4. 施工工艺

（1）工艺流程　清理→接线→安装。

1）清理：安装之前，将预埋盒子内残存的灰块、杂物剔掉并清除干净，再用湿布将盒内灰尘擦净。若盒子锈蚀，需除锈刷漆。

2）接线：单相双孔插座接线横向安装时，面对插座的右接线柱应接相线，左接线柱应接中性线。单相三孔插座接线时，应符合以下规定：单相三孔插座接线时，面对插座上孔的接线柱应接保护接地线，右接线柱应接相线，左接线柱应接中性线。接地或接零线在插座处不得串联。

开关接线应符合以下要求：相线应经开关控制；接线时应仔细识别导线的相线与零线，严格做到开关控制（即分断或接通）电源相线，应使开关断开后灯具上不带电；双联及多联开关，每一联即为一只单独的开关，能分别控制一盏电灯，接线时，应将相线连接好，分别接到开关上与动触点连通的接线柱上，将开关线接到开关静触点的接线柱上。

暗装的开关应采用专用盒。专用盒的四周不应有空隙，盖板应端正，并应紧贴墙面。

3）开关的安装。灯开关的位置应便于操作，安装的位置必须符合设计要求和规范的规定。安装在同一室内的开关宜采用同一系列的产品，开关的通断位置应一致，且操作灵活、接触可靠。安装开关时允许偏差值的规定为：并列安装的相同型号开关距地面高度应一致，高度差不应大于 1mm；同一室内安装的开关高度差不应大于 5mm。相线应经开关控制。

4）插座的安装。插座应采用安全型插座，其安装的标高应符合设计要求和规范的规定。落地式插座应具有牢固可靠的保护盖板。地插座面板应与地面齐平，紧贴地面，盖板固定牢固、密封良好。插座标高允许偏差值应符合以下规定：同一室内安装的插座高度差不宜大于 5mm；并列安装的相同型号的插座高度差不宜大于 1mm。暗装插座应使用专用盒，盖板应端正、紧贴墙面。

（2）其他要求　安装开关、插座时不得碰坏墙面，要保持墙面清洁。开关、插座安装完毕后，不得再次进行喷浆，以保持面板的清洁。在插座上不要插接超过插座允许的临时负荷。其他工种在施工时，不要碰坏和碰歪开关、插座。

5. 接地系统

若灯具、插座、设备等需要接地，则接地电阻不应大于 1Ω。接地的工艺流程如图 14-4 所示。

接地线若采用联合接地方式，则实测接地电阻应满足设计要求。所有焊接处焊缝应饱满并有足够的机械强度，不得有夹渣、咬肉、裂纹、虚焊、气孔等缺陷。焊接处的药皮敲净后，应刷沥青漆做防腐处理。采用搭接焊时，焊接长度要求如下：

1）扁钢的焊接长度不应小于其宽度的 2 倍，且至少焊接 3 个棱边。

2）圆钢焊接长度为其直径的 6 倍，并应两面焊。

3）圆钢与扁钢连接时，焊接长度为圆钢直径的 6 倍。

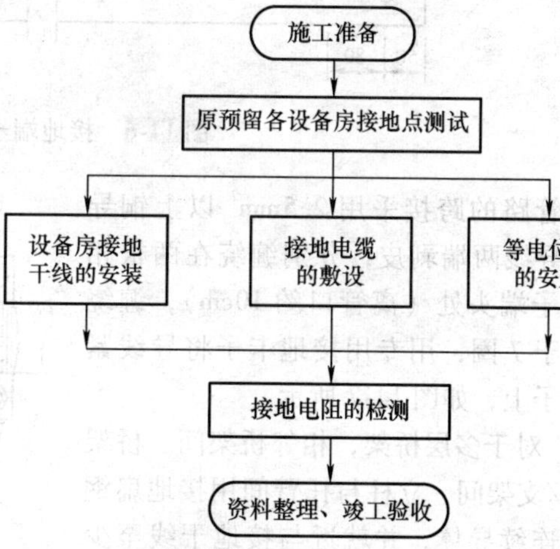

每一处施工完毕后，应及时进行隐蔽工程检查验收，合格后方能隐蔽，同时做好隐蔽工程验收记录。

图 14-4　接地的工艺流程

等电位连接的技术措施：开关柜、配电屏（箱）、各种用电设备、因绝缘破损而可能带电的金属外壳、电气用独立安装的金属支架及传动机构、插座的接地孔，均以专用接地支线（PE 线）可靠相连，PE 线应与接地装置连通并做重复接地。所有外露的接地点、测试点均应涂红色油漆并加挂标志牌写明用途。

1）接地端子排。接地端子排采用 TMY100 × 10 铜材制作，铜母排整体搪锡。接地端子排两端分别采用绝缘子安装，安装示意图如图 14-5 所示。

接地端子排的基本结构图 14-6 所示。接地端子排具体规格以施工图为准。

2）管路跨接。吊顶内的管路或明敷设的管路，需用铜导线连接成连续导体，并与接地干线

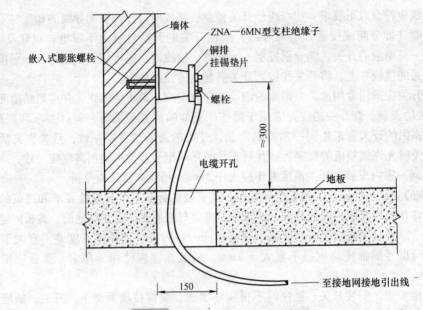

图 14-5 接地端子排的安装示意图

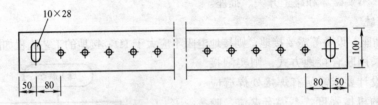

图 14-6 接地端子排的基本结构

相连。管路的跨接采用 2.5mm² 以上铜导线，将导线两端剥皮，分别缠绕在两根相接的管子端头处（离管口约 10cm），缠绕不应少于 7 圈，用专用接地卡子将导线紧固于管子上，如图 14-7 所示。

3）对于多层桥架，相邻桥架间、桥架与立柱/支架间、立柱与托臂间用接地扁钢连接成连续导体，并就近与接地干线至少有一点相连。

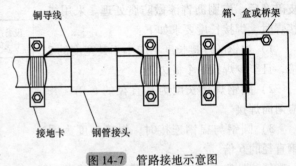

图 14-7 管路接地示意图

6. 涂装与标签

需要涂装的工作有，金属导管、现场制作的支吊架及电气设备的补刷油漆等工作。需涂装的金属器件，首先需要彻底清除锈蚀层，然后刷两道防锈漆，最后刷两道面漆。有防火要求的按设计做对应处理。

需标签的工作有电缆电线的回路号、芯线编号。交工时所有的设备必须有统一的编号，设备有清晰正确的回路编号。

第3篇 BIM技术在建筑设备施工与调试中的具体应用

第15章 BIM技术在某地铁线路设备施工中的应用案例分析

本章以某地铁类建筑设备施工的实际工程为例，结合BIM技术，对大型公共基础设施的建筑设备安装进行具体的介绍。地铁类车站的建筑设备施工，承包商多，工期紧，施工条件复杂，场地狭窄，各专业齐全，最能体现BIM在施工中的作用，也最能体现建筑设备安装施工的技术特点和工艺要求。

15.1 案例背景和工程概况

15.1.1 案例背景

××市轨道交通七号线一期工程，起自火车南站，至终点大学城南站，在该站与四号线十字换乘。线路全长约18.60km，均为地下线路，共设9座车站，其中换乘站为4座，平均站间距约为2.19km，最大站间距约为3.78km，最小站间距约为1.12km。列车采用六节B型车编组。

在车站机电设备安装承包商施工期间，将有以下其他承包商进入该车站和区间工作：土建承包商、供电系统承包商、弱电系统安装承包商、轨道系统承包商、自动扶梯承包商、无机房电梯承包商、楼梯升降机承包商、公共区装修承包商、出入口雨篷包商、屏蔽门承包商、绝缘层承包商。

建筑设备安装各系统概况

（1）低压配电与照明系统概况

1）低压配电与照明系统工程范围：动力及照明设备及其配电管线的安装、调试。

2）低压配电与照明系统工程概况。低压配电与照明系统按负荷划分及供电技术要求如下：

① 一级负荷：集中不间断电源（UPS）系统、通信系统、民用通信系统、信号系统、乘客信息显示系统（PIDS）、防灾报警系统、综合监控系统、机电设备监控系统、屏蔽门、自动售检票系统、应急照明、公共区照明、灾害时需正常运行的自动扶梯、自动灭火器、消防泵、废水泵、雨水泵、防火卷帘、组合空调器、事故风机及其阀门等。

供电技术要求：从变电所的两段母线上分别引出两路互为备用的独立电源，末段切换，以保障供电的可靠性。应急及疏散照明另增设蓄电池装置作为备用电源，容量应满足90min的供电要求。

② 二级负荷：出入口集水泵、污水泵、灾害时需停止运行的自动扶梯、液压电梯、设备区和管理区照明、非事故风机及风阀、设备用房的通风空调等。

供电技术要求：从一、二级负荷母线馈出单回路电源至设备。

③ 三级负荷：公共区及管理用房空调系统（冷水机组、冷冻水泵、冷却水泵、冷却塔风机）、广告照明、电开水器、保洁电源、商铺用电等。

供电技术要求：从一、二级负荷母线馈出单回路电源至设备，当一、二级负荷母线的两段母线中的一段供电发生故障时，负荷予以切除。

（2）给排水及消防系统概况

1）给排水及消防系统工程范围：各站及相应半个区间范围内给水系统（不含车站市政永久给水接驳）、排水系统（不含车站及区间市政永久排水接驳）、水消防系统、手提灭火器等的所有安装、调试。

2）给排水及消防系统工程概况：系统以城市自来水为给水水源，在车站两端接驳市政永久给水系统的水表井内分别设置生产、生活给水用表及消防给水用表，其中生活、生产给水系统从引入管上接出 DN50~DN100 给水管后在车站呈枝状布置；水消防系统则从车站两端引入管上各接出一根 DN150 给水管后在站厅、站台层连通，使车站消防水管形成环状供水管网；在站台层两端各引两条消防水管进入隧道与相邻车站的水管相连，并在进入区间的消防管道前并联安装电动及手动阀门；在消防水管上按要求设置室内消火栓箱（其中，区间只设消火栓头）。

（3）通风空调系统概况

1）通风空调系统工程范围：各站通风空调系统设备和管线的安装、调试。车站通风空调系统由隧道通风系统（包括区间隧道和车站隧道）、车站公共区通风空调和防排烟系统（简称车站大系统）、车站管理及设备用房通风空调系统（含备用空调系统）和防排烟系统（简称车站小系统）、空调水系统组成。

2）通风空调系统工程概况

① 隧道通风系统：根据区间隧道通风系统的设计要求设置区间隧道风机，当列车阻塞在区间隧道时，向阻塞区间提供一定的通风量，保证列车空调等设备正常工作；火灾工况下提供一定的新风量，诱导乘客疏散，排出烟气；根据车站隧道通风系统的设计要求，设置车站隧道排风机，及时将列车发热量排向外部。

② 车站大系统：根据地铁运营环境要求，在车站站厅和站台公共区设置通风空调和防排烟系统，正常运行时为乘客提供过渡性舒适环境，事故状态时迅速组织排除烟气。该系统设置新风机、组合式空调器、回排风机、排烟风机。

③ 车站小系统：根据地铁设备管理用房的工艺要求和运营管理要求设置通风空调和防排烟系统，正常运行时为设备正常工作提供必需的运行环境和为运营管理人员提供舒适的工作环境，事故状态时迅速组织排除烟气。车站小系统设置新风机、风机盘管、柜式空调器、变制冷剂流量分体空调系统室内/外机、排风机及排烟风机。

④ 车站大、小系统及水系统：大、小系统的空调冷源来自各站的冷水机房，冷水机房设置水冷式冷水机组、冷却水泵、冷却塔、冷冻水一次泵、膨胀水箱等设备。

各车站及线路的车站环境与设备监控系统（BAS）概况、门禁系统概况、火灾自动报警系统概况、自动灭火系统概况等方面的介绍略。

15.1.2 工程范围

在本案例中，建筑设备施工的工程范围包括各地铁车站及相应区间的下列工作内容：

1）低压配电与照明系统的安装、调试。

2）给排水及消防系统的安装、调试。

3）通风空调系统的安装、调试。

4）火灾自动报警系统的安装、调试。

5）环境与设备监控系统的安装、调试。

6）门禁系统的安装、调试。

7）装修工程：含设备区的房屋建筑装修及管线孔洞防火防烟封堵、风亭 ±0.000 以上的土建工程、公共区（含通道、出入口）及轨行区广告灯箱的安装、公共区及轨行区的喷黑等。

8）地面恢复及市政道路接驳施工。

9）自动灭火系统的安装与调试。

10）车站地盘及公共区装修协调管理。

15.1.3　工程的重点及难点

1. 工程的重点

1）该工程系统施工的重点为交叉施工。地铁施工中常常出现多专业交叉作业，主要涉及通风空调专业与低压配电、楼宇自动化系统、火灾自动报警系统、给排水及消防、通信、信号、屏蔽门等专业的交叉施工作业。因此，需要以通风空调专业为主合理布置综合管线，其他专业配合。合理的综合管线布置图能有效地减少专业交叉打架和缩短工期及成本。

2）该工程工期安排的重点是关键设备房施工由于地铁工期是不可调的闭门工期，因此在施工中需要做好人、机、材料等的组织管理，以及技术管理、经济管理，做好工序的合理安排，制订关键工期不能实现时及时调整和组织有效抢工的措施，做好国家法定节假日、突发气象变化以及不可抗力的各种工期保障措施。

3）该工程轨行区施工的重点为轨行区低压配电及照明、隧道通风系统、给排水及消防的施工。轨行区施工主要包括低压配电及照明、隧道通风系统、给排水及消防等专业。区间内其他施工系统（如牵引供电系统、通信系统、信号系统、接触网系统、轨道系统等）很多，交叉施工多，有工程车通行，施工时间受到严格限制，而且隧道狭长，作业空间小，不能搭设固定临时设施。施工用的临时移动设施（如自制运输车、扶梯、临时配电箱、放线架等）的放置位置受行车安全限制，施工用材料、工机具每天必须及时收回。

2. 工程的难点

交叉施工是地铁类建筑设备施工的特点和难点，需要极大的协调能力，相应地，施工时间和工期的保证也是此类工程的难点。这类安装工程，安装量大，专业齐全，交叉施工贯穿整个建设过程。

1）相关专业多，协调配合量大，交叉作业频率大。地铁类建筑设备安装，工程专业齐全，使用功能多，设备数量大，各类机房及功能竖井多，使交叉施工作业在建筑内处处存在，交叉配合管理的协调工作量大。

2）交叉作业的时间性要求精确。由于工程进度要求紧，专业多工种交叉作业，对各工种插入时间的准确要求高，因此要对工作在相应工作面上的时间有周密细致的安排，如果某一工种在工作面上插入早或迟，事必影响工期及质量。

3）交叉作业的工序安排要求周密。由于工程安装量大，专业全，使用功能多，各专业及其相互工序搭接要求安排周密，不能少一个工种的交叉作业，如果某专业或工种没有进行相应施工面的施工，待工作面其他工种施工完成后再进入施工，必将造成其他工种的拆改返工或影响其工期，也可能造成质量等问题的产生。

4）交叉作业的安全措施要求高。由于交叉作业会造成许多安全隐患，工程如此大的安装量，坠落物影响大且防护困难，高空作业、临边作业等不安全因素多，因此对交叉作业的安全措施提出了要求。

5）交叉作业的成品保护要求高。由于建筑安装设备较多，多工种交叉作业，工作面的协调方多，同一作业面多工种交叉作业，施工中相互影响成品、半成品的可能性大，因此要求成品保护的措施到位、周详。

15.2 施工计划与组织

15.2.1 施工计划的编制原则

施工计划以全面响应××市轨道交通七号线一期"车站设备安装工程Ⅰ标段"工程招标文件的各项要求，遵循"精雕细琢、塑造时代精品"的质量方针。施工计划的编制原则是：精心组织、精心施工、持续改进、精益求精，不断提高工程质量和服务质量，以实现顾客满意的目标，使工程质量符合相关规范并全部达到设计的要求，且各分部工程均达到优良等级，获省、市级优质工程并争创鲁班奖。

15.2.2 施工准备及施工资源计划

1. 施工准备

工程开工前，各系统各专业必须完成以下准备工作，经业主和监理批准后方可开工。

（1）技术资料及文件准备 各系统各专业已经准备齐全相应的技术资料及文件，如施工图样、业主及设计院提供的补充和修改文件、施工验收规范及标准、根据施工组织设计编制的实施性施工组织设计、安全技术交底资料、经业主及监理批准的开工报告等。

（2）人员准备 按实施性施工组织设计要求，及时调集项目管理人员、技术人员、施工人员进场。

（3）材料准备 根据施工进度的安排，各系统各专业所需要的部分或全部物资材料已采购并运输到现场，且通过业主及监理验收，均具备设备及材料出厂合格、材质证明书等。

（4）机具准备 各系统各专业已按施工进度配置齐相应专业所必需的施工机具。

（5）施工现场准备 施工现场已配置了足够能力的吊装设备（起重机、简易门式起重机），选择了合理的运输设备的预留通道，地下站厅、站台的各施工区域已布置了足够的照明、通风设施以及消防用具，预留的坑、孔处设置了临时安全防护栏，并设置了各种警示安全标志牌。

（6）临时设施准备 现场已合理地布置了临时生产设施、办公设施，具备了足够的生活生产用水及用电，具有合理的生产污水排放措施和专门的生产边角余料堆放点、垃圾存放点等，保证达到文明施工及环境卫生的要求。现场已安装了足够的、能与外界联系的座机及手提电话、传真、计算机等通信设施。

2. 施工资源计划

（1）劳动力安排计划 为争取早日交付使用，该标段各站××公司目标工期要求为397日历天，各站及区间施工平均需要机电安装和装修人数约123人，高峰期施工人数约170人，在单位工程交工后就只留配合营运的临管人员。其劳动力计划安排见表15-1。

表 15-1 劳动力计划安排

日期 工种	2015 年							2016 年						备注
	6 月	7 月	8 月	9 月	10 月	11 月	12 月	1 月	2 月	3 月	4 月	5 月	6 月	
电 工	6	8	8	10	20	20	20	20	20	20	15	15	10	交工后，配备部分人员为各系统运行保驾护航。电工含弱电和监控仪表工
管 工	4	6	6	10	10	10	15	15	10	10	10	6	6	
通风工	4	10	10	10	15	15	15	15	15	15	10	10	6	
焊 工	2	5	5	5	10	10	10	10	10	10	6	6	6	

（续）

日期 工种	2015 年							2016 年						备注
	6 月	7 月	8 月	9 月	10 月	11 月	12 月	1 月	2 月	3 月	4 月	5 月	6 月	
保温工	—	—	—	—	—	—	—	15	15	15	10	10	—	
钳工	3	6	6	6	6	6	10	10	10	10	10	5	—	
涂装工	—	6	6	6	6	6	10	10	10	10	10	—	—	
起重工	—	6	6	6	6	6	4	4	4	4	5	—	—	
钢筋工	10	8	8	8	6	8	8	6	6	8	5	5	—	交工后，配备部分人员为各系统运行保驾护航。电工含弱电和监控仪表工
木　工	3	6	6	6	8	6	6	6	6	18	6	6	4	
架子工	—	—	6	6	6	6	6	—	—	6	5	5	2	
混凝土工/瓦工	5	6	6	6	10	10	10	8	8	4	4	—	—	
抹灰工	—	6	6	12	12	12	12	10	10	8	8	4	4	
装修工	—	—	—	—	—	6	6	6	8	8	8	8	8	
测量工	10													
调试工									8	8	8	8	10	
普工	10	25	25	25	25	25	25	20	20	20	15	15	15	
合计	57	98	104	112	140	140	157	155	160	170	134	102	71	

（2）进场计划　表 15-2～表 15-6 列出了各种物料的进场计划。

表 15-2　低压配电（含弱电）工程材料进场计划

序号	材料/设备名称	2015 年							2016 年					
		6 月	7 月	8 月	9 月	10 月	11 月	12 月	1 月	2 月	3 月	4 月	5 月	6 月
1	镀锌钢管/接线盒		━━	━━	━━	━━	━━	━━	━━	━━				
2	各种型钢		━━	━━	━━	━━	━━	━━	━━	━━				
3	桥架/线槽				━━	━━	━━	━━	━━	━━	━━			
4	密集型母线槽					━━	━━	━━	━━	━━	━━	━━		
5	电力电缆					━━	━━	━━	━━	━━	━━			
6	各类电线					━━	━━	━━	━━	━━	━━	━━		
7	低压配电柜、环控电控柜							━━	━━	━━	━━			
8	动力配电箱、照明配电箱、插座箱				━━	━━	━━	━━	━━	━━				
9	事故照明装置					━━	━━	━━	━━					
10	火灾自动报警设备				━━	━━	━━	━━	━━	━━				
11	烟温感应器/报警按钮等				━━	━━	━━	━━	━━	━━				
12	插座、开关、灯具										━━	━━	━━	
13	门禁、监控设备			━━	━━	━━	━━	━━	━━					

表 15-3　给排水工程材料进场计划

序号	材料/设备名称	2015 年							2016 年					
		6月	7月	8月	9月	10月	11月	12月	1月	2月	3月	4月	5月	6月
1	管道支吊架材料	━	━	━	━	━	━	━	━	━				
2	防腐油漆			━	━	━	━	━						
3	排水管道、管件、阀门			━	━	━	━	━	━					
4	给水管道、管件，阀门			━	━	━	━	━	━	━				
5	潜水泵及配套附件								━	━	━	━		

表 15-4　消防工程材料进场计划

序号	材料/设备名称	2015 年							2016 年					
		6月	7月	8月	9月	10月	11月	12月	1月	2月	3月	4月	5月	6月
1	管道支吊架材料	━	━	━	━	━	━	━	━	━				
2	自动灭火管道及管件			━	━	━	━	━						
3	车站消防水管道			━	━	━	━							
4	消防系统管件、阀门			━	━	━	━	━	━					
5	消防水泵及控制设备				━	━	━	━	━	━				
6	消防栓箱及灭火器材													

表 15-5　通风空调工程材料进场计划

序号	材料/设备名称	2015 年							2016 年					
		6月	7月	8月	9月	10月	11月	12月	1月	2月	3月	4月	5月	6月
1	支吊架材料、钢板	━	━	━	━	━	━	━	━	━				
2	水管及阀门				━	━	━	━	━	━				
3	保温材料				━	━	━	━	━	━				
4	通风空调设备				━	━	━	━	━	━	━			
5	隧道风机/风机													
6	组合式空调机/风阀							━	━	━	━	━		
7	防火阀/单体风阀						━	━	━	━				
8	风口									━	━	━	━	━

表 15-6　建筑装修、地面恢复及市政道路接驳工程材料进场计划

序号	材料或设备名称	2015 年							2016 年					
		6月	7月	8月	9月	10月	11月	12月	1月	2月	3月	4月	5月	6月
1	水泥/砂子/石子	━	━	━	━	━	━	━	━	━	━			
2	灰砂砖			━	━	━	━	━	━	━				
3	商品混凝土				━	━	━	━	━	━				
4	天棚吊顶材料						━	━	━	━				
5	墙面砖/轻质隔墙				━	━	━	━	━	━	━			

（续）

序号	材料或设备名称	2015 年							2016 年					
		6 月	7 月	8 月	9 月	10 月	11 月	12 月	1 月	2 月	3 月	4 月	5 月	6 月
6	地砖/活动地板						■	■	■	■	■			
7	防火卷帘门							■	■	■	■	■		
8	油漆/乳胶漆							■	■	■				
9	草皮、灌木、绿篱										■	■	■	
10	人行道面砖											■	■	■

15.3　BIM 技术在工程中的控制与管理

15.3.1　BIM 实现施工的过程管理

BIM 使施工协调管理更为便捷。通过信息数据共享、四维施工模拟、施工远程监控，BIM 在项目各参与者之间建立了信息交流平台。BIM 可以使业主、设计院、顾问公司、施工总承包、专业分包、材料供应商等众多单位在同一个平台上实现数据共享，使沟通更为便捷、协作更为紧密、管理更为有效。

BIM 给施工企业的发展带来的影响归纳起来主要有三点：一是提高施工单位在施工过程中对进度、安全、质量、成本的信息集成化管理水平；二是合理控制工程成本，提高施工效率，进行碰撞检查，减少返工；三是实现绿色环保施工的理念，精确计算，减少浪费，合理布局。

1. BIM 实现施工安全管理

通过对施工现场建模，使施工单位提前了解清楚各施工洞口的存在位置，并提前做好安全规划防护，对有效预防安全事故的发生起到关键作用，如图 15-1 所示。

2. BIM 实现施工质量管理

通过 BIM 模型的建立以及漫游视频的制作，以动画的形式进行施工前的交底工作，施工人员可更清楚、更详尽地了解施工部位的质量要点。下面以设备区走道空调水管安装为例（见图 15-2 ~ 图 15-4）来进行介绍。

图 15-1　BIM 对施工现场建模

3. BIM 模型与施工进度计划整合

根据土建条件与该项目施工的组织设计、进度计划，模拟实际施工，确定最优最合理的施工方案，指导工程实体的流水实施。具体步骤为：

1）项目施工进度方案模拟与优化，根据初步设计图样，建立完整项目的结构、建筑、机电等模型。

2）向 BIM 建筑模型导入项目策划的施工横道图进行项目模拟建造。导出项目模拟建造的档案，用以到时检测和监测项目建造过程中计划进度与实际进度的对比。通过进度对比，工程师查找出导致施工进度延误的各种原因并修改问题，进行二次进度方案优化和调整并加以实施。

3）通过模拟达到项目监控效果。实际进度模型以天、周、月为周期，进行模拟进度的更新，达到项目施工进度模拟与实际施工进度基本同步的效果。

图 15-2　综合支吊架安装过程中的控制

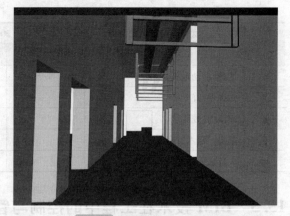

图 15-3　管道安装工艺控制

4）通过查看施工模拟档案，后台掌握项目整体施工进程，并有利于监控项目主材进出与应用的状况。

5）把该项目进度计划文件与全站三维模型中各个系统的检验批、分项、分部工程及资源关联起来，以时间轴的推移，形成模拟施工的过程，如图 15-5 ~ 图 15-8 所示。

6）在模拟建设制作过程中，将相应设备以正确的安装顺序进行关联，造成安装的时间差，继而实现施工工序模拟。

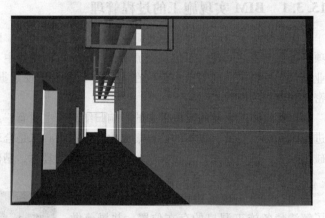

图 15-4　管道保温质量瑕疵处理措施

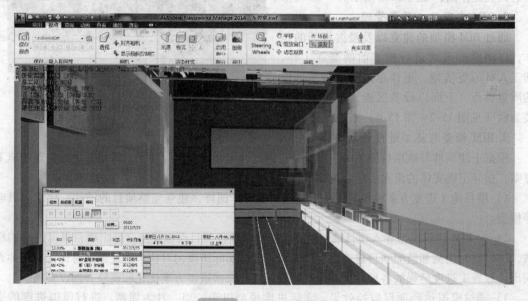

图 15-5　车控室安装模拟

图 15-6　桥架、线槽安装模拟

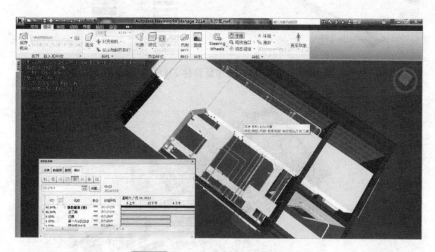

图 15-7　风管安装及风机安装模拟

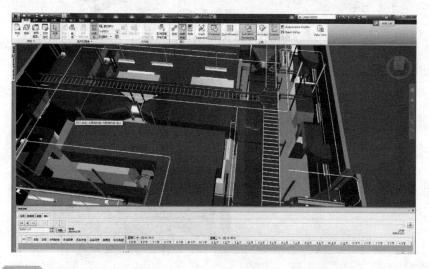

图 15-8　天圆地方安装及空调机组、灯具、气体喷头及感烟探测器等设备安装模拟

15.3.2 BIM 建模结果的输出

根据各地铁车站场地分布情况、临时设备安置情况、设备材料和安全指示标志分布情况，可以输出各种图形、图片，并以此整理形成图集、安装施工模拟视频、车站环控机房整体施工模拟视频、站厅层漫游浏览视频，如图 15-9 ~ 图 15-16 所示。

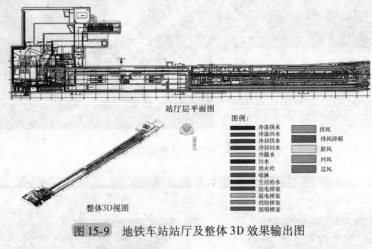

图 15-9 地铁车站站厅及整体 3D 效果输出图

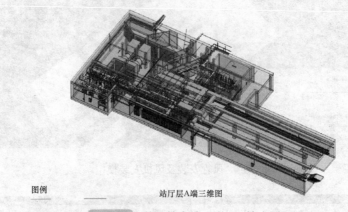

图 15-10 某地铁车站 A 的 3D 输出图

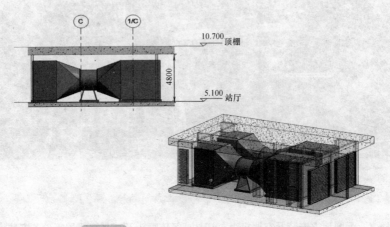

图 15-11 某地铁车站风管施工的 3D 输出图

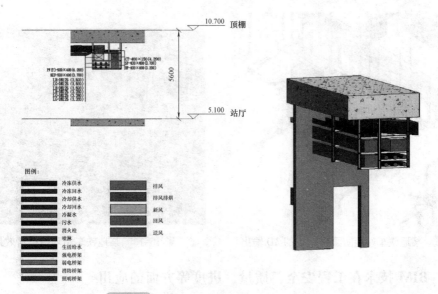

图 15-12   某地铁车站顶棚施工的 3D 输出图

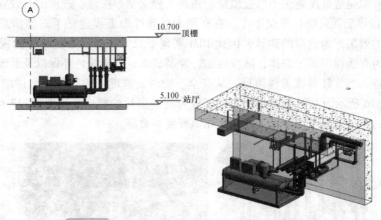

图 15-13   某地铁车站制冷机组施工的 3D 输出图

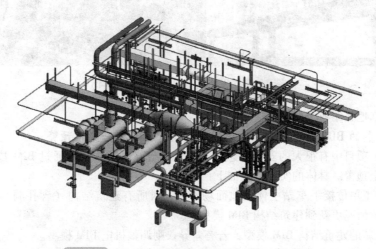

图 15-14   某地铁车站冷水机房施工的 3D 输出图

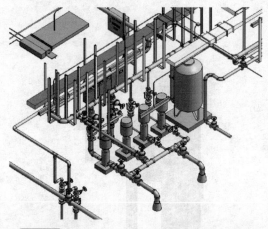

图 15-15　某地铁车站消防泵房施工的 3D 输出

图 15-16　某地铁车站环控机房效果图

15.3.3　BIM 技术在工程安全、质量、进度等方面的应用

　　BIM 在施工阶段为施工企业的发展带来的影响包括：一是设计效果可视化；二是模型效果检验；三是通过模拟建造提高施工的监控质量；四是工程安全、质量、进度的有效管控；五是完善的 BIM 模型，指导工程验收和移交工作。在利用专业软件为工程建立了三维信息模型后，会得到项目建成后的效果作为虚拟的建筑，因此 BIM 展现了二维图样所不能给予的视觉效果和认知角度，同时它为有效控制施工安排，减少返工，控制成本，创造绿色环保以及低碳施工等方面提供了有力的支持。本节针对该工程项目，从安全、质量、进度、验交等方面详细介绍 BIM 技术的应用。图 15-16 所示为 BIM 技术用于案例工程与现场照片的对比。从图 15-17 可以看出，BIM 技术模拟出来的施工效果与实际施工效果的相似程度非常高。

图 15-17　BIM 模型和现场照片的对比

　　接下来详细地介绍各个具体的应用。

　　1. 安全控制的 BIM 应用：孔洞临边防护动态管理及安全隐患预警

　　孔洞在施工项目中有很大的安全隐患，需要管理者高度重视，而通过 BIM 技术，可以做到提前防范和安全预警。具体的实施方案如下：

　　1）机电施工单位接手车站主体及地面场地后，对所有建筑结构（含孔洞）进行确认和审查，并将最新的情况更新到建筑结构 BIM 模型里。

　　2）比对最新的建筑结构 BIM 模型，若有差异，则调整机电 BIM 模型。

　　3）根据最新的 BIM 模型（见图 15-18），确认孔洞是否有遗漏，若有遗漏，则需要追加开洞。

4) 对所有孔洞进行临边防护，并将防护设备更新到 BIM 模型里，并提交给监理、业主等有关部门审查。业主单位可以直接在平台上了解情况。

5) 将所有孔洞的安装计划合并成一个孔洞安全进度计划并和临边防护 BIM 模型关联（见图 15-19），做到动态管理。

6) 当按照计划需要对孔洞进行施工时，由安全人员去现场核实情况，维护现场安全，并保证 BIM 模型和现场的临边防护情况一致，如图 15-20 所示。

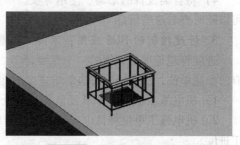

图 15-18　临边防护 BIM 模型

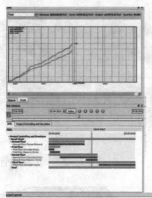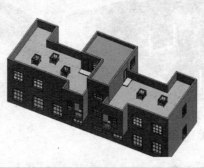

图 15-19　临边防护模型的动态管理

7) 安全员需要将每个孔洞的真实情况拍照，将每次巡视发现的问题都上传到 BIM 模型中，形成及时有效的安全管理。

8) 每减少一个临边防护，模型里的安全隐患数量就相应地降低。各管理部门，特别是业主单位可以通过平台和模型及时了解这些安全措施的动态。

2. 质量控制的 BIM 应用：利用二维码和 BIM 的结合来提高对设备材料的质量控制

图 15-20　BIM 模型的临边防护情况

1) 机电施工单位在将二维图样转换成三维模型的同时，对每个需要进行编码的设备及材料进行编码。完成编码后，将编码下发至设备、材料供应商，设备、材料供应商在设备、材料出厂时制作并粘贴二维码。

2) 所有设备、材料供应商在供货的同时，需要提供一组二维码。二维码包含产品的所有信息。

3) 由监理单位审核确认。所有设备的产品库与 BIM 模型相关联，产品的进出都通过扫描二维码控制，同时将使用情况同步到 BIM 模型中。

4）将各类设备的采购、使用等状态信息及时反映到 BIM 模型中，各个参建单位和业主单位可以随时查看这些信息。

3. 进度控制的 BIM 应用：实际工程模型和计划模型的对比

进度管理是项目管理的一个重要环节。通过将进度管理可视化，将进度情况同时展示给所有的参建单位，从而协同解决影响进度的问题，达到提高进度管理质量的目的。

1）机电施工单位的 BIM 团队将机电设计图转化为 BIM 模型，并导入平台。

2）机电施工单位将机电安装进度计划导入平台，并关联 BIM 模型，形成一个计划的虚拟施工进度。

3）同时，对施工的工序可以进行模拟，如一段风管的安装（见图 15-21～图 15-25）就能说明问题。

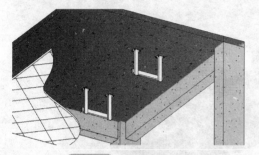

图 15-21　安装风管吊架

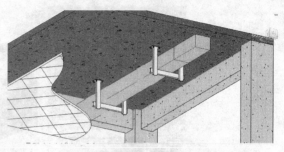

图 15-22　安装风管

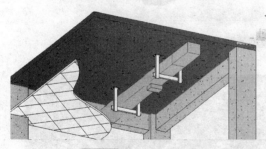

图 15-23　安装风口喉管

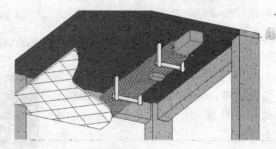

图 15-24　安装保温材料

4）监理单位通过扫描二维码，形成实际安装机电设备进度，并关联 BIM 模型，形成一个实际的施工进度模型。

5）在平台上，将计划的进度模型和实际的进度模型进行对比，并对按期完工和延期完工的各个工点进行标示。按期或者提前完工的，用绿色标示；延期的，用红色标示，并注明延期的原因。每天或每周更新一次数据，将项目的真实进度用可视化的方式表示出来。

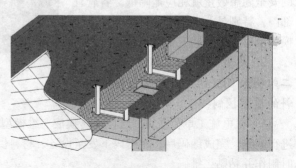

图 15-25　安装风口

6）将进度的 BIM 模型同时在施工单位、监理单位、业主方等各个参建单位的管理者的计算机上同步显示，并由施工单位对延期工作做出解释并给出解决方案，监理单位审核，形成全单位全过程的可视化进度管理。特别是业主单位的领导，在不到现场的前提下，就可以对项目的进度有清晰的认识。

4. 验交控制的 BIM 应用：全过程文件数据输入到 BIM 模型

验收和移交一直是项目管理的难点。项目的长期建造过程会产生大量的数据和表单，而这些资料在验收和移交时都是重要的依据。通过 BIM 技术的数字化验交，可以大大减少验交时资料的缺失，提高数据的完整性。

1）机电施工单位审核图样，创建机电 BIM 模型，并将设计变更信息和书面确认文件的电子档输入 BIM 模型。

2）确认 BIM 模型，并将机电设备的各类信息输入到模型中。其中包括工点名称、设备编号、机组型号、生产商、生产日期、整机产地、安装位置、价格等，特别是品质信息（如油漆等级）和注意事项（如维保期限、加注机油）等。

3）监理单位对设备进行审核，并将审核意见的电子档输入 BIM 模型。

4）对实际测量后的 BIM 模型进行第二次碰撞检测，修改 BIM 模型，并由监理组织各专业设计单位对修正后的 BIM 模型进行书面确认，并将书面确认资料的扫描件由承包商输入到 BIM 模型中。

5）在施工安装阶段，监理组织承包商对安装完成的各专业设备和材料进行记录，承包商将相关资料和数据录入 BIM 模型中。资料和数据包括安装完成的时间、班组长的名字、安装过程中遗留的问题、安装完成后的自检记录扫描件、隐蔽验收记录扫描件、安装的相关记录等。

6）在施工调试阶段，监理组织承包商对完成单机调试的各专业设备进行记录，承包商将相关数据录入 BIM 模型中。数据包括调试时间、调试的相关数据、调试人员名字、监理人员名字等。

7）将所有设备信息和施工信息录入到 BIM 模型中，将每一阶段更新的模型都及时上传到平台甚至手机上（见图 15-26），使各个参建部门及业主单位能远程查看。

图 15-26　手机 BIM 移交移动平台

8）在竣工时，将录入了各类信息的 BIM 模型移交给运维单位，以保证信息传递的完整性和及时性。

总之，基于 BIM 的工程项目管理是一个发展趋势。随着全球化、知识化和信息化时代的来临，信息日益成为主导全球经济的基础。在现代信息技术的影响下，现代建设项目管理已经转变为对项目信息的管理。传统的信息沟通方式已远远不能满足现代大型工程项目建设的需要，实践中许多的索赔与争议事件归根结底都是由于信息错误传达或不完备造成的。近年来，作为建筑信息技术新的发展方向，BIM 从一个理想概念成长为如今的应用工具，给整个建筑行业带来了多方面的机遇与挑战。

参 考 文 献

[1] 项端祈. 空调系统消声与隔振设计 [M]. 北京：机械工业出版社，2005.

[2] 瞿义勇. 实用通风空调工程安装技术手册 [M]. 北京：中国电力出版社，2006.

[3] 中华人民共和国住房和城乡建设部. GB 50019—2015 工业建筑供暖通风与空气调节设计规范 [S]. 北京：中国计划出版社，2016.

[4] 中华人民共和国建设部. GB 50243—2002 通风与空调工程施工质量验收规范 [S]. 北京：中国计划出版社，2004.

[5] 马志奇. 通风与空调工程施工机械使用技术 [M]. 北京：中国建材工业出版社，2006.

[6] 张振迎. 建筑设备安装技术与实例 [M]. 北京：化学工业出版社，2009.

[7] 李志生. 中央空调冷却水处理技术比较分析 [J]. 制冷与空调，2006，6 (4)：89 - 91.

[8] 张志贤. 管道施工技术手册 [M]. 北京：中国建筑工业出版社，2009.

[9] 冯秋良. 实用管道工程安装技术手册 [M]. 北京：中国电力出版社，2006.

[10] 中华人民共和国住房和城乡建设部. CJJ/T 98—2014 建筑给水塑料管道工程技术规程 [S]. 北京：中国建筑工业出版社，2015.

[11] 胡兆奎，等. 集中空调冷却水系统结垢与腐蚀问题的探讨 [J]. 暖通空调，2006，36 (8)：118 - 120.

[12] 李国斌. 冷热源系统安装 [M]. 北京：中国建筑工业出版社，2006.

[13] 黄翔. 空调工程 [M]. 北京：机械工业出版社，2007.

[14] 周晔. 中央空调施工与运行管理 [M]. 北京：化学工业出版社，2007.

[15] 唐中华. 空调制冷系统运行管理与节能 [M]. 北京：机械工业出版社，2008.

[16] 董重成. 建筑设备施工技术与组织 [M]. 哈尔滨：哈尔滨工业大学出版社，2006.

[17] 中国电力企业联合会电力建设技术经济咨询中心. 建筑 [M]. 北京：中国电力出版社，2002.

[18] 汤万龙. 冷热源系统安装（建筑设备专业）[M]. 北京：中国建筑工业出版社，2008.

[19] 杨京生. 空调风管新材料在安装工程中的应用 [J]. 建厂科技交流，2000，27 (3)：34 - 26.

[20] 叶丽影. 某空调工程设计与施工中存在的问题和解决方法 [J]. 建筑热能通风空调，2005，24 (3)：52 - 55.

[21] 黄建强. 浅谈空调冷冻系统安装的施工技术 [J]. 建材与装饰，2007 (11)：98 - 99.

[22] 邬育威. 浅谈某办公大楼中央空调系统的调试 [J]. 建材与装饰，2009 (7)：294 - 295.

[23] 王文涌. 中央空调系统调试浅谈 [J]. 山西建筑，2008，34 (31)：196 - 197.

[24] 马平. 简析中央空调调试中的若干问题及对策 [J]. 山西建筑，2007，33 (29)：186 - 187.

[25] 李志生. 暖通空调系统故障检测与诊断研究进展 [J]. 暖通空调，2005，35 (12)：31 - 37.

[26] 李志生. 大型制冷机组的冲洗与调试 [J]. 建筑热能通风空调，2006，25 (4)：95 - 99.

[27] 李志生. 某商住楼冷却水系统飘水问题的分析与改进 [J]. 制冷与空调，2006，6 (2)：85 - 87.

[28] 中华人民共和国住房和城乡建设部. GB 50736—2012 民用建筑供暖通风与空气调节设计规范 [S]. 北京：中国建筑工业出版社，2012.